高等学校无损检测本科专业系列教材

山东瑞祥模具有限公司独家资助出版

GONGYE WUSUN JIANCE JISHU

工业无损检测技术

（材料与加工工艺基础）

夏纪真　王　冰　编著

中山大学出版社
SUN YAT-SEN UNIVERSITY PRESS

·广州·

图书在版编目（CIP）数据

工业无损检测技术．材料与加工工艺基础/夏纪真，王冰编著．—广州：中山大学出版社，2017.6

高等学校无损检测本科专业系列教材

ISBN 978 - 7 - 306 - 06075 - 4

Ⅰ．①工…　Ⅱ．①夏…　②王…　Ⅲ．①无损检验　Ⅳ．①TG115.28

中国版本图书馆 CIP 数据核字（2017）第 117279 号

出　版　人：徐　劲
策划编辑：廖丽玲
责任编辑：廖丽玲
封面设计：曾　斌
责任校对：黄浩佳
责任技编：何雅涛
出版发行：中山大学出版社
电　　话：编辑部 020 - 84111996，84113349，84111997，84110779
　　　　　发行部 020 - 84111998，84111981，84111160
地　　址：广州市新港西路 135 号
邮　　编：510275　　　　传　真：020 - 84036565
网　　址：http://www.zsup.com.cn　　E-mail：zdcbs@mail.sysu.edu.cn
印　刷　者：广东省农垦总局印刷厂
规　　格：787mm×1092mm　1/16　14.75 印张　4 彩插　365 千字
版次印次：2017 年 6 月第 1 版　　2017 年 6 月第 1 次印刷
定　　价：45.00 元

作者简介

夏纪真（**Xia Jizhen**）

高级工程师，男，汉族，1947年生于广州市，祖籍江苏高邮。

1960年毕业于中山大学附属小学，1965年毕业于广东省广雅中学，1970年毕业于中国人民解放军军事工程学院空军工程系飞机电器专业（哈尔滨军事工程学院最后一期学员）。

1991年获得航空航天工业部有突出贡献的中青年科技专家称号。

1992年获得国务院授予的有突出贡献专家称号并终身享受国务院的政府特殊津贴。

2000年创建并主持无损检测技术专业综合资讯网站——无损检测图书馆（www. ndtinfo. net）。

从事过多种技术工作（锻造、电器、电子仪表、理化测试、无损检测、计算机等），曾长期在航空工业系统生产第一线（贵州安顺）工作，具有在高等院校（南昌航空大学、广州铁路职业技术学院、北京理工大学珠海学院）从事大专、本科无损检测专业教学，科研与科技开发以及在广州某大型国企从事质量管理和计算机技术工作等的实践经历。

历任工厂无损检测组组长、大学无损检测专业教研室副主任及高新技术开发总公司副总经理、国企集团公司的机械公司质量管理部副部长兼理化计量测试中心主任及集团公司计算机中心主任等职。曾任航空航天工业部无损检测人员技术资格鉴定考核委员会委员，中国机械工程学会无损检测专业委员会会刊《无损检测》杂志编委，广东省机械工程学会无损检测分会理事长，具有原航空航天工业部无损检测人员超声检测、磁粉检测和渗透检测的高级技术资格，原劳动部锅炉压力容器无损检测人员超声检测高级技术资格。自1982年起至今30多年来长期兼职从事无损检测人员的技术资格等级培训考核工作，1991—1993年期间还担任闽台超声波检测、射线检测研讨班（对我国台湾地区无损检测人员进行中高级技术资格培训考核）的主讲教师和考核工作。

擅长于无损检测技术，尤其在超声波检测方面有较高造诣，在国际和全国性杂志与学术会议发表论文30多篇、译文30多篇，编写出版专业教材和专著10余本，从事科研课题及开发新产品多项，曾获国家科技进步一等奖，航空工业部与国防工业重大科技成果一、二等奖等。

现任北京理工大学珠海学院"应用物理（无损检测方向）"本科专业责任教授，兼任中国机械工程学会无损检测专业委员会教育培训科普工作委员会委员、辽宁省无损检测学会会刊《无损探伤》杂志特邀编委等。2009 年 3 月获中国机械工程学会无损检测分会第一届"百人奖"之"优秀工作者奖"，2013 年获中国机械工程学会无损检测分会第二届"百人奖"之"特殊贡献奖"。

自 1996 年起陆续被收入《中国高级专业技术人才辞典》（中国人事出版社）、《中国专家大辞典》（国家人事部专家服务中心）、《数风流人物：广州市享受政府特殊津贴专家集》（广州市人事局）、《世界优秀专家人才名典》（香港中国国际交流出版社）、《中国设备工程专家库》（中国设备管理协会）、《广州市科技专家库》（广州市科技局）等等。

地址：广东省广州市海珠区新港西路中山大学园西区 745 号之一 201 室
邮编：510275
手机：13922301099　E-mail：xjz@ ndtinfo. net

王冰（Wang Bing）

大专学历，工程师和高级技师，现任山东瑞祥模具有限公司质管部部长。

1987年9月进入山东济宁模具厂工作至今，先后从事机械加工和钳工技术工作，先后任生产调度员、车间副主任、车间主任生产科长、质管部部长。

2009年4月从事质量检验、无损检测及质量管理工作，同时承担研制新品开发、无损检测试块项目研究工作。在做好日常质量管理的同时，先后配合知名专家为电力行业、冶金行业、管道检测、钢构检测的无损检测专业机构培训考核研制开发了十几种标准与模拟试块产品。

具有中国机械工程学会无损检测学会PT/MT二级资质、特种设备UT二级资质、华东电网无损检测资格考核委员会UT二级资质。

2010年，受命组建350mm－TOFD用焊缝模拟试块国产化研制工作组，全面负责350mm－TOFD焊缝模拟试块的生产、协调和检验等管理工作，制定了相应的管理制度和检测验收细则，为此产品的加工、检验的质量及交付提供了强有力的保证，这一模式一直沿用至今。

在质管部任职期间，参与电力行业《电网在役支柱瓷绝缘子及瓷套超声波检测》《高温紧固螺栓超声检测技术导则》《汽轮发电机合金轴瓦超声波检测》三个标准的制定和《钢焊缝手工超声波探伤方法和探伤结果分级》（GB/T 11345）、《无损检测 超声检测用钢参考试块的制作与检验方法》（GB/T 11259）、《承压设备无损检测》（NB/T 47013.3—2015）标准的研讨、制定，以及以上标准中试块的研发制作。

在无损检测试块项目研究中依据ASTM E428标准和GB/T 11259标准撰写《超声波探伤试块及覆型膜制作分析》论文，在CCATM国际冶金及材料分析测试学术报告会上发表，并获得优秀论文奖。在电力行业无损检测试块项目研究中依据《高温紧固螺栓超声检测技术导则》编写和整理《高温紧固螺栓的超声波检测试验研究》论文，在电力行业第十二届无损检测学术会议论文集上发表。专项研究项目"在线无损检测试验研究"被济宁市科学技术奖励委员会评为科技进步一等奖。

在TOFD标准试块和模拟试块的研发中，负责无损检测和产品的质量检验。对焊接自然缺陷在焊接热影响区的形成的因素和制造技巧做了大量的数据收集和拍摄X光片做比对，并对缺陷部位进行剖解及低倍检验和验证，这对焊接技术和超声检测技术的提高非常有利，对这类产品的批产起到了积极的指导作用。

自2008年校企合作共建以来，先后被南昌航空大学、西安工程大学等院校聘请为兼职教授和兼职教师，负责无损检测专业的实习教学工作。

地址：山东省济宁经济技术开发区瑞祥路东首

邮编：272400

手机：13515379330　E-mail：13515379330@163.com

>> TEST BLOCK PRODUCT
试块产品

国家及行业探伤用试块

NB/T 47013-2015
标准试块

| GS试块 | 声速扩散角测定试块 | 板材超声检测对比试块1# | 板材超声波检测对比试块3# | CSK-IIA-2 | CSK-IA |

GB/T 11345-2013
标准试块

| <40mm灵敏度试块 | 槽型基准灵敏度试块 | >40mm灵敏度试块 | 串列式检测灵敏度试块 | 横波灵敏度试块 |

国际标准试块

| ASME非管探伤试块 | V-1 | V-2 | DC型距离校准试块 | DSC型距离和灵敏度校准试块 | DS类型-距离和灵敏度对比试块 | V-5标准试块 | 英国标准A3试块 |

地址：山东省济宁市经济技术开发区瑞祥路东首　电话：0537-6988486　6988490　6988482　传真：0537-6988488
网址：www.rxndt.com　E-mail：jnmjc@163169.net　总经理：魏忠瑞　副总经理：马建民　万海涛

山东瑞祥模具有限公司
（山东济宁模具厂）

祝福 安全 瑞祥 忠诚

客服电话：400-0537-202　　ISO9001：2015 国家质量管理体系认证企业

核电行业探伤试块

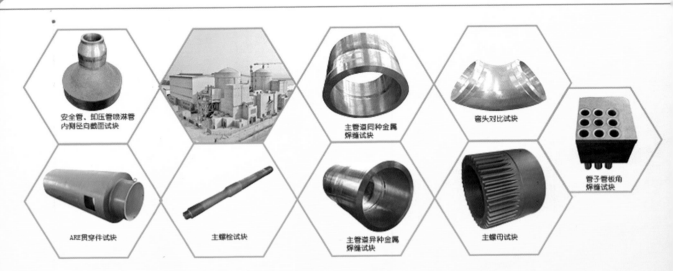

安全管、卸压管喷淋管内侧径向截面试块

主管道同种金属焊缝试块

弯头对比试块

ARE贯穿件试块

主螺栓试块

主管道异种金属焊缝试块

主螺母试块

管子管板角焊缝试块

航空航天探伤用试块

飞机发动机配件

飞机发动机叶片

火箭发动机喷嘴

飞机轮毂

地址：山东省济宁市经济技术开发区瑞祥路东首　电话：0537-6988486　6988490　6988482　传真：0537-6988488
网址：www.rxndt.com　E-mail：jnmjc@163169.net　总经理：魏忠瑞　副总经理：马建民　万海涛

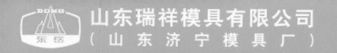
山东瑞祥模具有限公司
（山东济宁模具厂）
祝福 安全 瑞祥 忠诚

客服电话：400-0537-202　　ISO9001：2015 国家质量管理体系认证企业

铁路探伤用试块

车轮对比试块及支架

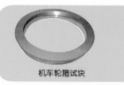
机车轮箍试块

半轴试块

整体轮对比试块

车轮探伤实物对比试块

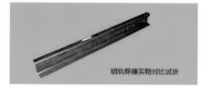
钢轨焊缝实物对比试块

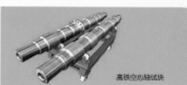
高铁空心轴试块

西气东输海上石油探伤用试块

海洋石油工程用PAUT试块

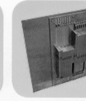
AUT组合试块

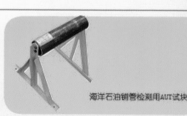
海洋石油铺管检测用AUT试块

西气东输探伤作业现场

西气东输管道检测用AUT试块

地址：山东省济宁市经济技术开发区瑞祥路东首　电话：0537-6988486　6988490　6988482　传真：0537-6988488
网址：www.rxndt.com　E-mail: jnmjc@163169.net　总经理：魏忠瑞　副总经理：马建民　万海涛

培训考核探伤用试块

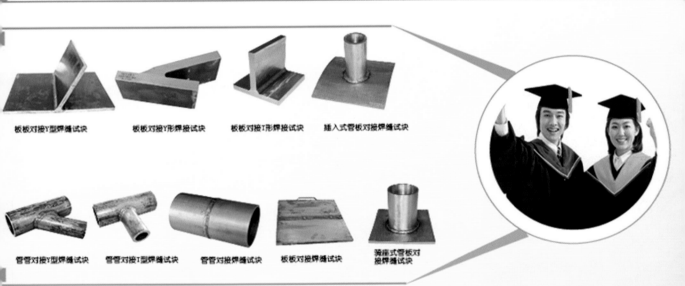

板板对接Y型焊缝试块　　板板对接Y形焊接试块　　板板对接T形焊接试块　　插入式管板对接焊缝试块

管管对接Y型焊缝试块　　管管对接T型焊缝试块　　管管对接焊缝试块　　板板对接焊缝试块　　箕押式管板对接焊缝试块

TOFD焊缝模拟试块

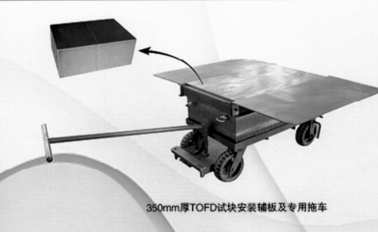

350mm厚TOFD试块安装辅板及专用拖车

TOFD焊缝模拟试块长1000mm、宽600mm、厚350mm，重达2000公斤。制作引用标准为JB/T4730.10-2010《承压设备无损检测第10部分：衍射时差法超声波检测》，母材应符合标准试块的制作要求；试块焊缝焊接要求采用V型坡口，焊缝宽度80mm，焊缝形式采用手工焊；试块内部要求埋藏近13处模拟缺陷，焊接埋藏缺陷应集中于焊缝中心线35mm处的范围内且缺陷应平行于焊缝熔合线，焊缝其余部位应不能有影响检测的表面和内部缺陷存在。

前言

本书是无损检测本科专业课程的教材之一。本课程的目的是使无损检测本科专业的学生具备材料与加工工艺的基础知识，以便能更清晰理解无损检测技术在工业领域中的应用以及有助分析判断无损检测结果。

无损检测技术的应用对象包括金属材料、无机非金属材料、复合材料、有机高分子材料（聚合物）等，涉及的材料、制造加工知识是非常广泛而且深入的，为了不断提高无损检测技术水平，无损检测人员必须结合自己的具体工作情况深入地、广泛地学习有关材料、制造与加工工艺方面的知识，才能将无损检测技术推向更高的层次和更广的范围。

本书对大学本科的"金属材料与热处理""理化试验""锻造工艺学""铸造工艺学""焊接工艺学"等专业课程内容都有涉及，但只是围绕无损检测专业的实际应用需要而做简练的阐述。

本书适合用作无损检测本科专业的专业基础课程（推荐为48课时）教材以及各行业领域无损检测技术人员的工作参考书，对报考初、中、高级无损检测技术资格等级的人员也有重要的参考价值。

本书由山东瑞祥模具有限公司独家资助出版，并由山东瑞祥模具有限公司质管部部长王冰先生参与编写，在此谨向山东瑞祥模具有限公司董事长魏忠瑞先生表示衷心感谢。

夏纪真

2016 年 11 月于广州

目　录

第 1 章　金属材料的基础知识 ·· （1）
　1.1　金属材料的结构 ··· （1）
　1.2　金属材料的性能 ··· （15）
　1.3　金属材料的常规理化试验方法 ················· （30）
　1.4　金属材料的分类 ··· （59）

第 2 章　金属制造与加工工艺的基础知识 ········· （75）
　2.1　金属冶炼工艺的基础知识 ····························· （75）
　2.2　金属压力加工的基础知识 ····························· （87）
　2.3　金属铸造加工的基础知识 ····························· （113）
　2.4　金属热处理的基础知识 ································· （126）
　2.5　金属焊接工艺的基础知识 ····························· （137）
　2.6　粉末冶金的基础知识 ····································· （179）
　2.7　三维打印技术的基础知识 ····························· （182）
　2.8　金属材料使用过程中产生缺陷的基础知识 ··· （184）
　2.9　断裂力学与损伤容限设计概念的基础知识 ··· （193）

第 3 章　非金属材料与复合材料的基本知识 ······ （197）
　3.1　非金属材料 ··· （197）
　3.2　胶接结构 ·· （212）
　3.3　复合材料 ·· （213）

主要参考文献 ··· （218）

第1章　金属材料的基础知识

1.1　金属材料的结构

（一）金属材料的晶体结构

金属材料是以金属元素为基本成分的材料，包括纯金属与合金。不同的金属材料有不同的性能，甚至同一种金属在不同条件下（例如受力、受热及不同加工状态等），其性能也不相同，这与金属及合金的内部结构和引起内部结构各种变化的外因有关。

金属是由原子（离子）在空间呈有规则排列的集合体即晶体构成的，晶体的构成是基于各原子之间的相互吸引力与排斥力相平衡。晶体有一定的熔点并具有各向异性（晶体在不同方向上原子排列的密度不同，在不同方向受力时表现出不同的力学性能，例如不同方向上对超声波有不同的传播速度或不同的衰减特性，或者对放射线表现不同的吸收或衍射等）。

大多数的金属和合金都属于多晶结构，亦即由许多方位不同的晶粒组成，称为多晶体，由于各向异性被相互抵消而表现为各向同性（在各个方向上的机械性能，或者对超声波的传播速度，或者对放射线的吸收或衍射等有相同的表现），即所谓的"伪等向性"。

在金属学研究中，为了便于说明和分析各种晶体的原子排列规律，把原子看成一个点，并用假想的直线将各点连接起来，就构成了一个假想的空间格子。这种用以描述原子在晶体中排列的空间格子称为晶格。组成晶格的最基本几何单元称为晶胞。晶胞各边尺寸及夹角称为"晶格常数"。

主要的晶格形式有体心立方晶格、面心立方晶格和密排六方晶格，如图1－1所示。

①体心立方晶格：通常是在912℃以下的铁（称为 α－Fe）和1394℃～1538℃（铁的熔点）的铁（称为 δ－Fe），以及室温下的铬、钨、

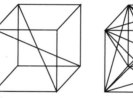

体心立方晶格　　面心立方晶格　　密排六方晶格

图1－1　金属主要的三种晶格形式

钼、钒、β－钛等金属的晶格形式。

②面心立方晶格：通常是 912℃～1394℃ 的铁（称为 γ－Fe，与前面所述的 α－Fe 和 δ－Fe 称为铁的同素异构转变），以及室温下的铜、镍、金、银、铝、铅、β－钴等金属的晶格形式。

③密排六方晶格：例如镁、锌、镉、铍、钛、α－钛、α－钴等金属的晶格形式。

不同晶格的原子排列规则与紧密程度不同，因而使不同金属的塑性、强度、热处理、合金化效果以及其他物理化学性能等有明显的不同，即使在相同晶格类型的情况下，由于元素的原子直径大小和原子间的中心距离（称为晶格常数）不同，而且不同元素的原子包含的电子数不同，其性能仍有很大差别。

晶体的形成是在金属从液态转变到固态的凝固过程中进行的，在此过程中，金属原子由无规则运动状态转变为按一定几何形状做有序排列的状态，这种由液态金属转变为晶体的过程称为金属的结晶。结晶过程不同（例如冷却速度不同），形成的晶体结构不同，因而将有不同的性能。

金属的结晶过程可以分为三个步骤：晶核的形成—围绕晶核的长大与晶粒形成—各单独的小晶体长大至相互接触，最终联结成整体（固体形成）。由于各晶粒虽然内部晶格方位一致，但是各晶粒的空间方位彼此不同，在接触面附近的原子排列不会像晶体内部那样完整规则和方位一致，因而接触面上的组织和性能与晶体内部的组织和性能将有明显的不同。各个不同方位小晶体间的交界接触面（晶粒与晶粒之间的界面）称为晶界，被晶界包围的各小晶体则称为晶粒。如果一个晶体内部的晶格方位完全一致，则称为单晶体。单晶体一般具有明显的各向异性，而多晶体一般没有明显的各向异性表现。

（二）铁碳平衡图

在铸铁、碳钢和合金钢的研究中，很重要的方法是利用铁碳平衡图（iron－carbon equilibrium diagram，又称铁碳合金相图、铁碳相图、铁碳合金平衡图或铁碳状态图，见图 1－2），它是通过实验方法建立起来，表示铁碳合金在不同成分和温度下的组织、性能以及它们之间相互关系的图形，是研究铁碳合金在加热和冷却时的结晶过程和组织转变的图解。

铁碳平衡图中绝大多数的线是根据实验测得的数据绘制的，有些线，例如 Fe$_3$C 的液相线、碳在奥氏体中的溶解度等则是由热力学计算得出的。

铁碳平衡图以温度为纵坐标，碳含量为横坐标，表示在接近平衡条件（铁－碳，表示为 F－C）和亚稳条件（铁－碳化三铁，表示为 Fe－Fe$_3$C）下（或极缓慢的冷却条件下）以铁、碳为组元的二元合金在不同温度下所呈现的相和这些相之间的平衡关系。通过铁碳平衡图可以了解在特定化学成分和温度下的材料显微组织，根据显微组织则可以了解其相应的力学性能。

铁碳平衡图总结了铁碳合金的成分、组织、性能之间的变化规律，其许多基本特点即使对于复杂合金钢也具有重要的指导意义，如在简单二元 Fe－C 系中出现的各种相，往往在复杂合金钢中也存在，在需要考虑合金元素对这些相的形成和性质的影响、钢铁的组成和组织问题时，就必须从铁碳平衡图入手。因此，铁碳平衡图是研制新材料，指

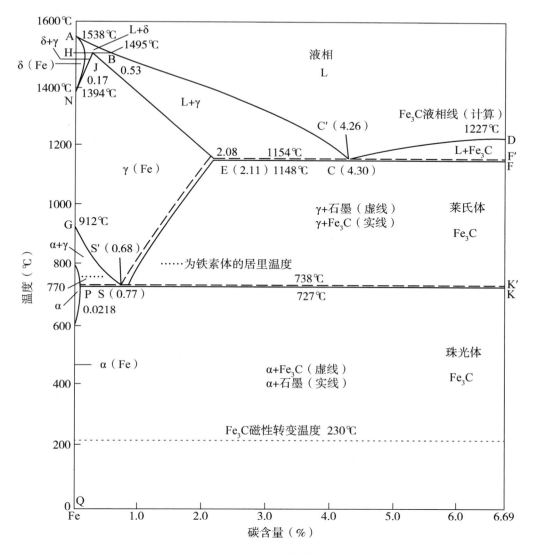

图1-2 Fe-Fe₃C铁碳平衡图

导制定合金熔炼、铸造、压力加工和热处理等工艺的重要工具，也是重要依据之一。

在工程材料学上依据 Fe-Fe₃C 铁碳平衡图把铁碳合金分为三类，即工业纯铁（含碳量 ≤ 0.021%）、钢（含碳量为 0.021% ～ 2.11%）和铸铁（含碳量为 2.11%～6.69%）。

金属在固态下晶体结构随温度发生变化的现象称为同素异晶转变。纯铁有两种同素异构体，在912℃以下为体心立方晶格的 α-Fe，在912℃～1394℃为面心立方晶格的 γ-Fe，在1394℃～1538℃（熔点）又呈体心立方晶格的 δ-Fe。

碳溶于 α-Fe 时形成的固溶体称为铁素体（用英文大写字母 F 表示）。

碳溶于 γ-Fe 时形成间隙固溶体，呈面心立方晶格，称为奥氏体（用英文大写字母

A 表示），也简称 γ 固溶体。γ 铁晶格中的间隙较大，在 727℃ 时能溶解 0.77% 碳，在 1148℃ 时，碳的最大溶解度能达到 2.11%。奥氏体存在于 727℃ 以上的高温区间，具有一定的强度和硬度以及很好的塑性，是绝大多数钢在高温进行锻造或轧制时所要求的组织。

超过铁对碳的溶解度后，富余的碳可能以稳定态的石墨形式存在，也可能以亚稳态渗碳体（碳化三铁，亦即 Fe_3C）形式存在。Fe_3C 有可能分解成铁和石墨稳定相，这个过程在室温下是极其缓慢的，即使加热到 700℃，Fe_3C 分解成稳定相也需要几年的时间（合金中含有硅等促进石墨化元素时，Fe_3C 的稳定性减弱，分解时间有可能缩短），石墨在含碳量为 2%～4% 的铸铁中是大量存在的，但是在一般的钢（0.03%～1.5% C）中却较难形成这种稳定相。

在铁碳平衡图上习惯以英文大写字母 A 表示铁碳平衡图上的临界点，英文小写字母 c 表示加热，英文小写字母 r 表示冷却，因此，符号 Ac 表示加热时的临界点，而符号 Ar 则表示冷却时的临界点。在实际加热时，钢铁的临界点往往高于 $Fe-Fe_3C$ 铁碳平衡图上的临界点，而冷却时则低于铁碳平衡图的临界点。

铁碳平衡图中一般包括包晶、共晶、共析三个基本反应：

在 1495℃（图 1-2 中的 HJB 线）发生包晶反应，此时液相（0.53% C）、δ 铁素体（0.09% C）和奥氏体（0.17% C）三相共存，冷凝时的反应结果形成奥氏体。

在 1148℃（图 1-2 中的 ECF 线）发生共晶反应，此时液相（4.30% C）、奥氏体（2.11% C）和渗碳体（6.69% C）三相共存，冷凝时的反应结果形成奥氏体与渗碳体的机械混合物，通称为莱氏体（硬度高、脆性大），其形态是呈颗粒状的奥氏体分布在渗碳体的基体上。

在 727℃（图 1-2 中的 PSK 线）发生共析反应，此时奥氏体（0.77% C）、铁素体（0.0218% C）和渗碳体（6.69% C）三相共存。冷却时的反应结果形成铁素体与渗碳体的两相弥散混合组织（呈层片状），通称为珠光体。共析反应温度常标为 A1 温度。

根据铁碳平衡图考虑温度与显微组织关系的参数常用代号如下。

A0 温度：渗碳体的磁性转变线，在此温度以下渗碳体呈铁磁性，一般以 230℃ 水平线表示渗碳体的磁性转变温度（居里温度），转变时不发生晶体结构的变化。

A1 温度：发生平衡相变 $\gamma \rightarrow \alpha + Fe_3C$ 的临界温度，共析钢在加热和冷却过程中经过铁碳平衡图 A1 线时，发生珠光体与奥氏体之间的相互转变。

A2 温度：$\alpha-Fe$ 磁性转变线，在此温度以下铁素体呈铁磁性，一般以 770℃ 水平线表示铁素体的磁性转变温度（居里温度）。

A3 温度：在平衡条件下亚共析钢 $\gamma+\alpha$ 两相平衡的上限温度（上临界点），亚共析钢经过图 1-2 中的 A3 线时，发生铁素体与奥氏体之间的相互转变（奥氏体中开始析出铁素体或铁素体全部溶入奥氏体）。α 铁加热到 A3 以上就变成为 γ 铁，如果再冷却到 A3 以下又变为 α 铁，此温度即称为 A3 转变温度，例如对于碳含量为 0.77% 时的铁碳合金，910℃ 即称为 A3 转变温度。对于碳含量小于 0.77% 的铁碳合金，该转变温度随碳含量的增加而降低。

A4 温度：奥氏体开始转变为 δ 铁素体或 δ 铁素体全部转变成奥氏体的温度，纯铁为 1394℃，随碳含量增加而提高。如图 1 - 2 中的 NJ 线。

室温至 A2 温度之间保持稳定的相为 α 铁；A2 ～ A3 之间为 β 铁；A3 以上为 γ 铁，A4 至熔点间为 δ 铁。

Acm 温度：在平衡条件下过共析钢 γ + Fe₃C 两相平衡的上限温度（上临界点），亦即碳在 γ 相（奥氏体）中的溶解限度，称 Acm 温度。过共析钢经过图 1 - 2 的 Acm 线时，发生 Fe₃C 与奥氏体之间的相互转变。在 1148℃时，碳在奥氏体中的最大溶解度为 2.11%，而在 727℃时只为 0.77%，碳含量大于 0.77% 的铁碳合金在 Acm 温度以下时，奥氏体中将析出渗碳体，称为二次渗碳体，以区别于从液态中析出的一次渗碳体，该转变温度随碳含量的增加而升高。如图 1 - 2 中的 ES 线。

A1、A3 和 Acm 常常和退火及其他热处理工艺有密切关系。钢在实际加热和冷却时温度转变不可能非常缓慢，因此，钢中的相转变不能完全符合铁碳合金相图中的 A1、A3 和 Acm 线，而有一定的滞后现象，即出现加热时过热（温度过高）或冷却时过冷（冷却速度过快）现象。加热或冷却时的速度越大，组织转变偏离平衡临界点的程度也越大。为区别它们，把冷却时的临界点记作 Ar1、Ar3、Arcm，加热时的临界点记作 Ac1、Ac3、Accm。

Ac1 温度：钢加热时开始形成奥氏体的下临界点温度（钢加热时的实际转变温度）。

Ar1 温度：钢由高温冷却时奥氏体开始分解为 α + Fe₃C 的下临界点温度（钢冷却时的实际转变温度）。

Ac3 温度：亚共析钢加热时铁素体全部消失的上临界点温度（钢加热时的实际转变温度）。

Ar3 温度：亚共析钢由单相奥氏体状态冷却时开始发生 γ→α 转变的上临界点温度（钢冷却时的实际转变温度）。

Accm 温度：过共析钢加热时渗碳体全部消失的上临界点温度（钢加热时的实际转变温度）。

Arcm 温度：过共析钢由单相奥氏体状态冷却时开始发生 γ→Fe₃C 转变的上临界点温度（钢冷却时的实际转变温度）。

如果铁中含碳量少，则在 690℃ 或 710℃ 左右将出现临界点，即 Ar1，标志在此温度以上时碳溶解在铁中，而低于此温度时，碳以渗碳体形式由固溶体中分解出来。随着铁中含碳量提高，Ar3 下降，下降至含碳量为 0.8% ～ 0.9% 时将与 Ar1 合为一点。

铁碳平衡图上的不同区域表示不同的组织。图 1 - 2 中的字母代表的意义如下。

A 点：纯铁的熔点（1538℃）。

B 点：包晶转变时液相的成分（1495℃）。

C 点：共晶点（1148℃）。

D 点：渗碳体的熔点（1227℃）。

E 点：碳在 γ - Fe（奥氏体）中的最大溶解度（1148℃）。

F 点：共晶渗碳体的成分点（1148℃）。

G 点：α - Fe 和 γ - Fe 的同素异构转变点（A3）。

H 点：碳在 δ 固溶体中的最大溶解度（1495℃）。

J 点：包晶点（1495℃）。

K 点：共析渗碳体的成分点（727℃）。

N 点：$\gamma - Fe$ 和 $\delta - Fe$ 同素异构转变点（A4，1394℃）。

P 点：碳在 $\alpha - Fe$（铁素体）中的最大溶解度（727℃）。

Q 点：室温时碳在 $\alpha - Fe$（铁素体）中的最大溶解度。

S 点：共析点（727℃）。

图 1 - 2 中其他线条的表示意义如下。

AB：δ 相的液相线。

BC：γ 相的液相线。

ABCD 线：液相线，液相冷却至此开始析出，加热至此全部转化。

AH：δ 相的固相线。

JE：γ 相的固相线。

AHJECF 线：固相线，液态合金至此线全部结晶为固相，加热至此开始转化。

HN：碳在 δ 相中的溶解度线。

JN：（$\delta + \gamma$）相区与 γ 相区分界线。

GP：温度高于 A1 时，碳在 α 相中的溶解度线。

GS：奥氏体中开始析出铁素体或铁素体全部溶入奥氏体的转变线，称为 A3 温度线。

PQ：低于 A1 时，碳在 α 相（铁素体）中的溶解限度线。在 727℃ 时，碳在铁素体中最大溶解度为 0.0218%，600℃ 时为 0.0057%，400℃ 时为 0.00023%，200℃ 以下时小于 0.0000007%。碳含量大于 0.0218% 的合金，在 PQ 线以下均有析出渗碳体的可能性。通常称此类渗碳体为三次渗碳体。

HJB：$\gamma J \rightarrow LB + \delta H$ 包晶转变线（$\delta 0.09 + L 0.53 \rightarrow A 0.17$）。

ECF：$LC \rightarrow \gamma E + Fe_3C$ 共晶转变线，简称共晶线（$L 4.30 \rightarrow A 2.11 + Fe_3C$），含碳量为 2.11% ~ 6.69% 的铁碳合金至此发生共晶反应，结晶出奥氏体与 Fe_3C 混合物——莱氏体。

ES 线：Acm 线，碳在奥氏体中的溶解度曲线。

PSK：$\gamma S \rightarrow \gamma F + Fe_3C$ 共析转变线，简称共析线（$A 0.77 \rightarrow F 0.0218 + Fe_3C$），Fe - C 合金的下临界点（A1），含碳量为 0.0218% ~ 6.69% 的铁碳合金至此反生共析反应，产生珠光体，又称 A1 线。

ACD：液相线，液相线以上的金属为液态（固相加热至此全部转化为液相），金属冷却到液相线时开始结晶（析出固相），在液相线 AC 线以下结晶出奥氏体，在 CD 线（Fe_3C 的液相线）以下结晶出渗碳体。

AHJE：合金的固相线。

AECF：固相线，液态合金至此线全部结晶为固相，固相加热至此开始转化。

铁碳平衡图的应用是很广的，例如，需要选用塑性、韧性好的钢铁材料时，可以考虑选择低碳钢（碳质量分数为 0.10% ~ 0.25%）；需要选用强度、塑性及韧性都较好的钢铁材料时，则应该选择中碳钢（碳质量分数为 0.25% ~ 0.60%）；需要选用硬度高、耐磨性好的钢铁材料时，则要选择高碳钢（碳质量分数为 0.60%～1.3%）。一般低碳钢和中碳钢主要用来制造建筑结构或制造机器零件，高碳钢用来制造各种刀具、工具。

例如，根据铁碳平衡图可以为制定钢的熔炼和浇注以及铸造、熔化焊接工艺提出基本数据，如根据铁碳平衡图上合金的熔化—凝固温度区（液—固相线）以及固液双相区的相组成，确定从熔炼炉出炉液态钢的合适温度、铸造模型开箱时间控制以及合理的浇注温度与速度。浇注温度一般选在液相线以上 50℃～100℃ 为宜。共晶成分以及接近共晶成分的铁碳合金的结晶范围最小，流动性最好，所以铸造性能好。因此，在实际铸造生产中，铸铁的化学成分总是选在共晶成分附近。

又例如奥氏体强度低，塑性好，便于零件成型，因此热压力加工（例如热锻造与热轧制）应选择奥氏体状态（γ 相区，单相奥氏体区）并适当低于固相线的温度区内进行，通常选择的原则是开始锻造或轧制温度（始锻温度）不能过高，以免钢材严重氧化和发生奥氏体晶界熔化，而终止变形的温度（终锻温度）也不能太低，以免钢材因温度低而塑性差，导致产生裂纹。一般始锻温度多控制在固相线以下 100℃～200℃ 范围内。

在焊接过程中，高温熔融焊缝与母材各区域的距离不同会使各区域受到焊缝热影响的程度不同，可以根据铁碳平衡图来分析不同温度的各个区域在随后的冷却过程中可能会出现的组织和性能变化情况，从而采取措施，保证焊接质量。此外，一些焊接缺陷往往可以采用焊后热处理的方法加以改善，从而为焊接和焊后对应的热处理工艺提供了依据。

热处理是通过对钢铁材料进行加热、保温和冷却来改善和提高钢铁材料力学性能的一种工艺方法，利用铁碳平衡图可以了解何种成分的铁碳合金可以进行何种热处理，以及各种热处理方法的加热温度是多少，了解相变温度范围，为确定热处理工艺参数提供依据。

（三）合金组元结构

在金属的实际结晶过程中，由于金属材料受不同条件的加工、冶炼、熔化、浇铸或其他加工、处理以及杂质的影响，实际晶体中的某些原子可能会离开正常的晶格结点位置，造成"空穴"，或者某些原子或杂质进入晶格原子的间隙中成为"间隙原子"，可能产生"点缺陷"，同一晶粒中的某些晶体小块也可能因排列方位不一致而形成"线缺陷"，还有在多晶体的晶界上可能因各晶粒的取向、方位不同，在晶界附近表现为晶格混乱，而且杂质也多，形成"面缺陷"，这种缺陷表现为晶界上的化学成分、组织结构、性能等都与晶粒内部存在较大的差异。

工业上使用的金属材料绝大多数采用合金（由两种以上的金属和金属、金属和非金属元素组成的具有金属特性的物质），因为合金的许多优越性能是纯金属达不到的。组成合金的最基本的独立单元称为"组元"或"元"。组元可以是金属元素或非金属元素，或者由稳定的化合物组成，而合金中成分、性能和组织状态均匀一致的部分则称为"相"。

合金的结构由组成合金的组元在结晶时彼此所起的作用决定，其基本结构如下。

（1）固溶体

在液态下，合金呈均匀的液相，合金在转变成固态后，仍能保持组织结构的均匀性，这种合金结晶后所形成的固态相就称为固溶体，它只有一种晶格，晶格内可以有两种或两种以上的元素存在，保持晶格不变的元素称为溶剂，而其他元素称为溶质。溶质的原子溶入溶剂原子的晶格中或取代了某些溶剂原子的位置，根据溶质原子在溶剂原子晶格结点中所占的位置不同，可以把固溶体分为置换固溶体和间隙固溶体两种。

置换固溶体：溶质原子部分占据了溶剂原子晶格结点位置，即由溶质原子部分替换了原来结点位置上的溶剂原子所形成的固溶体。

间隙固溶体：溶质原子溶入溶剂原子晶格的间隙之中而形成的固溶体。

上述两种固溶体的共同特点是溶质在溶剂中有一定的溶解度，随着溶解度的增大，由于不同原子的直径不同，将使固溶体晶格发生膨胀或收缩，以及引起晶格畸变，这会导致固溶体强度提高、导电性下降，这种现象称为固溶强化，溶质原子的大小和数量多少，将决定固溶体的性能，这对合金钢及钢的热处理有重要意义。

（2）金属化合物（亦称金属间化合物、中间相）

金属化合物具有一定的熔化（分解）温度，形成化合物的元素在某种条件下能溶解或者被其他元素替换形成新的化合物。化合物可以全部是金属元素，也可以由金属和非金属元素组成（例如碳化物、氮化物等）。金属化合物具有与各元素形成的晶格完全不同的特殊晶格，但各元素的原子呈有序排列。金属化合物的合金组元间按一定的原子数量之比相互化合，从而成为一种具有金属特性的新相。

金属化合物不能单独构成合金（单一化合物一般硬而脆，不能单独应用），而只能作为一个组元，弥散分布在固溶体或纯金属的基体组织中，使合金的塑性变形抗力增大，或者增强抗磨性等，能有效地改善合金的机械性能和热处理性能。

（3）机械混合物

当构成合金的两个组元在固态下既不能相互溶解，又不能彼此反应形成化合物时，就构成了机械混合物。机械混合物中各组元各自保持自己的晶格和性能，其形状、大小、分布状况对合金的整体性能有明显影响。

机械混合物可由纯金属与纯金属构成，也可由纯金属和化合物、纯金属和固溶体、固溶体和固溶体以及固溶体和化合物构成。

铁碳合金的组织与性能和含碳量及温度有关，在常温下它的基本结构有以下几种。

①铁素体（Ferrite，常用代表符号 F）：碳与合金元素溶解于 $\alpha-Fe$ 中形成的间隙固溶体，为体心立方晶格，含碳量低，因而铁素体组织具有良好的塑性和韧性，但是强度和硬度较低。

在显微镜下观察，亚共析钢中的慢冷铁素体呈块状，晶界比较圆滑，当碳含量接近共析成分时，铁素体会沿晶粒边界析出。见图 1-3。

②渗碳体（Cementite，常用代表符号 Fe_3C）：碳与铁的间隙型化合物（Fe_3C），含 6.69% 的碳，呈复杂的斜方晶格。渗碳体的熔点高，硬度高（HB 约为 800），脆性大，塑性与韧性很低。钢中含碳量增大时，渗碳体的数量也增大，从而增加钢的强度和硬度，但使钢的塑性和韧性下降。渗碳体形态有条块状、细片状、针状和球状

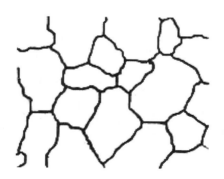

图 1 - 3　铁素体示意图

（粒状）等，是碳钢中的主要强化相，其形态、大小、数量、分布等对钢的性能有很大影响。

在显微镜下观察，在液态铁碳合金中首先单独结晶的渗碳体（一次渗碳体）为块状，边角不尖锐，共晶渗碳体则呈骨骼状。过共析钢冷却时沿 Acm 线析出的碳化物（二次渗碳体）呈网结状，共析渗碳体则呈片状。铁碳合金冷却到 Ar1 以下时，由铁素体中析出渗碳体（三次渗碳体），在二次渗碳体上或晶界处呈不连续薄片状。见图 1 - 4。

图 1 - 4　钢中的渗碳体

③珠光体（Pearlite，常用代表符号 P）：奥氏体从高温冷却下来所形成的铁素体和渗碳体的两相共析组织，即铁素体与渗碳体的机械混合物，呈现铁素体和渗碳体相间排列的片层状组织。珠光体钢的强度较高，硬度适中，并有一定的塑性。

珠光体片层间的距离（疏密程度）取决于奥氏体分解时的过冷度。过冷度越大，所形成的珠光体片层间距越小（越细密），强度和硬度也越高。在 A1～650℃ 范围形成的珠光体片层较厚，在金相显微镜下放大 400 倍以上观察，可分辨出平行的宽条铁素体和细条渗碳体，称为粗珠光体、片状珠光体，简称珠光体。见图 1 - 5。

在 650℃～600℃ 范围形成的珠光体，用金相显微镜放大 500 倍观察，珠光体的渗碳体上仅看到一条黑线，只有放大 1000 倍观察才能分辨到片层，片间距为 80～150nm 时，其片层在光学显微镜下难以分辨，此时的片层称为索氏体（sorbite）。见图 1 - 6。

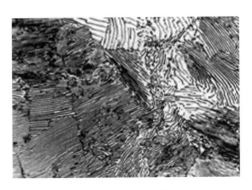

图 1-5　珠光体

图 1-6　索氏体

片间距为 30～80nm 的珠光体称为屈氏体，只有在电子显微镜下才能观察到其片层结构。

在 600℃～550℃ 范围形成的珠光体用金相显微镜放大 500 倍观察，不能分辨出珠光体的片层，而只能看到黑色的球团状组织，只有用电子显微镜放大 10000 倍观察才能分辨到，此时的片层称为屈氏体（troostite）。

此外还有球状（粒状）珠光体，它由铁素体和粒状碳化物组成，由过共析钢经球化退火或马氏体在 A1～650℃ 温度范围内回火形成。其特征是碳化物呈颗粒状分布在铁素体上。见图 1-7 和图 1-8。

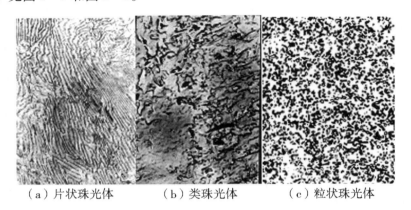

（a）片状珠光体　　　（b）类珠光体　　　（c）粒状珠光体

图 1-7　珠光体组织的典型形貌

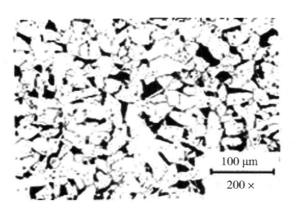

图 1 - 8　20 号钢退火的铁素体 + 珠光体（3% 硝酸酒精腐蚀，×200）

（图片源自 http://image.baidu.com）

④奥氏体（Austenite，常用代表符号 A）：奥氏体是碳和合金元素原子溶于 γ - Fe 中形成的间隙固溶体，保持 γ - Fe 的面心立方晶格。奥氏体钢的变形抗力较低，塑性好，而强度和硬度高于铁素体钢。奥氏体通常在高温（大于 727℃）时存在，在冷却过程中会转变为其他相。由于合金元素的加入，有时也可能在室温时稳定存在，如高锰钢、Cr18 - Ni8 型奥氏体不锈钢等。

在显微镜下观察，奥氏体一般晶界比较直，呈规则多边形，淬火钢中的残余奥氏体则分布在马氏体针间的空隙处。

奥氏体与渗碳体的共晶混合物则称为莱氏体（硬度高、塑性差）。在显微镜下观察时，呈树枝状的奥氏体分布在渗碳体的基体上。

如果奥氏体晶粒比较粗大，冷却速度又比较适宜，先共析的相有可能呈针状（片状）形态与片状珠光体混合存在，这种组织称为魏氏组织。见图 1 - 9。

⑤马氏体（Martensite，常用代表符号 M）：马氏体是碳原子在 α - Fe 中的过饱和固溶体，碳原子以间隙原子形式存在于晶格之中，使铁原子偏离平衡位置，使 α - Fe 的体心立方晶格发生较大的畸变而成为体心正方晶格。

马氏体的硬度高，脆性大，塑性和韧性差。一般是在高温下从奥氏体状态快速冷却（冷却速度高于临界速度，例如淬火热处理）时转变成马氏体。由于马氏体的体积要比奥氏体的大（即比容大），在转变为马氏体时，钢将会发生体积膨胀，能产生很大的相变应力（内应力，也称为马氏体相变应力），容易导致钢制零件在这种处理过程中变形甚至破裂。

马氏体在钢的显微组织中以有一定取向的针状结构存在。不同碳含量的钢（主要用于中、高碳钢）的马氏体转变温度是不同的，冷却时，当相变温度低于 Ms 点以下，就会产生马氏体。铁碳合金的相变温度高于 Ms 点则不会出现马氏体。

根据形态不同可将马氏分为以下几种类型。

板条马氏体：板条马氏体亦称低碳马氏体，在低、中碳钢及不锈钢中形成，由许多相互平行的板条组成一个板条束，一个奥氏体晶粒中可出现多个不同位向的马氏体板条

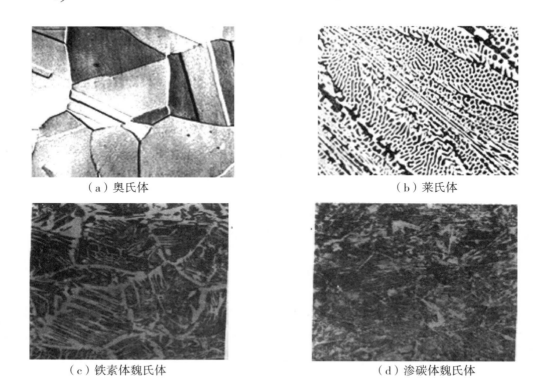

（a）奥氏体　　　　　　　　　（b）莱氏体

（c）铁素体魏氏体　　　　　　（d）渗碳体魏氏体

图1-9　奥氏体、莱氏体和魏氏体组织

束（通常3～5个），这种组织有较好的强度和韧性，是低碳钢和低合金钢中具有良好性能的组织。

片状马氏体（亦称针状马氏体、高碳马氏体）：片状马氏体常见于高、中碳钢及高镍的铁镍合金中，针叶中有一条缝线将马氏体分为两半，由于方位不同可呈针状或片块状、竹叶状，针与针呈120°角排列，针叶之间常有残余奥氏体存在，高碳马氏体的针叶晶界清楚，细针状马氏体呈布纹状，称为隐晶马氏体。针状马氏体脆性大，硬度高，一般须经回火后使用。见图1-10。

回火马氏体：在高温淬火后做150℃～250℃低温回火热处理时，马氏体分解，得到极细的过渡型碳化物与过饱和（含碳较低）的α相混合组织，称为回火马氏体。回火马氏体组织极易受腐蚀，在光学显微镜下观察，呈暗黑色针状组织（保持淬火马氏体位向），与下贝氏体很相似，只有在高倍电子显微镜下观察才能看到极细小的碳化物质点。

回火屈氏体：马氏体在高温淬火后做350℃～500℃的中温回火热处理时形成的碳化物和α相的混合物，称为回火屈氏体。这种组织的特征是铁素体基体内分布着极细小的粒状碳化物，针状形态已逐渐消失，但仍隐约可见，在光学显微镜下观察不能分辨出碳化物，只能观察到暗黑的组织，在高倍电子显微镜下观察才能清晰分辨出两相，并可看出碳化物颗粒已有明显长大。

（a）针状马氏体

（b）板条马氏体

（c）片状马氏体

图 1-10　典型马氏体组织

回火索氏体：回火索氏体以铁素体为基体，基体上分布着均匀碳化物颗粒，由马氏体在高温淬火后做 500℃～650℃ 高温回火热处理时形成。这种组织是由等轴状铁素体和细粒状碳化物构成的复相组织，马氏体片的痕迹已消失，渗碳体的外形已较清晰，但是在光学显微镜下观察也难以分辨，在高倍电子显微镜下观察才可看到渗碳体颗粒较大。见图 1-11。

⑥贝氏体（Bainite，又称贝茵体）：贝氏体是奥氏体在珠光体转变区以下、Ms 点以上的中温区域转变而成的过饱和针状铁素体和渗碳体两相混合组织，是低合金钢在中温等温下获得的高温转变及低温转变相异的组织（α-Fe 和 Fe₃C 的复相组织）。将钢件加热至奥氏体化，然后快速冷却到贝氏体转变温度区间（260℃～400℃ 或 350℃～550℃）等温保持（保温时间一般为 30～60min），使奥氏体转变为贝氏体，这是热处理中的一种淬火工艺，称为贝氏体等温淬火工艺。

贝氏体具有较高的强度与韧性的配合，在硬度相同的情况下其耐磨性明显优于马氏体。贝氏体转变温度介于珠光体转变温度与马氏体转变温度之间。

在贝氏体转变温度偏高区域（约 350℃～550℃）发生相变的产物称为上贝氏体（Up Bainite），渗碳体处在铁素体针间，在显微镜下观察，其典型形态是大致平行成束的铁素体板条，在各板条间分布着沿板条长轴方向排列的碳化物短棒或小片，由于其外观形态貌似羽毛状，以晶界为对称轴，根据方位不同，羽毛可对称或不对称，铁素体羽

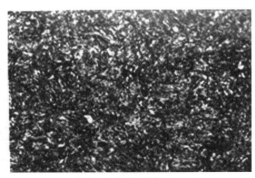

（a）回火马氏体

（b）回火索氏体

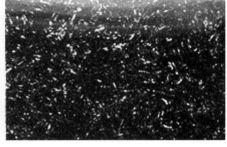

（c）回火屈氏体

图 1－11　回火马氏体、索氏体和屈氏体组织

毛可呈针状、点状、块状，因此也称上贝氏体为羽毛状贝氏体。对于高碳高合金钢，一般较难看清针状羽毛；对于中碳中合金钢，较易看清针状羽毛；对于低碳低合金钢，则能很清楚地看清楚羽毛，而且铁素体针也较粗。相变时是先在晶界处形成上贝氏体，往晶内长大，不穿晶。上贝氏体的冲击韧性较差，一般不适合应用。

在贝氏体转变温度下端偏低温度区域（350℃～Ms）发生相变的产物称为下贝氏体，与上贝氏体的区别是其渗碳体在铁素体针内。在显微镜下观察，其典型形态是双凸透镜状含过饱和碳的铁素体，并在其内分布着单方向排列的碳化物小薄片，在晶内呈针状，针叶不交叉，但可交接。下贝氏体与回火马氏体不同，回火马氏体有层次之分，颜色较浅，不易受侵蚀，而下贝氏体则颜色大致一致，碳化物质点比回火马氏体粗，易受侵蚀变黑。对于高碳高合金钢，其碳化物的分散度比低碳低合金钢高，针叶则比低碳低合金钢的细。下贝氏体的冲击韧性较好，适合实际应用，一般是通过热处理工艺控制来获得下贝氏体。见图 1－12。

此外，还有粒状贝氏体（大块状或条状的铁素体内分布着众多小岛状富碳奥氏体的复相组织，是过冷奥氏体在贝氏体转变温度区最上部的转变产物，在随后的冷却过程中富碳奥氏体会转变为残余奥氏体、珠光体、马氏体等）、无碳化物贝氏体（板条状铁素体单相组成的组织，也称为铁素体贝氏体，在贝氏体转变温度区的最上部形成，板条铁素体之间为富碳奥氏体，在随后的冷却过程中富碳奥氏体会转变为残余奥氏体、珠光

（a）上贝氏体

（b）下贝氏体

图1-12 贝氏体组织

体、马氏体等。无碳化物贝氏体一般出现在低碳钢中，在硅、铝含量高的钢中也容易形成）。

1.2 金属材料的性能

金属材料的性能决定着材料的适用范围及应用的合理性。

金属材料的性能一般分为使用性能和工艺性能两类。

金属材料的使用性能是指机械零件在使用条件下，金属材料表现出来的性能，主要包括力学性能（俗称机械性能）、物理性能、化学性能。在机械制造业中，一般机械零件都是在常温、常压和腐蚀性介质中使用的，而且在使用过程中各机械零件都将承受不同载荷的作用，因此金属材料使用性能的好坏，决定了它的使用范围与使用寿命。

金属材料的工艺性能是指机械零件在加工制造过程中，在一定的冷、热加工条件下金属材料所表现出来的性能。金属材料工艺性能的好坏，决定了它在制造过程中加工成形的适应能力。由于加工条件不同，要求的工艺性能也就不同，如铸造性能、可焊性、可锻性、热处理性能、切削加工性等。

（一）金属材料的使用性能

1. 力学性能

（1）应力的概念

物体内部单位截面积上承受的力称为应力。由外力作用引起的应力称为工作应力，在无外力作用条件下平衡于物体内部的应力称为内应力（例如组织应力、热应力、加工过程结束后留存下来的残余应力等）。

（2）力学性能

金属在一定温度条件下承受外力（载荷）作用时，抵抗变形和断裂的能力称为金属材料的力学性能。金属材料承受的载荷有多种形式，它可以是静态载荷，也可以是动态载荷，包括单独或同时承受的拉伸应力、压应力、弯曲应力、剪切应力、扭转应力，以及摩擦、振动、冲击、循环载荷等，外加载荷性质不同，对金属材料要求的力学性能也将不同，金属材料的力学性能是零件在设计和选材时的主要依据。

常用的力学性能包括强度、塑性、硬度、冲击韧性、多次冲击抗力和疲劳极限等。

①强度（Strength）。

强度表征材料在外力作用下抵抗变形（包括弹性变形、塑性变形）和断裂的最大能力，可分为抗拉强度极限（常用表示符号 σ_b）、抗弯强度极限（常用表示符号 σ_{bb}）、抗压强度极限（常用表示符号 σ_{bc}）等。

金属材料在外力作用下从变形到断裂有一定的规律可循，通常采用拉伸试验进行测定，即把金属材料制成一定形状尺寸的标准试样，在拉伸试验机上进行拉伸，直至试样断裂，测定的强度指标主要有以下几种。

强度极限（亦称抗拉强度）：材料在外力作用下发生断裂前所达到的最大应力值，一般指拉力作用下的抗拉强度极限，即单向均匀拉伸载荷作用下材料发生断裂时的最大正应力值，以 σ_b 表示。如拉伸试验曲线图（见图 1 – 13）中最高点 b 对应的强度极限。

$$\sigma_b = P_b / F_0$$

式中，P_b 为至材料被拉断时的最大拉应力（或者说是试样能承受的最大载荷，表示材料抵抗断裂的能力大小）；F_0 为拉伸试样原来的横截面积。

强度极限的常用单位为兆帕（MPa），换算关系有：

$$1\text{MPa} = 1\text{N/m}^2 = (9.8)^{-1}\text{kgf}[1]/\text{mm}^2 \text{ 或 } 1\text{kgf/mm}^2 = 9.8\text{MPa}$$

如图 1 – 13 所示，从 b 点往右到 K 点时试样完全断裂分离，从 b 到 K 的过程是试样完全断裂前产生缩颈变形的阶段。

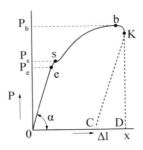

图 1 – 13　金属材料的拉伸试验曲线

在工程应用上衡量材料性能时常用到比强度（Specific Strength）指标，这是材料的抗拉强度与材料表观密度之比，又被称为"强度—重量比"，其国际单位为（N/m²）/（kg/m³）或 N·m/kg。比强度越大，说明单位横截面积能承受的拉伸应力越大，意味着在相同拉伸应力条件下材料的重量越少，这在航空器设计上对于材料的选择是非常重要的指标。

---

①　kgf 即千克力，是力的一种常用单位，力的国际单位是牛顿（N）。1kgf 指的是 1kg 的物体所受的重力，即 9.8N。

　　与抗拉强度相应的还有抗压强度（通过压力试验获取）、抗弯强度（通过弯曲试验获取）等。

　　屈服强度极限：金属材料试样承受的拉伸载荷超过材料的弹性极限时，虽然载荷不再增加，但是试样仍在继续发生明显的塑性变形，这种现象称为屈服，即材料承受外力到一定程度时，其变形不再与外力成正比而产生明显的塑性变形。产生屈服现象时的最小应力值（亦即抵抗微量塑性变形的应力）称为屈服强度极限（简称屈服极限），用 σ_s 表示，单位为兆帕（MPa），相应于图 1-13 拉伸试验曲线中的 S 点称为屈服点。

$$\sigma_s = P_s/F_0$$

式中，P_s 为达到屈服点 S 处的外力（或者说材料发生屈服时的载荷）；F_0 为拉伸试样原来的横截面积。

　　对于塑性高的材料，在拉伸试验曲线上会出现明显的屈服点，而对于低塑性材料则没有明显的屈服点，其在测量上有困难，从而难以根据屈服点的外力求出屈服极限。因此，在拉伸试验方法中，通常规定试样上的原始标距长度产生 0.2% 塑性变形（微量塑性变形）时的应力作为该材料的屈服强度，称为条件屈服极限，用 $\sigma_{0.2}$ 表示。

　　屈服极限指标可作为材料抗力的指标，用于要求零件在工作中不产生明显塑性变形的设计依据，但是对于一些重要零件还考虑要求屈强比（屈服强度与抗拉强度的比值，即 σ_s/σ_b）要大，以提高其安全可靠性，不过此时材料的利用率也较低。屈强比越大，结构零件的可靠性越高，一般碳素钢的屈强比为 0.6～0.65，低合金结构钢的屈强比为 0.65～0.75，合金结构钢的屈强比为 0.84～0.86。

　　影响材料屈服强度的内在因素包括金属中的原子结合键、显微组织、晶格结构和原子本性。

　　原子结合键是主要的内在因素，包括固溶强化、形变强化、沉淀强化和弥散强化（工业合金中提高材料屈服强度的最常用手段）以及晶界和亚晶强化，但要注意固溶强化、形变强化和沉淀强化在提高材料强度的同时也会降低材料的塑性，只有细化晶粒和亚晶强化既能提高材料的强度又能增加材料的塑性。

　　影响屈服强度的外在因素包括温度、应变速率和应力状态。

　　材料的屈服强度会随温度降低与应变速率增高而升高，特别是体心立方晶格的金属对温度和应变速率尤其敏感，会导致钢的低温脆化。通常的材料力学性能试验是在室温下单向拉伸时得到的屈服强度，若环境温度和应力状态不同，材料的屈服强度值也不同。

　　弹性极限：材料在外力作用下产生变形，而卸除外力后试件的变形能立即消失恢复原状的能力称为弹性。金属材料能保持弹性变形的最大应力（不产生残留塑性变形或者说材料达到最大弹性变形时的载荷）即为弹性极限，相应于图 1-13 拉伸试验曲线中的 e 点，以 σ_e 表示，单位为兆帕（MPa）。

$$\sigma_e = P_e/F_0$$

式中，P_e 为保持弹性时的最大外力（或者说材料最大弹性变形时的载荷）；F_0 为拉伸试样原来的横截面积。

　　如果在稍超过 e 点后卸除外力时，试件将无法完全恢复原状，称为进入滞弹性阶段。再迟一些（在屈服点以下）卸除外力时，则进入了称为微塑性应变的阶段。

弹性模数（弹性模量，亦称刚度）：材料在弹性极限范围内的应力 σ 与应变 δ（与应力相对应的单位变形量）之比，或者说材料在外力作用下产生单位弹性变形所需要的应力，称为弹性模数（弹性模量），用 E 表示，单位为兆帕（MPa）。

$$E = \sigma/\delta = \mathrm{tg}\alpha$$

式中，α 为拉伸试验曲线上 o–e 线与水平轴 o–x 的夹角。

弹性模数是反映材料受力时抵抗弹性变形能力（刚度）的指标，可用于衡量材料产生弹性变形难易程度的指标，是在静荷载作用下计算钢材结构变形（结构抗弯曲和翘曲的能力）的一个重要指标。弹性模数值越大，使材料发生一定弹性变形的应力也越大，意味着材料的刚度越大，亦即在一定应力作用下，发生的弹性变形越小。刚度与材料的弹性模量和结构元件的截面形状（截面惯性矩）有关。

从微观角度来说，弹性模数是原子、离子或分子之间键合强度的反映。凡是影响键合强度的因素均能影响材料的弹性模量，如键合方式、晶体结构、化学成分、微观组织、温度等。例如在合金成分不同、热处理状态不同、冷塑性变形不同等情况下，金属材料的杨氏弹性模量值会有 5% 或者更大的变化。但是从总体而言，金属材料的合金化、热处理、冷塑性变形等内在因素以及温度、加载速率等外在因素对弹性模量的影响还是较小的，因此一般工程应用中是把弹性模量作为常数看待。

在工程应用上衡量材料性能时常用到比模量（specific modulus）指标，这是材料的弹性模量与密度之比，也称为"比刚度"或"比弹性模量"，又称"劲度—质量比"或"比劲度"。比模量通常是以温度为 23℃ ±2℃ 和相对湿度为 50% ±5% 条件下测量的杨氏模量（用千克力表示，单位：kg/m^2）除以密度（单位：kg/m^3）。比模量是材料承载能力的一个重要指标，比模量越大，零件的刚性就愈大。比模量高的材料在航空器的设计制造中有广泛的应用，因为在这个领域里需要把材料的质量降至最小。

②塑性（Plasticity）。

金属材料在外力作用下产生永久变形（塑性变形）而不致破坏的最大能力称为塑性。金属材料在受到拉伸时，长度和横截面积都要发生变化，通常用延伸率（亦称伸长率，通常用希腊字母 δ 表示）和断面收缩率（通常用希腊字母 ψ 表示）作为金属材料的塑性指标。

在拉伸试验时，试样受拉伸载荷折断后，总伸长度同原始长度比值的百分数，即延伸率 δ。

$$\delta = \left[\ (L_1 - L_0)\ /L_0\right] \times 100\%$$

式中，L_0 为试样施加拉伸载荷前预先在试样上标志的原始标距长度；L_1 为试样拉断后将试样断口对合起来后试样上标志之间的长度。

在实际拉伸试验中，同一材料但是不同规格（直径、截面形状，例如方形、圆形、矩形以及标距长度）的拉伸试样测得的延伸率会有不同，因此在表示延伸率时需要特别加注材料规格，例如最常用的圆截面试样，其初始标距长度为试样直径 5 倍时测得的延伸率表示为 δ_5，而初始标距长度为试样直径 10 倍时测得的延伸率则表示为 δ_{10}。

在拉伸试验中，试样受拉伸载荷拉断后，断面缩小的面积同原截面面积比值的百分数，即断面收缩率 ψ。

$$\psi = \left[\ (F_0 - F_1)\ /F_0\right]\ \times 100\%$$

式中，F_0 为试样施加拉伸载荷前的原始横截面积；F_1 为试样拉断后断口细颈处的最小截面积。

实际拉伸试验中对于最常用的圆截面试样通常可通过直径测量进行计算：

$$\psi = \left[1 - (D_1/D_0)^2\right]\ \times 100\%$$

式中，D_0 为试样原直径；D_1 为试样拉断后断口细颈处的最小直径。

金属材料的延伸率 δ 和断面收缩率 ψ 愈大，表示该材料的塑性愈好，即材料能承受越大的塑性变形而不被破坏。

塑性好的材料能在较大的宏观范围内产生塑性变形，并在塑性变形的同时能使材料因塑性变形而强化，从而提高材料的强度，保证零件的安全使用。此外，塑性好的材料可以顺利地进行某些成型工艺加工，如冲压、冷弯、冷拔、校直等。

在工程应用上，一般把延伸率大于5%的金属材料称为塑性材料（如低碳钢等）。塑性材料在断裂前的变形较大，塑性指标（断面收缩率和延伸率）较高，因此抵抗拉断的能力较好，其常用的强度指标是屈服极限，一般而言，其抗拉与抗压强度基本相等，在拉伸和压缩时的屈服极限值也基本相同。

延伸率小于5%的金属材料则称为脆性材料（如灰口铸铁等），其抗拉强度一般小于其抗压强度。脆性材料的塑性和韧性差，工艺性能也往往很差，不但难以满足各种加工及安装的要求，而且抵抗冲击载荷的能力也很差，运行中还往往可能突然发生无事故前兆的脆性破坏。

因此，选择金属材料作机械零件时，必须要有一定的塑性指标要求。

③韧性（Toughness）。

金属材料在冲击载荷作用下抵抗破坏的能力（抗断裂性能）称为韧性。如冲床、锻锤、凿岩机、铆钉枪、枪炮甚至汽车启动、刹车以及速度突然改变时，都要承受冲击力，对所用金属材料就有韧性要求，用以衡量材料的抗裂纹扩展能力。对于塑性好的材料，其晶格结构能够由于裂纹尖端的局部屈服而减缓裂纹的扩展；对于脆性材料，其晶格结构不会使裂纹尖端产生局部屈服现象，不能减缓裂纹的扩展，因此脆性材料不耐拉伸。

通常采用冲击试验测定金属材料的韧性，即用一定尺寸和形状的带缺口金属试样在规定类型的冲击试验机上承受冲击载荷，试样折断时，断口上单位横截面积上所消耗的冲击功表征材料的韧性（冲击韧性）。

$$\alpha_k = A_k/F$$

式中，α_k 称作金属材料的冲击韧性，单位为 J/cm^2 或 $kg\cdot m/cm^2$，它们之间的换算关系有 $1kg\cdot m/cm^2 = 9.8J/cm^2$；$A_k$ 为冲击功，单位为 J 或 kg；F 为断口的原始截面积，单位为 cm^2。

冲击韧性也称为断裂韧度，材料的韧性越低，材料产生脆性断裂的倾向性越大。

④硬度（Hardness）。

金属材料抵抗其他更硬物体刻划或压入其表面的能力，或者说是材料对局部塑性变形的抵抗能力称为硬度。因此，硬度与强度有着一定的关系。一般硬度越高的材料其耐磨性越好。

常用的硬度测定方法主要有以下几种。

布氏硬度（Brinell Hardness，代号 HB）。用一定直径 D（常用 $\Phi1mm$、$\Phi2.5mm$、$\Phi5mm$ 和 $\Phi10mm$，一般为 $\Phi10mm$）的淬硬钢球或硬质合金球在规定载荷 P（常用如 $31.25kg$、$187.5kg$、$250kg$、$3000kg$）的作用下以一定的速度压入被测材料表面，保持一段时间后卸去载荷，在材料表面将会留下表面积为 F 的压痕，以材料压痕单位表面积上能承受负荷的大小表示该试件的硬度，即载荷与其压痕面积之比值称为布氏硬度值，单位为 kgf/mm^2 或 N/mm^2。

$$HB = P/F$$

式中，P 为施加的载荷，单位为 kg；F 为压痕表面积，单位为 mm^2。

在实际应用中，通常直接测量压坑的直径，并根据载荷 P 和钢球直径 D 从布氏硬度数值表上查出布氏硬度值（显然，压坑直径越大，硬度越低，表示的布氏硬度值越小）。见图 1 – 14。

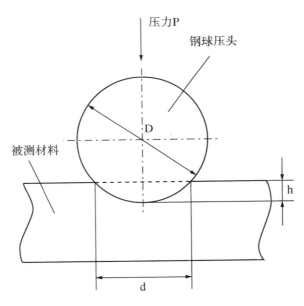

图 1 – 14　布氏硬度试验原理

布氏硬度试验的优点是其压痕面积较大，能反映较大范围内金属各组成相的综合影响平均值而不受个别组成相及微小不均匀度的影响（例如试样组织显微偏析及成分不均匀的影响），因此特别适用于测定灰铸铁、轴承合金和具有粗大晶粒的金属材料硬度。布氏硬度试验的数据稳定，重现性好，其硬度代表性好，测试精度较高，而且测试后留下的永久性压痕可以在任何时间重复检验。此外，布氏硬度值与抗拉强度值之间存在较好的对应关系。

$$\sigma_b \approx K \cdot HB$$

式中，K 为系数，例如对于低碳钢有 K≈0.36，对于高碳钢有 K≈0.34，对于调质合金钢有 K≈0.325，等等。

布氏硬度试验法主要用于铸铁、锻钢、钢材、有色金属及软合金等原材料和半成品的硬度测定，采用小直径球形压头和小载荷可以测量小尺寸和较薄的材料硬度。

布氏硬度一般用于材料较软的时候，如有色金属、热处理之前或退火后的钢铁。布氏硬度的上限值为 HB650，在实际应用中不能高于此值。

布氏硬度试验法的缺点是压痕较大，一般不宜用于成品检测，试验载荷 P 和压头球直径 D 的选择要遵循一定的规则合理搭配，测试操作和压痕测量都比较费时，并且存在压痕边缘凸起、凹陷或圆滑过渡，使压痕直径的测量容易产生较大误差。

布氏硬度试验法的应用设备按照被测试材料的硬度值范围分类，有大载荷布氏硬度计、小载荷布氏硬度计；按照布氏硬度计操作的自动化程度分类，有手动转塔布氏硬度计、自动转塔布氏硬度计；按照测试硬度值读数的显示方式分类，有电子布氏硬度计、数显布氏硬度计、液晶屏电子布氏硬度计、电脑数显布氏硬度计。此外还有便携式布氏硬度计，可以在现场测试大型工件，主要有液压式布氏硬度计和锤击式布氏硬度计。如图 1-15、图 1-16 和图 1-17。

图 1-15 数显布氏硬度试验机
（图片源自 http://image.baidu.com）

图 1-16 常规洛氏硬度试验机
（图片源自 http://image.baidu.com）

液压式布氏硬度计采用液压原理，依靠手动操作方式施加试验力，其核心部件是一个小型液压系统，液压系统中有一个控制阀来控制试验力，当试验力达到预定试验力时，控制阀打开，压力下降。通过重复加力 3～4 次来等效布氏硬度试验标准通常要求加力 10～15 秒的规定。

锤击布氏硬度计依靠手工锤击方式向钢球施加试验力，钢球在锤击力的作用下瞬间压入试样，在试样上留下压痕，然后在放大镜下测量压痕直径，再从布氏硬度数值表上

图 1 - 17   液压式布氏硬度试验机

（图片源自 http://image.baidu.com）

查出布氏硬度值。

锤击布氏硬度检测属于冲击式硬度试验方法，钢球的压入是在瞬间完成的，没有试验力保持时间，压痕处的金属不能实现充分的塑性变形，加上手工锤击的力度随操作人员的经验而异，就是同一个操作人员的每次锤击力度也会有差异，因此，锤击布氏硬度计的测试精度要比台式布氏硬度计低。

洛氏硬度（Rockwell Hardness，代号 HR）。当 HB > 450 或者试样过小时，不宜采用布氏硬度试验而需要改用洛氏硬度试验。

洛氏硬度试验是利用有一定顶角（例如 120°）的金刚石圆锥体压头或一定直径 D（常用 Φ1.59mm 或 Φ3.18mm）的淬硬钢球压头，在一定载荷 P 作用下压入被测材料表面，保持一段时间后卸去载荷，在材料表面将会留下有一定深度的压痕，以压痕塑性变形深度来确定硬度值指标，以 0.002mm 作为一个硬度单位。

在进行洛氏硬度试验时，由洛氏硬度机自动测量压坑深度并以硬度值读数显示（显然，压坑越深，硬度越低，表示的洛氏硬度值越小）。

洛式硬度的硬度值没有单位，是无量纲的力学性能指标。

洛式硬度试验法的缺点是压痕很小，测量值有局部性，在测量材料硬度时需要测数点求平均值。

根据试验材料的材质、硬度范围及尺寸的不同，采用不同的压头与试验载荷，可组成几种不同的洛氏硬度标度，通常采用三种试验力，三种压头，共有 9 种组合，对应于洛氏硬度就有 9 个标度，涵盖了几乎所有常用的金属材料。

每一种洛氏硬度标度用一个字母在洛氏硬度符号 HR 后面加以注明，主要有 HRA、HRB、HRC 三种，其中 HRC 是钢铁行业中最常用的。

洛氏硬度的表示方法为硬度数据 + 硬度符号，如 50HRC。

HRA：初始压力载荷 98.07N（10kgf），然后加压至 588.4N（60kgf），采用金刚石球锥菱形压头，得到的硬度标度称为 HRA，适用于硬度极高的材料（例如碳化钨、硬质合金、表面硬化零件如深层渗碳钢等）。HRA 的范围是 20～88HRA，但在硬度值小于 60HRA 时可改用硬度标度 HRB，而在硬度值大于 60HRA 时可改用硬度标度 HRC。

HRB：初始压力 98.07N（10kgf），然后加压至 980.7N（100kgf），采用直径 1.588mm（1/16 英寸）的淬硬钢球压头，得到的硬度标度称为 HRB，适用于硬度较低的材料（例如软钢、有色金属、合金及退火钢、铸铁等）。HRB 的范围是 20～100HRB。当硬度值低于 20HRB 时，钢球的压入深度过大，金属蠕变加剧，试样在试验力作用下的变形时间延长，测试值准确度降低，这时应改用硬度标度 HRF。当硬度值大于 100HRB 时，钢球压入深度过浅，灵敏度降低，精度下降，应改用硬度标度 HRC。

在使用 HRB 测试钢试样时，应特别注意：若预先不知道被测试样的硬度大小时，决不能使用 HRB 测试，因为 HRB 使用的是钢球压头，误测了高硬度材料（例如淬火钢）就可能导致钢球变形损坏，因此应先用金刚石压头，用 HRA 测试一下，然后再决定是用 HRB 还是用 HRC。

HRC：初始压力 98.07N（10kgf），然后加压至 1471N（150kgf），采用与 HRA 相同的金刚石球锥菱形压头，得到的硬度标度称为 HRC，一般用于硬度很高的材料（例如碳钢、工具钢及合金钢等经淬火、回火处理后的硬度）。HRC 的范围是 20～70HRC，相当于 HB225～650（HRC 与 HB 之间的换算关系可简约为 HRC≈0.1HB）。当试样硬度值小于 20HRC 时，因为压头的圆锥部分压入太多，灵敏度下降，应改用硬度标度 HRB。当试样硬度大于 67HRC 时，压头尖端承受的压力过大，金刚石容易损坏，压头寿命会大大缩短，因此一般应改用硬度标度 HRA。

按照美国标准 ASTM E140（标准金属硬度换算表），洛氏硬度标度 A、B、C 之间的换算关系大约为：

27HRA≈30HRB

60HRA≈100HRB≈20HRC

85.6HRA≈68HRC

除了 HRA、HRB、HRC 以外，还有作为对洛氏硬度试验补充的表面洛氏硬度试验，用于材料较薄、试样较小、表面硬化层较浅或测试表面镀覆层等情况下的硬度测试。

表面洛氏硬度试验采用三种试验力，两种压头，有 6 种组合，对应于表面洛氏硬度的 6 个标度。表面洛氏硬度试验采用与洛氏硬度试验相同的压头，但试验力只有洛氏硬度试验的几分之一。

表面洛氏硬度分为 N、T 两种标度，N 标度适用于类似洛氏硬度的 HRC、HRA 和 HRD 测试的材料，T 标度适用于类似洛氏硬度的 HRB、HRF（使用范围 60～100HRF，适合用于测试纯铜和较软的铜合金材料）和 HRG（适用于 HRB 值接近 100 的材料，如铍青铜、磷青铜、可锻铸铁等硬度范围介于 HRB 高端和 HRC 低端的材料）测试的材料。

此外还有专用于塑料材料测试的塑料类洛氏硬度（HRR）。

维氏硬度（Vickers Hardness，代号 HV）。维氏硬度适用于显微镜分析，故也常称为显微硬度。维氏硬度适用于较大工件和较深表面层的硬度测定，较薄工件、工具表面或镀层的硬度测定，以及金属箔、极薄表面层的硬度测定。

进行维氏硬度试验时，以120kg以内的载荷（通常为49.03～980.7N，也有小试验载荷1.961～49.03N，甚至小于1.961N，以适应于不同厚度的被测材料）和顶角为136°的金刚石方形锥压头，压入被测材料表面并保持规定时间后，在显微镜下测量压痕的对角线长度，再按公式计算硬度的大小，或者用载荷值除以材料压痕凹坑的表面积，即为维氏硬度值，单位为kg/mm²，如图1-18所示。

$$HV = 0.102 \ (P/F) = 0.102 \ [2P\sin(\alpha/2)] \ /d^2$$

式中，P 为载荷，单位为牛顿（N）；F 为压痕表面积，单位为 mm²；α 为压头相对面夹角，136°；d 为平均压痕对角线长度，单位为 mm。

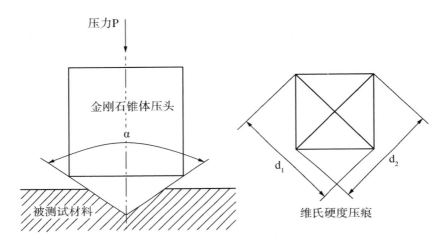

图1-18 维氏硬度试验原理

维氏硬度值的标准表示格式为xHVy，例如185HV5，其中185为硬度值，5是测量所用的载荷值（以 kgf 为单位）。如果载荷保持时间不是通常的10～15s，则还需在载荷值后标注保持时间，例如600HV30/20表示采用载荷30kgf，保持20s，得到硬度值为600。

维氏硬度既可以测量较软的材料，又可以测量较硬的材料，但对测试样品有较高要求，以避免误差，得到准确的维氏硬度值。

用于维氏硬度试验的测试样品表面应光滑平整，不能有氧化皮及杂物，不能有油污。一般要求表面粗糙度 Ra 优于 0.40μm，小载荷试验时 Ra 应优于 0.20μm，显微维氏硬度试样的 Ra 应优于 0.10μm。

维氏硬度测试样品制备过程中应尽量减少过热或者冷作硬化等因素对表面硬度的影响。对于小截面或者外形不规则的试样，如球形、锥形试样，需要对试样进行镶嵌或者使用专用平台。

维氏硬度可转换成洛氏硬度，通常采用实用公式 HRC = 100 - 37353/（HV + 200）。

莫氏硬度（Mohs′ scale of hardness；Mons′ hardness scale）。莫氏硬度是矿物或宝石

硬度的一种标准表示方法，1812 年由德国矿物学家莫斯（Frederich Mohs）首先提出而得名。

莫氏硬度是应用划痕法，将棱锥形金刚钻针刻划所试矿物的表面而发生划痕，用测得的划痕深度分十级来表示硬度：滑石（talc）为 1（硬度最小），石膏（gypsum）为 2，方解石（calcite）为 3，萤石（fluorite）为 4，磷灰石（apatite）为 5，正长石（feldspar，orthoclase，periclase）为 6，石英（quartz）为 7，黄玉（topaz）为 8，刚玉（corundum）为 9，金刚石（diamond）为 10。所示硬度值不是绝对硬度值，而是按硬度的顺序表示的值。

在应用莫氏硬度时，是通过刻划比较来确定硬度的，例如某矿物能将方解石刻出划痕，而不能刻萤石，则其莫氏硬度为 3～4，其他类推。

莫氏硬度只是一种相对硬度，比较粗略。虽然以滑石的莫氏硬度为 1，金刚石的莫氏硬度为 10，刚玉的莫氏硬度为 9，但是根据显微硬度计测得的绝对硬度，金刚石为滑石的 4192 倍，刚玉为滑石的 442 倍。由于莫氏硬度试验应用方便，因此在野外作业时常采用。例如人的手指甲莫氏硬度约 2.5，铜币的莫氏硬度为 3.5～4，钢刀的莫氏硬度为 5.5，玻璃的莫氏硬度为 6.5。

努氏硬度（又称克氏硬度）。将顶部两棱之间 α 角为 172.5°和 β 角 130°的棱锥体金刚石压头用规定的试验力压入试样表面，经过一定的保持时间后卸除试验力，将试验力除以试样表面的压痕投影面积之商即为努氏硬度，如图 1-19 所示。

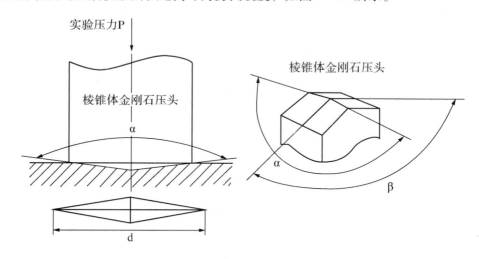

图 1-19 努氏硬度试验原理

$$HK = 0.102\ (P/F) = 0.102\ (P/cd^2) \approx 1.451\ (P/d^2)$$

式中，HK 为努氏硬度符号；P 为试验力，单位为 N；F 为压痕投影面积，单位为 mm^2；d 为压痕长对角线长度，单位为 mm；c 为压头常数，与用长对角线长度的平方计算的压痕投影面积有关。

努氏硬度的特点：

由于使用压头的特殊形状，试验时能产生长短对角线为 7:1 的菱形压痕，只测量长对角线长度，具有较高的测量精度。

　　压痕的压入深度只有长对角线长度的 1/30，而维氏硬度试验的压痕压入深度为对角线长度的 1/7，因此努氏硬度试验更适用于表层硬度和薄件的硬度测试。

　　同一试样在同一载荷下，努氏硬度的压痕对角线长度约为维氏硬度压痕对角线长度的 3 倍，因而努氏硬度测量法大大优于维氏硬度测量法。

　　努氏硬度是作为绝对数值而测得的硬度，一般来说，金刚石的努氏硬度为 7000 ～ 8000kg/mm²。

　　努氏硬度试验主要用于金属学、金相学研究，特别适用于测试硬而脆的材料，常被用于测试珐琅、玻璃、人造金刚石、金属陶瓷及矿物等材料的硬度，还可用于表面硬化层有效深度的测定，用于细小零件、小面积、薄材料、细线材、刀刃附近的硬度和电镀层及牙科材料硬度的测试。努氏硬度试验没有专门的硬度计，通常是共用显微维氏硬度计，只要更换压头并改变硬度值的算法即可。

　　在显微硬度试验方面，美国通常采用努氏压头和 100gf①，而欧洲则习惯于采用维氏压头和 500gf。

　　肖氏硬度（Shore scleroscope hardness，简称 HS）。肖氏硬度也是表示材料硬度的一种标准方法，由英国人肖尔（Albert F. Shore）首先提出而得名。

　　肖氏硬度试验应用弹性回跳法，将一只镶有金刚钻尖端的小锥作为撞销从一定高度落到被测试材料的表面上而发生回跳，用测得的撞销回跳高度来表示硬度。

　　肖氏硬度计适用于测定黑色金属和有色金属的肖氏硬度值，可用于测定橡胶、塑料、金属材料等的硬度。在橡胶、塑料行业中也常称其为邵氏硬度。

　　里氏硬度（HL）。进行里氏硬度试验时，使用便携袖珍式里氏硬度计，利用冲击装置将冲击球头从固定位置释放，冲头快速冲击在被测试材料的表面上会产生回跳，通过线圈的电磁感应测量冲击球头距离试件表面 1mm 处的回弹速度与冲击速度的比值（实际应用装置中是以冲击装置中的闭合线圈感应的冲击电压和反弹电压代表冲击速度和反弹速度）计算得到里氏硬度。

$$HL = 1000V_r/V_i$$

式中，V_i 为冲击球头的冲击速度；V_r 为冲击球头的回弹速度。

　　便携式里氏硬度计测得的里氏硬度（HL）可以通过硬度计内置的对照关系软件直接转化为其他硬度值显示，例如布氏硬度（HB）、洛氏硬度（HRC）、维氏硬度（HV）、肖氏硬度（HS）。或者用里氏原理直接用布氏硬度（HB）、洛氏硬度（HRC）、维氏硬度（HV）、里氏硬度（HL）、肖氏硬度（HS）测量硬度值，还可根据材料的硬度与强度的关系折算出材料的抗拉强度 σ_b。

　　由于里氏硬度计的使用简单方便，可应用于各种金属材料、工件的表面硬度测量，其最大的特点是可以任意方向检测，免去了普通硬度计对工件大小、测量位置等的限制，因此很适合大型工件的现场检测，相对于传统台式硬度机具有很大优势。

　　硬度试验是机械性能试验中最简单易行的一种试验方法。为了能用硬度试验代替某

---

　　① gf 即克力，1gf 表示 1g 的物体所受的重力。1gf = 0.001kgf = 0.0098N。

些机械性能试验，需要有比较准确的硬度和强度的换算关系。实践证明，金属材料的各种硬度值之间，硬度值与强度值之间具有近似的相应关系。因为硬度值是由起始塑性变形抗力和继续塑性变形抗力决定的，材料的强度越高，塑性变形抗力越高，硬度值也就越高。但是要注意不同材料情况下它们的换算关系并不一致，存在一定差异。

⑤疲劳强度极限。

金属材料在长期的一般均小于屈服极限强度 σ_s 的反复应力循环作用或交变应力（随时间作周期性改变的应力）作用下，未经显著变形就突然发生脆性断裂的现象称为疲劳破坏或疲劳断裂。这是由于多种原因使得零件表面的局部造成大于 σ_s 甚至大于 σ_b 的应力（应力集中），使该局部发生塑性变形或微裂纹，随着反复交变应力作用次数的增加，使裂纹逐渐扩展加深（裂纹尖端处应力集中），导致该局部处承受应力的实际截面积减小，直至局部应力大于 σ_b 而产生断裂。

金属材料疲劳断裂的特点是：载荷应力是交变的；载荷的作用时间较长；断裂是瞬时发生的；无论是塑性材料还是脆性材料，在疲劳断裂区都是脆性的。因此，疲劳断裂是工程上最常见、最危险的断裂形式。

金属材料的疲劳现象，按条件不同可分为以下几种类型。

高周疲劳（简称为疲劳）：在低应力（工作应力低于材料的屈服极限，甚至低于弹性极限）条件下，应力循环周数在100000以上的疲劳，是最常见的一种疲劳破坏。

低周疲劳：在高应力（工作应力接近材料的屈服极限）或高应变条件下，应力循环周数为10000～100000的疲劳。在这种疲劳破坏中起主要作用的是交变的塑性应变，因而也称为塑性疲劳或应变疲劳。

在实际应用中，一般把一定规格尺寸的被测试材料试样在重复或交变应力（拉应力、压应力、弯曲或扭转应力等）作用下，在规定的周期数内（一般对钢取 $10^6 \sim 10^7$ 次，对有色金属取 10^8 次）不发生断裂所能承受的最大应力作为疲劳强度极限，用 σ_{-1} 表示，单位为MPa。视施加应力种类的不同，有拉压疲劳、弯曲疲劳、扭转疲劳等。

热疲劳：在材料经受加热（膨胀）和冷却（收缩）的过程中，由于温度变化在材料内部相应于其本身的膨胀和收缩变形产生热应力的反复作用（冷热交替）和受到来自外部的约束力时，材料发生损伤至断裂，最终造成疲劳破坏的过程，称为热疲劳。当快速地反复加热和冷却时，其应力就具冲击性，所产生的应力与通常情况相比更大，此时有的材料会呈脆性破坏，这种现象被称为热冲击。热疲劳和热冲击有相似之处，但前者主要伴随大的塑性应变，而后者的破坏主要是脆性破坏。材料在高温下承受周期反复变化应力作用而导致的热疲劳则称为高温疲劳。

腐蚀疲劳：在交变载荷和腐蚀介质（如酸、碱、海水、活性气体等）的共同作用下所产生的疲劳破坏。

接触疲劳：在接触应力的反复作用下，金属材料的表面出现麻点剥落或表面压碎剥落，从而最终造成失效破坏。

除了上述五种最常用的力学性能指标外，对一些要求特别严格的材料，例如航空航天以及核工业、电厂等使用的金属材料，还会要求以下力学性能指标。

蠕变极限（抗蠕变性能）。在外力作用下，材料随时间的增加缓慢产生塑性变形的现象称为蠕变。

在一定温度特别是在高温下，载荷越大则发生蠕变的速度越快，在一定载荷下，温度越高和时间越长则发生蠕变的可能性越大。金属材料的蠕变强度是一个非常重要的材料性能指标，例如用于航空发动机的高温合金材料。

通常采用高温拉伸蠕变试验来反映金属材料的蠕变强度，即在恒定温度和恒定拉伸载荷下，以标准规定加工的一定几何尺寸的试样在规定时间内的蠕变伸长率（总伸长或残余伸长）作为蠕变极限，以 σ_{δ}^{t}/τ 表示，单位为 MPa，或者在蠕变伸长速度相对恒定的阶段，蠕变速度不超过某规定值时的最大应力作为蠕变极限，以 σ_{V}^{t} 表示。其中，σ 为蠕变强度，单位为 MPa；τ 为试验持续时间；t 为温度；δ 为伸长率；σ 为应力；V 为蠕变速度。

高温拉伸持久强度极限：试样在恒定温度和恒定拉伸载荷作用下，达到规定的持续时间而不断裂的最大应力，以 σ_{τ}^{t} 表示，单位为 MPa，式中，τ 为持续时间；t 为温度；σ 为应力。

金属缺口敏感性系数：以 K_{τ} 表示在持续时间相同时，有标准几何尺寸缺口的试样与无缺口的光滑试样不发生断裂的最大应力之比。$K_{\tau}=\sigma_{\tau}{'}/\sigma_{\tau}$，式中，$\tau$ 为试验持续时间；$\sigma_{\tau}{'}$ 为缺口试样不发生断裂的最大应力；σ_{τ} 为光滑试样不发生断裂的最大应力。

或者表示为：$K_{\sigma}=\tau_{\sigma}{'}/\tau_{\sigma}$，即在相同的应力 σ 作用下，缺口试样不发生断裂的最大持续时间 $\tau_{\sigma}{'}$ 与光滑试样不发生断裂的最大持续时间 τ_{σ} 之比。

抗热性：材料的抗拉强度、屈服点和弹性模量一般随温度的升高而降低，因此需要考虑材料在相应工作温度下仍能保持其强度指标、抗蠕变性能等。例如锻造行业对热锻模具材料需要考虑其在高温下不发生塑性变形的最大机械载荷指标（俗称红硬性）。

低温性能：一般指需要在 0℃ 以下工作的材料（例如低温容器、深冷装置和某些液化气体的贮存容器等），其塑性下降而可能以脆性方式破坏。脆性失效的现象与金属的晶体结构有关。体心立方晶格的金属要比面心立方晶格的金属更容易发生脆性失效，因此需要正确选择确定使用的材料（例如奥氏体不锈钢或铝合金）。

2. 化学性能

金属与其他物质引起化学反应的特性称为金属的化学性能。

在实际应用中，通常主要考虑金属的抗蚀性、抗氧化性（又称作氧化抗力，这是特别指金属在高温时对氧化作用的抵抗能力或者说稳定性），以及不同金属之间、金属与非金属之间形成的化合物对机械性能的影响、化学兼容性等。在金属的化学性能中，特别是抗蚀性对金属抵抗腐蚀疲劳损伤有着重大的意义。

金属的腐蚀首先从表面开始并向金属内部发展，常见的主要形态有：

①均匀腐蚀，使金属断面均匀变薄，例如钢材在大气中一般呈均匀腐蚀。通常以年平均的厚度减损值作为腐蚀性能的指标（腐蚀率）。

②孔蚀，亦称点蚀，金属表面和局部地方因腐蚀形成细小的孔或凹坑，其产生与金属本身性质及其所处介质有关，例如在含有氯盐的介质中就容易发生孔蚀。通常以最大腐蚀深度作为评定指标。金属管道最常见的腐蚀就是内壁面上的局部腐蚀和孔蚀。

③电偶腐蚀，不同金属的接触处因具有不同电位而产生的腐蚀。

④缝隙腐蚀，位于缝隙或其他隐蔽区域部位的金属表面由于不同部位间介质的组分和浓度的差异所引起的局部腐蚀。

⑤应力腐蚀，在腐蚀介质和较高拉应力（张应力）共同作用下，使金属表面产生腐蚀并向内扩展成微裂纹，常导致金属构件突然破断。例如混凝土预应力构件中的高强度钢筋（或钢丝）、受海水蒸气（盐雾）包围的高应力零部件（如海上直升机的不锈钢桨毂）都容易发生这种破坏。

3. 物理性能

金属的物理性能是指金属材料的热、电、声、光、磁等物理参量，包括熔点、比热容、导热系数和线膨胀系数等热力学性能，电阻率、电导率和磁导率等电磁学性能，以及杨氏弹性模量、刚性系数等力学性能。

在无损检测技术应用中主要考虑的物理性能有以下几种。

①密度（比重）。

$\rho = P/V$，单位为 g/cm^3 或 T/m^3，式中，P 为重量；V 为体积。

在实际应用中，除了根据密度计算金属零件的重量外，很重要的一点是通过考虑金属的比强度（强度 σ_b 与密度 ρ 之比）来帮助选材，此外，与无损检测相关的声学检测中的声阻抗（密度 ρ 与声速 C 的乘积）和射线检测中密度不同的物质对射线能量有不同的吸收能力等也都体现了密度的实际应用价值。

②熔点。

熔点是指金属由固态转变成液态时的温度，对金属材料的熔炼、热加工有直接影响，并与材料的高温性能有很大关系。

③热膨胀性。

随着温度变化，材料的体积也发生变化（膨胀或收缩）的现象称为热膨胀。热膨胀多用线膨胀系数衡量，亦即温度变化1℃时，材料长度的增减量与其0℃时的长度之比。

热膨胀性与材料的比热有关。在实际应用中还要考虑比容（材料受温度等外界影响时，单位重量的材料容积的增减，即容积与质量之比），特别是对于在高温环境下工作，或者在冷热交替环境中工作的金属零件，必须考虑其膨胀性能的影响。例如铁路交通中的铁轨。

④磁性。

能吸引铁磁性物体的性质即为磁性，它反映在导磁率、磁滞损耗、剩余磁感应强度、矫顽磁力等参数上，从而可以把金属材料分成铁磁性材料、顺磁性材料与逆磁性材料、软磁材料与硬磁材料。

⑤电学性能。

电学性能主要考虑其电导率，在电磁无损检测中对其电阻率和涡流损耗、涡流透入深度等都有影响。

此外，还有导热性（导热率、热扩散率）、对于光的反射与折射、声速等。

（二）工艺性能

金属对各种加工工艺方法所表现出来的适应性称为工艺性能，主要有以下五个方面：

（1）切削加工性能

反映用切削工具对金属材料进行切削加工（例如车削、铣削、刨削、磨削等）的难易程度，涉及可切削速度、切削可达到的表面粗糙度、刀具寿命、切削功耗等。

（2）可锻性

反映金属材料在压力加工过程中成形的难易程度，例如将材料加热到一定温度时其塑性的高低（表现为塑性和变形抗力的大小），允许热压力加工的温度范围大小，热胀冷缩特性以及与显微组织、机械性能有关的临界变形的界限，热变形时金属的流动性，导热性能等。

对金属材料的可锻性工艺性能进行评价的主要试验方法有拉伸试验、弯曲或压扁试验、冲压成形试验、扩口或扩管试验、冲击试验等。

（3）可铸性

反映金属材料熔化浇铸成为铸件的难易程度，表现为熔化状态时的流动性、吸气性、氧化性、熔点，铸件显微组织的均匀性、致密性，以及冷缩率、热裂倾向等。

（4）可焊性

反映金属材料在采用一定的焊接方法、焊接材料、焊接规范参数及焊接结构形式等条件下，使结合部位牢固地结合在一起成为整体的难易程度，表现为金属材料的熔点、熔化时的吸气性、氧化性、导热性、热胀冷缩特性、塑性以及与接缝部位和附近母材显微组织的相关性、对机械性能的影响以及产生冷、热裂纹的倾向等。金属材料的可焊性包括工艺焊接性（接头出现各种裂纹的可能性，也称抗裂性）和使用焊接性（接头在使用中的可靠性，包括力学性能和化学性能如耐腐蚀性、耐热性等）。了解及评价材料的可焊性是构件设计及正确拟定合格焊接工艺的前提。

（5）热处理性能

为了使金属达到所需要的力学性能，可以采用不同的热处理方法，不同的金属材料对不同热处理方法有不同的适应性，在需要对某种金属材料进行热处理时，必须考虑该金属的热处理性能，以便采用最合适的热处理方法及工艺，使其达到所需要的力学性能。

1.3　金属材料的常规理化试验方法

金属材料的力学性能与物理性能、化学成分、显微组织等需要通过一定的试验方法来评定或分析判断，这些方法利用的都是物理或化学的方法，因此通常把这些试验统称为"理化试验"，在企业中一般都建立有专门的理化试验室来承担这些工作。

理化试验室的工作内容通常分为"力学性能试验（亦称机械性能试验）""金相试验""化学分析试验"以及配套辅助有试样机械加工及试样热处理。

（一）力学性能试验

1. 拉伸试验

拉伸试验是指对被测材料试样施加轴向拉伸载荷的情况下测定材料特性的试验方

法。利用拉伸试验得到的数据可以确定材料的一系列强度指标和塑性指标，例如弹性极限、弹性模量、比例极限、延伸率、断面收缩率、拉伸强度、屈服点、屈服强度、金属缺口敏感性系数等。

普通拉伸试验是在室温下进行的，如果对试样加热到一定温度同时进行拉伸试验则为高温拉伸试验。高温拉伸试验可以得到蠕变极限（高温拉伸蠕变试验）、高温拉伸持久强度极限（高温拉伸持久试验）等数据。

拉伸试验不仅适用于金属材料，也适用于非金属材料，应用范围很广。有关材料拉伸试验的方法标准很多。

我国国家标准：

GB/T 228—2002 eqv ISO 6892：1998《金属材料 室温拉伸试验方法》

GB/T 228.1—2010《金属材料 拉伸试验》第1部分 室温试验方法

美国材料试验学会标准：

ASTM E 8/E 8M—2008《金属拉伸试验标准方法》

ASTM D 638—2003《塑料拉伸性能标准试验方法》

ASTM D 882—2002《塑料薄膜和薄片拉伸性能标准试验方法》

ASTM D 2343—2008《增强塑料用玻璃纤维线、细纱和粗纱拉伸性能的试验方法》

ASTM D 897—2008《胶粘剂拉伸性能标准试验方法》

ASTM D 412—2006《硫化橡胶和热塑性弹性体拉伸试验标准方法》

……

拉伸试验是利用拉伸试验机（cupping machine，也叫材料拉伸试验机、万能拉伸强度试验机）进行的，有机械式、液压式和电液或电子伺服式等多种型式，图1-20是试样拉伸试验前后的示意图，图1-21为典型的拉伸试验机外观照片。

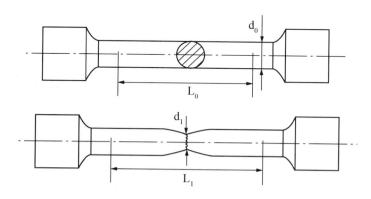

图1-20　拉伸试验的试样

拉伸试验机上配有各种专用夹具用以夹紧试样。拉伸试验的试样可以是原始横截面的被测试材料（全截面，通常为直径或截面尺寸较小的材料，如钢筋、线材等），也可以按照标准规定将被测试材料加工成圆形或矩形截面的标准试样。加工制备试样时应避免材料显微组织受冷、热加工的影响，例如采用铣削、车削加工时要注意加工过程中的

（a）机械式材料拉伸试验机

（b）电子拉伸试验机

图 1-21　材料拉伸试验机

（图片源自 http://image. baidu. com）

冷却，还要保证尺寸精确和满足一定的表面粗糙度要求（通常为精密磨削），避免刀痕的存在，以防止在刀痕或划痕处形成应力集中而导致拉伸试验时在标距外断开（发生这种情况时表明试验失败，需重新加工试样进行试验）。

图 1-20（上）为最常用的圆形截面拉伸标准试样，试样工作部分直径为 d_0，试样上预先标出标距长度 L_0，这里采用的是 δ_5 试样，即 $L_0 = 5d_0$。图 1-20（下）为拉断后的试样，将缩颈断口部分对合起来后测量标距点之间的长度 L_1 和断口处缩颈的最小直径 d_1，通过计算来评定该材料的塑性（延伸率和断面收缩率）。

2. 冲击试验

冲击试验的目的是测试金属材料的冲击韧性值（用 a_K 表示），最常用的是冲击试验机（impact testing machine），所施加的冲击试验力即瞬时载荷以冲击功衡量，冲击功属于机械功（物理学中表示力对距离的累积的物理量）范畴的标量，以国际单位制单位焦耳（J）表示。

冲击试验自 1905 年左右问世以来发展很快，已经成为材料性能不可缺少的检查项目，试验方法也各种各样，冲击试验的方法主要包括三种：脉冲试验方法，采用正弦波进行试验；冲击谱试验方法；冲击试验机试验方法。

前两种方法属于无损检测方法，后一种则属于破坏性检测。

冲击试验机的分类方法多种多样。

从被试验的材料来分类有金属冲击试验机和非金属冲击试验机。

金属冲击试验机：主要用于各种金属的冲击性能测试，通常冲击功比较大，适用于冲击韧性较大的黑色金属，如钢铁及其合金材料的冲击性能试验等。

非金属冲击试验机：适用于各种塑料、橡胶的冲击性能测试，通常冲击功较小。

从冲击试验的方式来分类有：摆锤冲击试验机（见图1-22）和落锤冲击试验机（见图1-23b）。

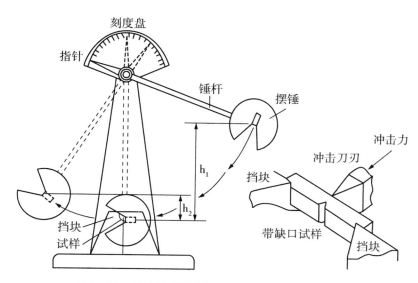

图1-22 手动悬臂梁式摆锤冲击试验机原理示意图

从冲击试验机的结构来分类有：简支梁冲击试验机（见图1-23a）和悬臂梁冲击试验机（见图1-23c）。

从冲击试验机的示值显示方式来分类有：刻度盘显示、液晶显示、计算机屏幕显示。

从冲击试验的自动化程度来分类有：手动冲击试验机、半自动冲击试验机、全自动冲击试验机。

从冲击试验的冲击能量（焦耳）来分类有：

摆锤式金属冲击试验机的冲击能量范围常见为300J、450J、500J（老式B型机）、600J、750J、900J（新C型机）。

落锤式冲击试验机的冲击能量范围一般从1000J到80000J。

非金属冲击试验机的冲击能量范围要小得多，例如用于橡胶塑料冲击试验的冲击能量为5J、10J，用于木材冲击试验的冲击能量一般为100J。

材料冲击试验最普遍应用的是摆锤式冲击试验机，它能瞬时测定和记录金属材料在动负荷状态下抵抗冲击的性能（抗动荷冲击性能），从而判断材料在动负荷作用下的质量状况。

冲击试验机的工作原理是依据能量守恒定律，按照摆锤打断冲击试样后损失多少能量来计算冲击功。

冲击功是能量单位，单位是J，能量公式为 $W = PX$。式中，W 为冲击功，单位为J；P 为冲击载荷（冲击力），单位为kg；X 为摆锤位移，单位为m。亦即冲击功=力×位移。这两个变量无论哪一个发生变化都会引起冲击功的变化，尤其是位移。

（a）简支梁冲击试验机　　　　　（b）落锤式冲击试验机

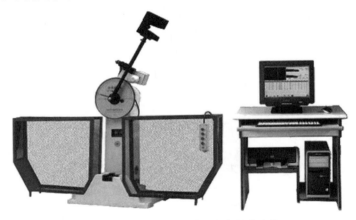

（c）半自动屏显悬臂梁摆锤冲击试验机

图 1-23　冲击试验机

（图片源自 http://image.baidu.com）

　　根据冲击试验机上被冲击的试样在受摆锤冲击瞬间测量方式的不同，又可将其分为手动摆锤式冲击试验机、半自动摆锤冲击试验机、数显半自动冲击试验机、微机控制冲击试验机、常温全自动摆锤冲击试验机、低温全自动摆锤冲击试验机、高低温全自动摆锤冲击试验机以及非金属冲击试验机等。

　　手动摆锤式冲击试验机在机械结构上可分为简支梁（摆锤通过支架中间轴悬挂）和悬臂梁（摆锤通过支架悬臂轴悬挂）两种形式，通过更换摆锤（质量、锤杆长度）和试样底座（试样挡块的形状、尺寸）可以得到不同的冲击能量以适应不同材料和试样尺寸。

　　如图 1-22 所示，手动冲击试验机的操作过程为挂摆（手工使摆锤提起达到一定高度并挂住）、撤去挡销即启动摆锤向下按圆弧轨迹运动，到最底部时将处于最大冲击力，此时冲击预置在试样底座上已开有规定缺口的标准尺寸的试样，试样被冲断的瞬间在刻度盘上即由指针自动记录测量结果（冲击功 A_k 值，再根据试样断口的原始截面积 F 即可计算出冲击韧性 a_k 值），然后用手工制动摆锤归回原位。

半自动摆锤冲击机只需按动按钮即可完成"挂摆"、"送料（放置试样）"、"退销"、"冲击"等一系列动作，并得出试验数据，完成整个冲击试验。当冲击试验完成后可自动挂摆为下一次冲击试验做准备，大大提高了摆锤冲击试验的效率和安全性。

数显全自动冲击试验机由冲击机主机、控制系统、试样盒、送料机构、定位机构等部分组成，由电脑软件控制冲击机动作，按动按钮就可完成一系列动作并自动记录试验数据，直观显示摆锤角度和冲击能量值等，完成整个冲击试验，可大大减少操作人员的工作量，提高工作效率。通过高速负荷测量传感器产生信号，经高速放大器放大后，由 A/D 快速转换成数字信号送给计算机进行数据处理，同时通过检测角位移信号送给计算机进行数据处理，可以得到较高精确度的结果。加装高速角位移监控系统和力检测传感器和放大器，经计算机高速采样，数据处理，可显示 N–T 和 J–T 曲线，数据存盘，数据报告打印等，能瞬时测定和记录材料在受冲击过程中的特性曲线。

高低温全自动摆锤冲击机由冲击机主机、控制系统、制冷系统、高温箱、试样盒、送料机构、定位机构等部分组成，到达设定温度（低温范围一般为室温到196℃，高温范围一般为100℃～900℃）后只需按动按钮即可完成从出温度控制箱到冲击试验的一系列动作，得出试验数据，完成整个冲击试验，提高了试验的准确性、摆锤冲击试验的效率和安全性。

我国的冲击试验方法按照 GB/T 229—2007《金属材料 夏比摆锤冲击试验方法》执行，被试验的金属材料加工成标准夏比 V 型冲击试样（与欧美接轨，俄罗斯则采用夏比梅氏冲击试样），如图 1–24 所示。夏比冲击试验用于检查材料的抗缺口敏感性试验，其测试原理是摆锤从高处下落冲击试样，试样沿缺口被冲断，在冲击过程中试样吸收的相应能量与初始下落高度和最终折断试样后摆锤上升的高度差成正比。这种测试方法不仅用于金属，也被用于陶瓷和聚合物材料的韧性测试。

夏比V型冲击试样

夏比梅氏冲击式样

图 1–24　冲击试样

（图片源自 http://image.baidu.com）

3. 弯曲试验

弯曲试验的目的是测定材料承受弯曲载荷时的力学特性（抗弯强度、挠度），是材料力学性能试验的基本方法之一。

有许多机械零件（如脆性材料制作的刀具等）是在承受弯曲载荷的状态下工作，因而需要对这些零件进行弯曲试验。进行弯曲试验的方法可以遵循我国的国家标准 GB/T 232—2010《金属材料弯曲试验方法》或者其他相关标准。

脆性材料（如铸铁、高碳钢、工具钢、陶瓷材料、硬质合金等）做拉伸试验时，其变形量很小，而且只产生少量的塑性变形即可发生破坏，因此可以通过弯曲试验以挠度来表示脆性材料的塑性。

对于塑性好的材料（例如低碳钢、低合金钢），弯曲试验通常达不到其破坏的程度，一般不能测出弯曲断裂强度，主要是通过弯曲试验检验其延展性和均匀性，例如在焊接工艺试验中，对焊接接头的弯曲试验是一项很重要的试验项目。

进行弯曲试验时，在表面上的应力最大，因此其对材料表面缺陷反应灵敏，可用于检查材料的表面质量，例如检测和比较表面热处理层的质量和性能。

弯曲试验根据试样的温度划分有热弯试验和冷弯试验，最常用的是冷弯试验，即在常温下对加工成圆形、方形或矩形截面的试样按一定规则加载，使其弯曲到一定程度，观察试样表面有无开裂。

在万能材料试验机上进行弯曲试验时，有三点弯曲和四点弯曲两种加载荷方式，如图 1-25 和图 1-26 所示。试验时的跨距一般为试样直径或板厚的 10 倍。

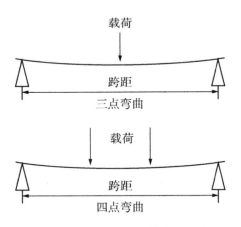

图 1-25　弯曲试验的加载方式示意图

弯曲性能的试验方法比较多，除了应用万能材料试验机外，最常用的有利用螺旋压力机的最小弯曲半径试验与手工反复弯曲试验。

（1）最小弯曲半径试验

最小弯曲半径是板料弯曲性能的主要评定尺度，一般用相对于板料厚度 t 的比值表示，即 r_{min}/t。此比值愈小，表明板材的弯曲性能愈好。实际上，几种弯曲试验方法均是测出弯曲外表面不致产生破坏的最小弯曲半径。

（a）三点加载的弯曲试验　　　　　（b）四点加载的弯曲试验

图 1 - 26　弯曲试验

（图片源自 http://image.baidu.com）

①压弯法。

如图 1 - 27 所示，试件置于两个支柱辊子上，利用螺旋压力机对规定的压头逐渐加大压力进行压弯。支柱与试件接触面应光滑。支柱为圆柱面且半径大于 10mm，两支柱之间的内距离一般为 $L = 2r + 3T$，假如压头能与试件一起穿过两支柱之间，则能进行到 180° 的弯曲，即板料弯成两侧平行。

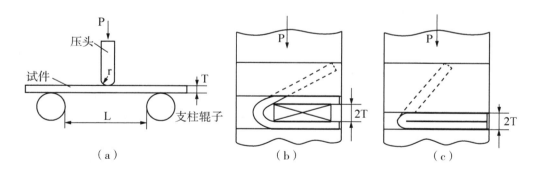

图 1 - 27　压弯试验法

压弯法试验包括基本压弯法（如图 1 - 27a），中间用厚度为两倍板厚的垫板使板材弯曲成平行的 180° 压弯法（如图 1 - 27b），取消 180° 弯曲中的垫板，逐渐加压使试件两侧压靠的贴合压弯法（如图 1 - 27c）。

②卷弯法。

如图 1 - 28a 所示，将试件一边用夹具固定，在另一边规定的位置上施加压力，使之逐渐弯曲。弯曲半径由芯轴控制，或由模板控制（见图 1 - 28b）。图 1 - 29 为焊接工艺试验的焊缝试样侧弯曲试验结果图片。

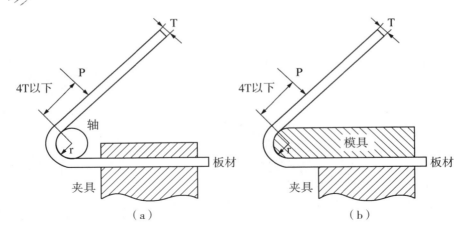

图 1 - 28　卷弯法

图 1 - 29　焊接工艺试验的焊缝试样侧弯曲试验时发生的开裂（存在坡口面未熔合缺陷）
（图片源自香港安捷材料试验有限公司黄建明）

③模具弯曲法。

用弯曲模在冲床或液压机上进行弯曲试验，不仅可以测出最小弯曲半径，而且可以测出弯曲力及弯曲弹复值等实用数据。

（2）反复弯曲试验

反复弯曲试验通常用于鉴定厚度 t≤5mm 的金属板材的弯曲性能。

进行反复弯曲试验时，将金属板料夹紧在专用试验设备的钳口内，手工操作左右反复折弯 90°，直至弯裂为止。折弯的弯曲半径 r 愈小、弯曲次数愈多，表明板料的弯曲性能愈好。如图 1 - 30 所示。

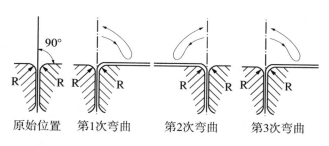

原始位置   第1次弯曲   第2次弯曲   第3次弯曲

图 1 - 30 反复弯曲试验

（二）光学金相试验

光学金相试验是用肉眼、放大镜或光学金相显微镜观察金属及合金材料的组织结构（或缺陷）及其变化规律的一种材料物理试验方法，俗称金相法。

金属材料的物理性能和力学性能与其内部显微组织有密切关系，不同的材料及加工状态（例如铸造、锻造、轧制、焊接、热处理等），其显微组织（在金相试验中称为金相组织）不同，材料的性能也就有所不同。光学金相试验的目的就是通过对材料的宏观组织及微观组织的观察来判断材料的各种性能，以及对影响材料使用性能的各种缺陷进行定性判断。

光学金相试验属于金相学，即研究金属或合金内部显微结构的一门科学，不仅研究材料的原始内部状态，还研究外界条件（如温度、加工变形、浇注情况等）或内在因素（如化学成分）的改变对金属或合金内部显微结构的影响以及材料的破坏判断等。

光学金相试验可分为宏观组织试验法（俗称低倍试验或宏观检验，即用肉眼直接观察或者在低放大倍数的放大镜条件下观察宏观组织和缺陷）和微观组织试验法（俗称高倍试验，即利用显微镜在很高放大倍数的条件下进行观察），前者可用于缺陷的宏观观察（例如裂纹、疏松、缩孔、夹渣、粗晶、金属加工变形的金属流线等），后者可观察金属显微组织的具体形态与变化（如马氏体、奥氏体、铁素体、珠光体、过热或过烧组织、非金属夹杂、晶粒大小等）。

宏观组织试验法常用的方法有侵蚀法、断口法和印痕法。

侵蚀法：简称酸浸法，包括热酸蚀、冷酸蚀、电解酸蚀等。侵蚀法应用化学药品对金属进行侵蚀以显示铸锭、铸件、锻件或型材等的宏观组织和缺陷，如偏析、疏松、夹杂、缩孔、气泡、裂缝、白点（发裂）、折叠、表面脱碳、发纹和粗晶等。

图 1 - 31 为 GB/T 1979—2001《结构钢低倍组织缺陷评级图》中给出的几种典型宏观缺陷的横向低倍图片。

断口法：将金属材料纵向或横向折断，观察断口面的组织和缺陷。这种方法对显示晶粒粗细、渗层厚度、分层、白点、裂缝等特别适用。

印痕法：印痕法使用涂有试剂的印相纸紧贴在试样表面，使试剂和钢中某一成分在相纸上发生反应并形成一定色彩斑点的检验方法，钢铁检验中常用硫印法和磷印法。

硫印法是显示钢中高硫区的检测方法。在暗室中将经 2%～5% 的稀硫酸水溶液浸

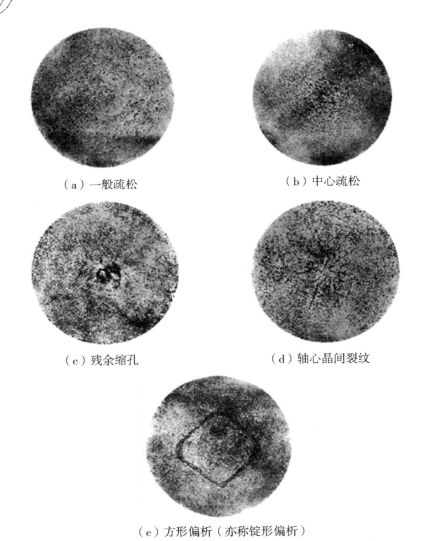

（a）一般疏松　　　　　　　　　（b）中心疏松

（c）残余缩孔　　　　　　　　　（d）轴心晶间裂纹

（e）方形偏析（亦称锭形偏析）

图 1-31　几种典型宏观缺陷的横向低倍图片

（图片源自 GB/T1979—2001《结构钢低倍组织缺陷评级图》）

润过 1～2 分钟的印相纸药膜面覆盖在达到镜面粗糙度的钢铁试样检查表面上，排出试样表面与相纸药膜面之间的气泡和液滴，经过一定的接触反应时间（一般 2～5 分钟，常用 3 分钟），试样表面的 FeS、MnS 等遇到硫酸会反应放出 H_2S，而 H_2S 与相纸上的溴化银作用将生成硫化银沉淀，揭下相纸，用水清洗，在普通定影液中定影，定影完成后再用水清洗，然后烘干，即可进行观察，相纸上出现的黑色或棕褐色斑点就是金属中硫化物聚集处，根据斑点的数量、大小、色泽深浅和分布均匀性进行评定。硫对钢的性能影响很大，硫印法主要用于评定硫在钢中的宏观偏析和分布情况。

磷印法试验的原理与硫印法相似，是显示钢中高磷区的检测方法。将达到镜面粗糙度的试样浸入 50mL 加入 1g 偏重亚硫酸钾的饱和硫代硫酸钠溶液中，腐蚀 8～10 分钟后漂洗吹干，将浸透体积分数为3%～5%盐酸水溶液的相纸药膜面覆盖在试样表面上，排出试样表面与相纸药膜面之间的气泡和液滴，经过一定的接触反应时间，然后冲洗、定影、再冲洗、烘干，按印画的褐色色调深浅可看出磷偏析的程度，相纸上较深的褐色斑痕即为含磷低的区域，颜色较浅或白色区域就是磷偏析处。

另一种磷印试验方法是将相纸先浸润在35%的硝酸和5%的钼酸铵水溶液中，用水冲洗净后覆盖在达到镜面粗糙度的试样表面上约5分钟，揭下相纸并在35%的盐酸加少量明矾和5mL饱和氯化亚锡溶液中显影、冲洗、定影、再冲洗、烘干后观察，在印画上形成大小深浅不同的蓝色斑点显示钢中磷的分布和含量。

微观组织试验法利用金相显微镜来观察、分析金属材料的显微组织和微观缺陷。

微观组织试验可以测定各组成相和夹杂物的种类、分布和形态特征，有无孔隙、微裂纹等存在并确定其数量和分布情况。通过观察和分析，可以进一步了解金属材料的各种显微组织和微观缺陷的形成规律以及它们与各种性能之间的关系。

金相显微镜的放大倍率一般不超过2000倍，其分辨极限约为0.2μm。在检验孔隙和夹杂物时，通常先在材料或零件上具有代表性的部位取样，然后经磨平、抛光即可直接在金相显微镜下观察。如果检验显微组织，则还需要将金相试样用化学浸蚀或其他物理方法进行组织显示，具体方法视检验目的而定。

金相试验就是对金属材料进行取样或者在现场对大型工件的局部表面做金相分析。

金相试验的步骤一般首先是取样、切割（如果是做现场金相试验则无前两项），然后对观察面进行研磨、抛光、清洗、干燥，接着进行观察检验（称为浸蚀前检验，通常用于检验钢件的夹杂物和铸件的石墨形态等），再进行浸蚀后检验，即采用适当的腐蚀液腐蚀（有腐蚀液成分、腐蚀温度和时间要求）、清洗、干燥，直接用肉眼或者在低放大倍数条件下观察即为宏观检验（低倍试验），在显微镜下进行观察（有放大倍数要求）即为显微检验（高倍试验）。金相试验结果的评定要按有关金相标准进行。

进行金相试验，需要有一定的金相试验设备、试验仪器以及耗材，包括取样与切片设备、研磨设备、抛光设备、腐蚀液、加温腐蚀设备、显微镜等。

图1-32为金相试样切割机（简称切割机），它是利用电动机带动高速旋转的薄片砂轮或铣刀片来截取适当尺寸的金相试样，它附有冷却装置以带走切割时所产生的热量，避免试样遇热而改变其金相组织。在工厂也常利用其他切割装置（手锯、车床、铣床、砂轮切割机等）截取金相试样，切割时都必须注意冷却，避免试样因过热而改变其显微组织。

截取金相试样后，通常先在砂轮机的粗砂轮上预磨，再到细砂轮上细磨，将观察面预磨平整，注意磨痕均匀一致并且注意冷却，避免试样因过热而改变其显微组织。

将砂轮机预磨后的试样洗净、干燥后，在铺设于玻璃板上的金相砂纸上继续进行手工预磨（砂纸铺设在玻璃板上的目的是保证砂纸平整），在由粗到细的各号砂纸上依次磨制（例如600#→800#→1500#→2000#砂纸），磨制过程中要注意及时更换砂纸以保障磨削效果，磨制时还应注意试样每推磨一个方向后，下次转动90°再推磨，使与旧磨痕成垂直方向，避免出现较深的单向磨痕。

图 1 – 32　金相试样切割机

（图片源自 http://image. baidu. com）

　　预磨完成后，将金相试样转到金相试样研磨抛光机（见图 1 – 33）上，利用电动机带动高速旋转的转盘（转盘上带有抛光材料）来精细制备金相试样观察面，应使试样上的磨痕完全除去而达到镜面程度为止（通常要求达到表面粗糙度 Ra0. 04 以下）。

图 1 – 33　金相试样研磨抛光机

（图片源自 http://image. baidu. com）

　　研磨抛光机上用于研磨抛光的耗材包括多种不同粒度的金相水砂纸（可浸没在水中使用）、研磨膏、抛光液，用水润湿的不同类型的抛光织物如绸布、绒布等。例如粗抛光可用水润湿的细绒布或海军呢加金刚石抛光膏，精细抛光可用水润湿的锦丝绒或丝绸布加金刚石抛光膏。在现场对大型工件局部表面进行金相试验时，则采用手持式的电动打磨抛光工具。

　　一些体积较小的金相试样难以手持在研磨抛光机上制备观察面，因此还需要事先利用金相试样镶嵌机（见图1-34）把小试样镶嵌在如固化环氧树脂中以增大体积，便于进行手持研磨抛光。

图1-34　金相试样镶嵌机

（图片源自 http://image.baidu.com）

　　抛光完成后，可直接用显微镜检查试样观察表面上还有没有划痕和凹坑，只有在试样观察表面基本上没有划痕和凹坑时才能进入浸蚀阶段。

　　经过表面研磨抛光后，试样观察表面并不能显示出显微组织，因为入射光线被镜面均匀反射了，人眼视觉是看不出显微组织之间微小的反射差异的，需要经过浸蚀使显微组织反射光线产生差异才能直接用肉眼观察（宏观检验）或者在显微镜下进行观察（微观检验）。

　　在进行浸蚀操作时应特别注意防止腐蚀液溅伤操作人员的皮肤和眼睛，也要注意避免刮伤试样观察面。

　　金相试样浸蚀的深浅主要以观察对象以及所用观察设备（如光学显微镜、电子扫描显微镜等）的条件而定，并且还要靠具体实验效果来决定。一般的原则是：

　　浸蚀程度深些的适用于宏观检验（低倍组织观察）、从横截面上观察渗层厚度（如渗碳层、脱碳层、渗氮层等）、微观检验碳化物形态等。

浸蚀程度浅些的适用于微观检验（高倍组织观察），特别是晶界组织等。

在微观检验时，有时为了观察某一特定显微组织而需要模糊其他显微组织，需要根据该特定组织不同于其他组织的特点而采取不同的浸蚀程度。

根据金属的性质不同、检验方法不同、检验目的的不同，有不同的浸蚀方法和浸蚀工艺（包括腐蚀液选择、腐蚀时的温度、腐蚀持续时间、清洗方法以及干燥等）。

例如钢材的低倍检验通常是将钢试样浸入带加热装置的铅皮槽内，槽内有温度50℃左右、浓度为50%的盐酸，这种方法称为浸蚀（亦称热浸蚀），浸蚀时间视试样材料种类及厚度尺寸大小有不同，例如 10～15 分钟甚至 30 分钟，然后取出，迅速用清水冲洗干净，再用无水乙醇擦洗掉表面的腐蚀产物，用电吹风机吹干表面即可进行观察。

又例如钢材焊接工艺评定中，对焊接工艺试样需要进行宏观酸蚀试验来观察焊缝的形状、熔合线状态、宏观金相组织、热影响区大小等，以及可能存在的气孔、夹渣及裂纹等宏观缺陷。试验时首先沿焊缝的横截面用机械切割的方式切取试样，打磨抛光焊缝的横截面作为观察面，用专用的腐蚀液腐蚀，最后用清水冲洗干净并用电吹风机吹干后就可以进行观察了。根据钢材的材料不同，有不同的腐蚀液，常用的是 10% 的硝酸水溶液，或者 $FeCl_3$ 盐酸水溶液，或者 $CuSO_4$ 溶液，甚至采用王水作为腐蚀液。

对于铝合金的低倍检验，通常采用 15% 氢氧化钠（NaOH）水溶液或者碳酸钠（Na_2CO_3）水溶液等碱性腐蚀液浸蚀，可显示铝合金低倍组织及硬铝晶粒度，显示铸造铝合金的针孔等缺陷。

采用氢氟酸（HF）5mL + 硝酸（HNO_3）25mL + 盐酸（HCl）75mL 的腐蚀液可显示纯铝、防锈铝等软合金的晶粒度。

采用氢氟酸（HF）10mL + 盐酸（HCl）5mL + 硝酸（HNO_3）5mL + 水（H_2O）380mL 的腐蚀液可显示退火状态的硬铝的晶粒度。

试样在用上述腐蚀液腐蚀后通常还要在 30% 硝酸（HNO_3）水溶液中进行"中和"，以便去除妨碍观察的表面氧化膜。

镍铝合金（50% Ni）的晶粒度观察可用氢氟酸（HF）1mL + 盐酸（HCl）1.5mL + 硝酸（HNO_3）2.5mL + 水（H_2O）95mL，腐蚀时间 10～20 秒或经试验确定。

……

低倍检验试样的一般制备过程为：除油（用汽油或酒精清除表面油污）→浸蚀（热浸蚀或室温浸蚀）→清水冲洗→中和处理（按需进行）→清水冲洗→吹风干燥→观察（肉眼观察或借助放大倍数 50 倍以下的放大镜、体视显微镜进行观察检验）。

在微观检验（俗称高倍检验）时，视材料种类和具体加工状态，以及观察显微组织的目的、显微检验的放大倍数，有多种不同种类和配方的腐蚀液（例如普通钢材采用4% 硝酸酒精溶液）。盛放腐蚀液的器皿最好用聚四氟乙烯或者瓷质、陶质材料。

用于微观检验的浸蚀效果以能在显微镜下清晰显出金属显微组织为宜。浸蚀时，试样可不时地轻微移动以加强腐蚀效果，但试样的抛光面不得与盛装腐蚀液的器皿底面接触（抛光面应朝上，防止刮伤试样观察面）。

　　试样浸蚀完毕后，必须迅速用清水冲洗干净，再用脱脂棉浸透无水乙醇擦洗掉表面的腐蚀产物，用电吹风机吹干表面即可进行观察。

　　有些金属及其合金的化学稳定性很高，难以用一般化学浸蚀法显示出组织，这时可采用电解浸蚀法（试样为其中一个电极）。如纯铂、纯银、金及其合金、不锈钢、耐热钢、高温合金、钛合金等。

　　表1-1列举出了常见的用于微观检验的一些浸蚀工艺与浸蚀液。

表1-1　常见的用于微观检验的一些浸蚀工艺与浸蚀液举例

检验对象	普通高倍检验	特定目标检验	电解腐蚀（高倍检验）
304 不锈钢	三氯化铁（$FeCl_3$）10g + 80% 盐酸（HCl）水溶液，需要腐蚀时间较长	渗氮层深度检验：4%硝酸酒精溶液	10%铬酸酐（亦称铬酐，三氧化铬，CrO_3）水溶液，或硝酸（HNO_3，浓度可调），或草酸（即乙二酸，$H_2C_2O_4$）加氢氧化钠（NaOH）
双相不锈钢	氢氧化钾（KOH）和铁氰化钾（亦称赤血盐、赤血盐钾、六氰合铁酸钾 $K_3[Fe(CN)_6]$）各20g，加水60mL，浸蚀后铁素体会被染成橘红色，奥氏体呈白色，有利于观察识别	—	40% 氢氧化钾（KOH）水溶液
氮化硼	王水（aqua regia），又称"王酸"，是硝酸和盐酸组成的混合物，混合比例为1∶3	—	—
镁合金	5g苦味酸（2，4，6-三硝基苯酚，$C_6H_3NO_7$）+ 5mL盐酸 + 10mL水 + 100mL乙醇，或5%的硝酸水溶液，或柠檬酸5g + 100mL水的溶液	—	—
球墨铸铁	3%硝酸酒精溶液	—	—
钢	3%～4%硝酸酒精溶液，或苦味酸酒精溶液（苦味酸+酒精），或混合酸酒精溶液（盐酸+硝酸+酒精），或王水	用4%硝酸酒精溶液做浸蚀剂时，碳化物一般呈白色。使用浸蚀剂不同，碳化物的颜色就可能不同	—

续表 1-1

检验对象	普通高倍检验	特定目标检验	电解腐蚀（高倍检验）
钛合金	10% 氢氟酸 + 5% 硝酸	—	—
铝合金	NaOH 溶液； 铸造纯铝的腐蚀液浓度 80～120g/L，浸蚀时间 20～30 分钟、8～15 分钟或 3～8 分钟； 锻造纯铝的腐蚀液浓度 150～250g/L，浸蚀时间 25～30 分钟、15～25 分钟、10～20 分钟	0.5% 氢氟酸：有利于清楚观察合金组织的晶粒度；提高各相之间的界线清晰度，有利于判断合金的各种相的组织及形态	—

图 1-35～图 1-38 为几种典型的金相显微镜实物照片。

图 1-35 南京江南永新光学有限公司 XJG-05 大型卧式金相显微镜

以下是在显微镜下观察钢中显微组织缺陷的示例。

（1）晶界

晶界（grain boundary）是金属显微组织中结构相同而取向不同的晶粒之间的接触界面。在晶界面上，原子排列从一个取向过渡到另一个取向，故晶界处的原子排列处于过渡状态。晶界上原子排列的不规则会造成其结构较晶粒内疏松，因此在浸蚀时容易被腐蚀而显露出来，从而显示出晶粒形状和晶粒之间的边界，即称为晶界。

在不同显微组织类型、不同晶界成分等多种因素影响下，晶界有不同形态，例如杂质偏聚（使晶界处熔点低于晶粒）、晶界碳化物析出、晶界氧化（有助于判断金属是否有过热或过烧）等。

图 1-39 所示为 HP 耐热钢过烧的高倍观察景象，可见晶界熔化，晶粒十分粗大且

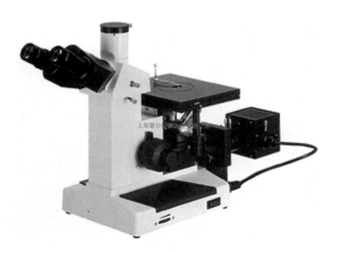

图 1 – 36　日本奥林巴斯株式会社立式显微镜

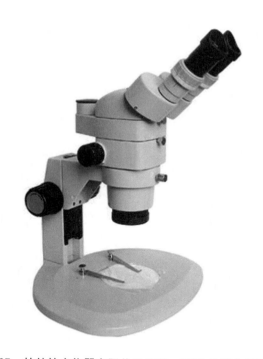

图 1 – 37　桂林桂光仪器有限公司 XPZ – 830T 体视金相显微镜

部分晶界消失——晶粒过度长大并开始吞并，残存晶界位置有玻璃相物质存在——晶界熔融后重新凝结。

图 1 – 40 所示为 S304 不锈钢探针杆焊缝区疲劳断裂的高倍观察景象，可见奥氏体 + 沿变形方向呈带状分布的 δ 铁素体 + 沿晶界分布的碳化物，高温 δ 铁素体和晶界碳化物的存在导致其力学性能大幅下降，晶界弱化，抗疲劳能力减弱。

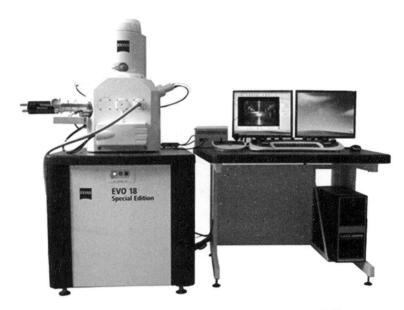

图 1 - 38　德国卡尔蔡司公司钨灯丝扫描电子显微镜

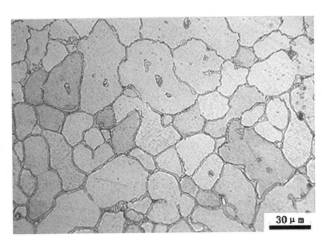

图 1 - 39　HP 耐热钢过烧

（图片源自 http://cache. baiducontent. com）

（2）魏氏组织

　　如果奥氏体晶粒比较粗大，冷却速度相对较快时，在一个粗大的奥氏体晶粒内会形成许多呈平行或三角形分布的粗大铁素体或渗碳体（针状或片状，也有呈羽毛状的），从晶界向晶内生长，其间的剩余奥氏体最后转变为珠光体，这种显微组织称为铁素体或渗碳体魏氏组织。魏氏组织可以出现在各种热加工制品中，例如高温锻造、轧制、热处理、熔化焊接等。

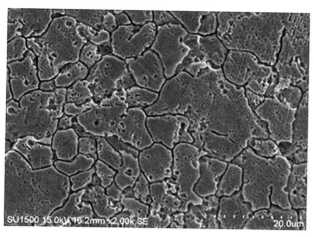

图 1 - 40　S304 不锈钢探针杆焊缝区疲劳断裂

（图片源自 http://blog. sina. com. cn/s/blog_ e16bb0e30102v24q. html）

实际生产中遇到的魏氏组织多是铁素体魏氏组织。魏氏组织以及与其伴生的粗大奥氏体晶粒组织会使钢的力学性能，特别是塑性和冲击韧性显著降低，并使钢的脆性转折温度升高。魏氏组织容易出现在过热钢中，奥氏体晶粒越粗大，越容易出现魏氏组织。钢中的魏氏组织以及粗大晶粒组织一般可通过细化晶粒的正火、退火以及锻造等方法加以消除，程度严重的还可以采用二次正火方法加以消除。

图 1 -41 为按 GB13299 显微组织定级图评定的 16Mn 材料正常晶粒组织与魏氏组织图片。

（a）16Mn正常晶粒（×100）　　　　　（b）16Mn魏氏组织（2.5～3级）（×100）

图 1 -41　16Mn 材料的正常晶粒组织与魏氏组织图片

图 1 -42 所示为钛合金 Ti - 6Al - 3Mo - Zr - Si 的 Φ160mm 锻棒过热魏氏组织，具有完整的原始 β 晶界、针状 α - β 组织及未完全破碎的 β 晶界。

（3）脱碳组织

钢在各种热加工工序的加热或保温过程中，由于空气中氧气的作用，使钢材表面的碳被氧化成气体挥发，以致钢材本体表面层全部或部分丧失碳的现象叫作脱碳，该部位

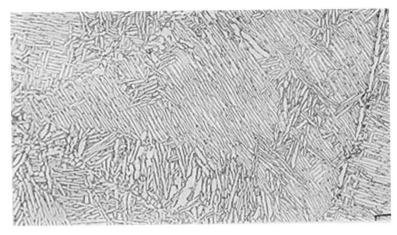

图 1 – 42　钛合金 Ti – 6Al – 3Mo – Zr – Si 的 Φ160mm 锻棒过热魏氏组织（横向高倍 ×250）

也就称为脱碳层。脱碳组织的特点是铁素体的数量多，大大超过原始组织中铁素体的数量，甚至全都是铁素体，看不到碳化物，此时就形成全脱碳层。钢表层的脱碳会大大降低钢材表面的硬度、抗拉强度、耐磨性和疲劳极限。因此在工具钢、轴承钢、弹簧钢等的相关材料标准中都对脱碳层有具体规定。重要的机械零部件是不允许存在脱碳缺陷的，为此，在加工时零部件的脱碳层是必须除净的。脱碳层深度是指从脱碳层表面到脱碳层的基体在金相组织中的差异已经不能区别的位置的距离。原材料及其机械零部件成品脱碳层深度的测量通常按我国国家标准 GB/T 224—2008《钢的脱碳层深度测定法》进行检验，除了采用金相法外，也常采用硬度法和化学分析法。

图 1 – 43 所示是 20MnTiB 调质钢的脱碳层金相图片。

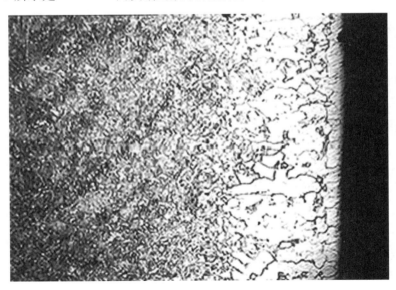

图 1 – 43　20MnTiB 调质钢的脱碳层（×200）

（图片源自 http://www.qctest.cn/news/show.php? itemid = 85）

（4）过热组织

锻造、热处理过程中，金属材料加热温度过高或保温过久，导致晶粒长大过度，形貌粗大，将会影响金属材料的力学性能，较轻微的过热组织通常可以通过重新热处理恢复为正常组织。

图1-44所示为45#钢过热组织，这是由于加热温度过高，且保温时间过长，致使奥氏体晶粒粗大，冷却时铁素体沿奥氏体晶界析出而构成网络，并有少量铁素体呈针状。

（5）过烧组织

过烧组织比过热组织更加恶化，除了晶粒长大过度，形貌粗大，其附加特征为晶界熔融，从而严重损害金属材料的力学性能，导致材料报废。

图1-45所示为部分过烧组织。

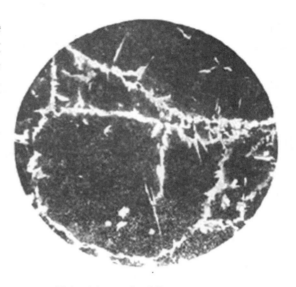

图1-44   45#钢过热组织 （×50）

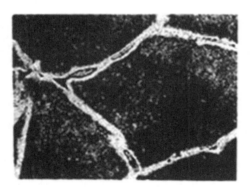

50A钢过烧组织（过烧时晶界融化、严重氧化 ×150）

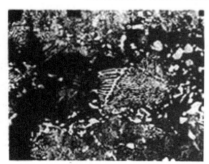

锻裂外过烧的组织

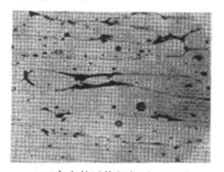

LY2合金的过烧组织 （×500）

图1-45   过烧组织

（三） 化学分析试验

材料的组成元素及各自的分量多少对材料的物理、化学性能有很大影响，是决定材料性能的主要因素。化学分析试验的目的就是通过特定的测试手段对材料的组分进行判断。目前，化学分析试验的方法很多，大体上可以分为化学分析法（俗称湿法）、电化学分析法和仪器分析法（干法）三大类。

1. 化学分析法

化学分析法是以物质的化学反应为基础，依赖于特定的化学反应及其计量关系来对物质进行分析。化学分析法通常用于测定相对含量在 1% 以上的常量组分，准确度相当高（一般情况下相对误差为 0.1%～0.2%），因此也常被用作仲裁试验手段。

化学分析法主要包括重量分析法和滴定分析法。

重量分析法是以单质或化合物的重量来计算试样中含量的定量方法。重量分析法根据物质的化学性质，选择合适的化学反应，将被测组分转化分离为固定的沉淀物或气体形式，通过钝化、干燥、灼烧或吸收剂的吸收等一系列的处理后，精确称量其重量，求出被测组分的含量。根据分离方法不同，重量分析法还可分为沉淀重量法、挥发重量法和提取重量法。

重量分析法可用于测定某些无机化合物和有机化合物的含量，例如药物纯度检查、材料中的硫含量测定等。

重量分析法中有一种称为电解分析法的测定方法，是将直流电压施加于承载试液池中的两个电极上，试液中某一被测组分通过电解反应，在工作电极上析出金属或氧化物，由于电极原先的质量是已知的，电极增加的质量即电沉积物的质量，从而可以通过计算求得被测组分的含量。

滴定分析法（亦称容量分析法）是将一种已知准确浓度的试剂溶液（称为标准溶液，亦称滴定液）滴加到被测物质的溶液中，这种将滴定液从滴定管中加到被测物质溶液中的过程叫作滴定。当所加的试剂与被测物质按化学式计量定量反应完成时，反应达到了计量点（例如在滴定过程中，指示剂发生颜色变化的转变点，亦称为滴定终点）。根据标准溶液的浓度和滴定消耗体积以及被测物质与标准溶液所进行的化学反应计量关系，可求出被测物质组分的含量。这种方法适用于含量在 1% 以上的各种物质的测试。此方法的主要缺点是效率不高。

滴定分析法可以采用直接滴定法（用滴定液直接滴定待测物质直至达到滴定终点），直接滴定有困难时，则采用间接滴定法，例如置换法（利用适当的试剂与被测物反应产生被测物的置换物，然后用滴定液滴定这个置换物）、回滴定法（亦称剩余滴定法，即用定量过量的滴定液和被测物反应完全后，再用另一种滴定液来滴定剩余的前一种滴定液）。

滴定分析法主要有酸碱滴定、氧化还原滴定、配位滴定和沉淀滴定四种方法。

酸碱滴定选择能实现颜色突变的指示剂来指示滴定终点。常见的酸碱指示剂有甲基橙、甲基红、溴酚蓝、溴甲酚氯、酚酞、百里酚酞等。例如用于氰化镀锌、碱性锌酸盐镀锌中的总碱量测定，酸性镀铜中的总酸量测定（如利用甲基橙或者乙基橙作为指示剂对酸性镀铜液进行滴定以测定镀液中的硫酸含量）等。

氧化还原滴定以氧化还原反应为基础，根据物质氧化还原电位的高低选择合适的滴定剂。例如对含有柠檬酸的镍钨非晶镀液进行滴定，通过计算得到其中柠檬酸溶液的浓度。

配位滴定主要用于金属离子浓度的测定，例如对电镀液中的金属离子（Zn、Cu、Fe 等）进行滴定。

沉淀滴定以沉淀反应为基础，常用的有银量法，多用于卤素的测定，也可以对镀铜液中的硫酸根浓度进行滴定。

2. 电化学分析法

电化学分析法是以物质在溶液中的电化学性质及其变化规律为基础，以电位、电导、电流和电量等电学量与被测物质某些量之间的计量关系，对物质组分进行定性和定量的仪器分析方法。

常见的电化学分析法包括：

将试液作为化学电池的一个组成部分，根据该化学电池中的电阻、电导、电极电位、电流、电量或电流—电压曲线等物理量与被测物质溶液的浓度之间存在一定的关系而进行测定分析的方法，例如电位测定法、恒电位库仑法、极谱法和电导法等。

以化学电池中的电极电位、电量、电流和电导等物理量的突变作为指示终点，例如电位滴定法、电导滴定法、伏安法以及库仑滴定法、电流滴定法等。

电位滴定法是在用标准溶液滴定待测离子过程中，用指示电极的电位变化来指示滴定终点，是把电位测定与滴定分析互相结合起来的一种测试方法。

电导滴定法是在用标准溶液滴定待测离子过程中，用电导仪直接测量电解质溶液电导率的变化来指示滴定终点的方法。

伏安法是根据电解过程中的电流—电压曲线（伏—安曲线）来进行分析的方法。伏安法包括溶出伏安法和电位溶出分析法。

3. 仪器分析法

使用仪器检测金属物中化学成分的方法比较多，由于试验过程中往往不需要将试样制成溶液而直接以固体形式进行试验，因此俗称为干法。

目前最常用的是直读光谱仪（Optical Emission Spectrometer，OES），又名原子发射光谱仪（Atomic Emission Spectrometry，AES）。直读光谱仪采用计算机控制，分析精度很高且速度很快，还能对分析结果的数据处理和分析过程实现自动化控制。

直读光谱仪的工作原理是原子发射光谱学的分析原理，通过使固态样品和电极之间产生电弧或火花放电，在热激发或电激发下，产生的能量将激发样品产生原子蒸汽，蒸汽中各原子的核外电子发生跃迁，这种处于激发态的待测元素原子回到基态时将发射特征谱线，不同元素有不同的发射波长范围，并且每种元素发射的光谱谱线强度正比于样品中该元素的含量，将发射光谱经光导纤维进入光谱仪分光室，利用棱镜、衍射光栅和干涉原理，色散成各光谱波段，通过光电管测量每个元素的最佳谱线，将光信号变成电信号，经仪器的控制测量系统将电信号积分并进行模/数转换，然后由计算机处理，分析接收到的元素特征谱线种类及其强度，就能够得出关于材料成分组成及各元素精确含量的分析结果。这种方法的优点是可多元素同时分析，在一次激发和分析中可同时获得几十种元素的定性和定量分析结果，并且简单易行，分析速度快，不需要消耗昂贵的化学试剂或特种辅料，可以直接对固体样品进行测试；缺点是对样品形状尺寸有一定要求。

目前，利用直读光谱仪可以定性或者定量分析金属基体中的非金属元素，例如碳（C）、硫（S）、磷（P）、硅（Si）、砷（As）、硼（B）、硒（Se）、氮（N）等，也可以准确分析金属元素，例如钛（Ti）、钒（V）、铬（Cr）、锰（Mn）、铁（Fe）、钴（Co）、镍（Ni）、铜（Cu）、锌（Zn）、锆（Zr）、铌（Nb）、钼（Mo）、钯（Pd）、银（Ag）、锡（Sn）、锑（Sb）、铪（Hf）、钽（Ta）、钨（W）、铼（Re）、铅（Pb）、铋（Bi）等多达 70 多种元素。在一般情况下，用于 1% 以下含量的组分测定时，检出极限可达 ppm 级，精度为 ±10% 左右，线性范围约 2 个数量级。

直读光谱仪的品种有在实验室应用的台式直读光谱仪和可在现场应用的移动式直读光谱仪（例如用于压力容器内部、管道或者现场大型零部件的成分分析）。如图 1 - 46 所示。

图 1 - 46　德国斯派克分析仪器公司 SPECTROMAXx - FV 型全谱直读光谱仪

普通应用的还有便携式看谱镜，该仪器利用电弧产生的高温使样品中各元素从固态直接汽化并被激发而发射出各元素的特征波长，用光栅分光后，成为按波长排列的"光谱"，在观察镜中可以根据显示的光谱判断材料的成分组成。如图 1 - 47 所示。

最新出现的光谱分析仪器还有光学多道分析仪（Optical Multi - channel Analyzer，OMA），该仪器采用光子探测器（CCD）和计算机控制，集信息采集、处理、存储功能于一体，测量准确迅速、操作方便、灵敏度高、响应时间快、光谱分辨率高，测量结果可立即从显示屏上读出或由打印机、绘图仪输出。

图 1-47　济宁鲁科检测器材有限公司 LKGP-6 型便携式看谱镜（电弧激发，光栅光谱）

　　与直读光谱仪利用热激发或电激发不同的另一种用于材料成分定性定量分析的方法是 X 射线荧光光谱分析法。

　　根据原子物理学理论，每一种化学元素的原子都有其特定的能级结构，其核外电子都以各自特有的能量在各自的固定轨道上运行，当能量高于原子内层电子结合能的原级 X 射线与原子发生碰撞时，内层电子会脱离原子的束缚而成为自由电子从而出现一个空穴，使整个原子体系处于不稳定的激发态，激发态原子寿命只有 $10^{-12}\sim10^{-14}$ s，此时较外层的电子会填补此空穴，亦即发生跃迁，在跃迁的同时将以发出次级 X 射线的形式放出能量。

　　每一种元素的原子能级结构都是特定的，其被激发后跃迁时放出的次级 X 射线的能量也是特定的，这种 X 射线称为特征 X 射线（亦称荧光 X 射线、二次 X 射线）。

特征 X 射线的波长 λ 与元素的原子序数 Z 有关，不同元素的特征 X 射线具有各自的特定波长，测定特征 X 射线的波长就可以确定元素的组成，这是荧光 X 射线定性分析的基础。

特征 X 射线的强度（谱线的荧光强度）与相应元素的含量成正比，因此可以利用这个关系来进行元素的定量分析。

一个合金材料中包含多种不同元素并且各自有一定的分量（通常以百分比表示相对含量）。在用 X 射线照射试件时，试件可以被激发出具有一定波长，同时又有一定能量的荧光 X 射线。依据射线具有波粒二象性的原理，通过一定手段将不同能量的特征 X 射线脉冲分开并测量其能量，就可以实现对被测试件定量分析，这种方式称为能量色散型 X 射线荧光分析，所应用的仪器称为能谱仪（EDS，Energy Dispersive Spectrometer）。通过一定手段将不同波长的特征 X 射线分开并测量其波长，就可以实现对被测试件定性分析，这种方式称为波长色散型 X 射线荧光分析，所应用的仪器称为 X 射线荧光光谱仪（X – ray Fluorescence Spectrometer，XRF）。

X 射线荧光光谱分析法的优点：

适应范围广，除了 H、He、Li、Be 外，可对元素周期表中从 5B 到 92U 做元素的常量、微量的定性和定量分析。

分析速度快，一般 10～300s 就可以测完样品中的全部待测元素（与测定精密度有关）。

操作方便，制样简单，固体、粉末、液体样品等都可以进行分析，不受试样形状和大小的限制，不破坏试样，不会引起试样化学状态的改变，也不会出现试样飞散现象，同一试样可反复多次测量，结果重现性好，但要求被分析的试样均匀。

分析精密度高，目前的含量测定已经能够达到 ppm 级别。

X 射线荧光光谱分析法的缺点：

定量分析需要参考标样，一般只能分析含量大于 0.01% 的元素。

难做定量绝对分析。

对轻量元素难分析。

X 射线荧光光谱仪有实验室应用的大型和小型仪器，也有非常适合于现场应用的手持式光谱分析仪（亦称便携式光谱仪）。如图 1 – 48～图 1 – 50 所示。

在钢材化学分析试验中应用非常广泛的是对钢铁材料中的碳硫元素进行定量分析，所用的仪器总称为碳硫分析仪。

按照分析方法和原理分类，碳硫分析仪主要有红外吸收法碳硫分析仪（高频红外碳硫分析仪、电弧红外碳硫分析仪、管式红外碳硫分析仪）、气体容量法/碘量法碳硫分析仪、非水滴定法碳硫分析仪、电导法碳硫分析仪等。

红外吸收法碳硫分析仪的基本原理是利用高温管式炉、电弧炉、高频感应炉等加热装置，使试样中的碳、硫经过富氧条件下的高温加热，氧化为二氧化碳、二氧化硫气体。这些气体经过处理后进入相应的吸收池，对相应的红外辐射进行吸收，再由探测器转换为电信号，经计算机处理并输出结果。这种方法具有自动化程度较高、准确、快

图 1 – 48　德国布鲁克公司（Bruker AXS GmbH）X 射线荧光光谱仪

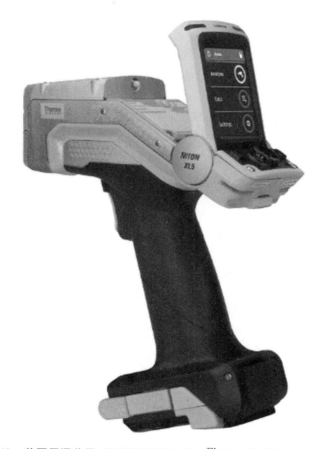

图 1 – 49　美国尼通公司（NITON LLC）Niton^{TM} XL5 型手持式 XRF 分析仪

图 1 - 50　美国尼通公司（NITON LLC）手持式 XRF 分析仪的现场应用

速、灵敏度高的特点，高低碳硫含量均可使用，能满足分析精度要求较高的需要。如图 1 - 51 所示。

图 1 - 51　美国力可公司（LECO）CS844 系列碳硫分析仪（高频感应炉，燃烧法）

电导法碳硫分析仪是将被测样品经高温燃烧后产生的混合气体，经过电导池的吸收后，由于电阻率（即电导的倒数）发生改变，从而可以根据电导率的变化来测量分析碳、硫含量，其特点是准确、快速、灵敏，多用于低碳、低硫的测定。

非水滴定法碳硫分析仪与电弧燃烧炉匹配，采用酸碱滴定法测定钢铁中的碳、硫元素，适用于一般化验室、炉前化验等。

气体容量法/碘量法碳硫分析仪常用气体容量法测碳、碘量法定硫，是碳、硫联合测定最常用的方法，测定精度可达到碳含量下限为 0.050%，硫含量下限为 0.005%。

此外还有氧氮分析法（氧氮分析仪）、分光光度法（紫外分光光度计、可见光光度计、红外分光光度计）、原子发射光谱法、色谱分析法、质谱分析法、比色分析法、中子活化分析法等。

1.4　金属材料的分类

一般将工程材料按化学成分分为金属材料、非金属材料、高分子材料和复合材料四大类。

金属材料通常分为黑色金属、有色金属和特种金属。

（1）黑色金属

黑色金属又称钢铁材料，是指铁和以铁为基、以碳为主要添加元素的合金，统称为铁碳合金，即生铁、铸铁和铁合金、钢，包括含铁 90% 以上的工业纯铁，含碳 2%～4% 的铸铁，含碳小于 2% 的碳钢，以及各种用途的结构钢、不锈钢、耐热钢、工具钢、高温合金、精密合金等。广义的黑色金属还包括铬、锰及其合金。

生铁是指把铁矿石置于炼铁高炉中冶炼而成的产品（通常为铸锭状态，称为生铁锭），主要用来炼钢和制造铸件。

把生铁锭置入熔铁炉中熔炼成含碳量大于 2.11% 的铁碳合金，即铸铁，将这种液态铸铁浇铸成所需形状的铸件，即为铸铁件。

把生铁锭或铁合金（铁与硅、锰、铬、钛等元素组成的合金）置入炼钢炉中按一定工艺熔炼，得到含碳量低于 2.11% 的铁碳合金，称为钢。可以将这种液态钢浇铸成钢锭或连铸坯以用于后续的锻造、轧制成钢材，或者直接铸成各种钢铸件。

（2）有色金属

有色金属又称非铁金属，是指黑色金属以外（除铁、铬、锰以外）的所有金属及其合金。按照有色金属的性能和特点可将其分为轻金属（如铝、镁、钛等）、重金属（如铅、锡、铜等易熔金属和如钨、钼等难熔金属）、贵重金属（如铂、金、银等）、半金属、稀有金属和稀土金属（包括放射性的铀、镭）、碱土金属等。有色金属合金的强度和硬度一般比纯金属高，并且电阻大、电阻温度系数小。

（3）特种金属

特种金属包括不同用途的结构金属材料和功能金属材料，其中有通过快速冷凝工艺获得的非晶态金属材料，以及准晶、微晶、纳米晶金属材料等，还有隐身、抗氢、超导、形状记忆、耐磨、减振阻尼等特殊功能合金以及金属基复合材料等。

（一）黑色金属的分类

1. 碳钢

一般把含碳量为 0.0218%～2.11% 的铁合金称为钢，含碳量大于 2.11% 的铁合金称为生铁。其中：含碳量 0.77% 为共析钢；含碳量 0.0218%～0.77% 为亚共析钢，主要由铁素体和珠光体组成，随碳量增加，珠光体量增加，强度性能提高；含碳量 0.77%～2.11% 为过共析钢，主要由珠光体和二次渗碳体组成，当含碳量小于 1%，二次渗碳体断续分布在晶界处时，强度提高，当含碳量大于 1%，二次渗碳体呈网状分布在晶界处时，强度性能下降。

根据含碳量的不同，又可把钢分为低碳钢、中碳钢、高碳钢。

①低碳钢：含碳量为 0.08%～0.25%，例如 20 钢（含碳量中值 0.2%，20g 即是制造普通锅炉的主要材料，称 20 号锅炉钢）、10 钢（含碳量中值 0.1%）、Q235 钢（含碳量中值 0.15%）等。低碳钢的塑性好，易于锻造、焊接、深冲压、切削、渗碳等处理。

②中碳钢：含碳量为 0.25%～0.60%，其中含碳量为 0.25%～0.45% 的中碳钢多用作调质热处理的机械结构零件，例如 35 钢（含碳量中值 0.35%）、45 钢（含碳量中值 0.45%）等。含碳量为 0.5%～0.7% 的中碳钢多用于制造高强度结构零件或弹性零件（因此亦称碳素结构钢）。

中碳钢热加工及切削性能良好，但焊接性能较差。其强度、硬度比低碳钢高，而塑性和韧性低于低碳钢。中碳钢热轧材、冷拉材可不经热处理就直接使用，亦可经热处理后使用。淬火、回火后的中碳钢具有良好的综合力学性能，能够达到的最高硬度约为 HRC55（HB538），σ_b 为 600～1100MPa。因此在中等强度水平要求的各种用途中，中碳钢得到最广泛的应用。

③高碳钢：含碳量为 0.60%～1.70%，也有指含碳量为 0.70%～1.40% 的碳钢，用于不同要求的工模具、量具以及刃具、弹簧、齿轮、轧辊等（因此亦称碳素工具钢）。例如 T7 和 T7A（含碳量中值 0.7%）、T8 和 T8A（含碳量中值 0.8%）、T13 和 T13A（含碳量中值 1.3%）等。

含碳量小于 1.35%（也有指 0.1%～1.2%），除铁、碳和限量以内的残余元素和杂质元素（如锰、硅、镍、磷、硫、氧、氮等）外，不含其他合金元素的钢统称为碳素钢，其性能主要取决于钢的含碳量和显微组织。在退火或热轧状态下，随含碳量的增加，钢的强度和硬度升高，但是塑性和冲击韧性下降，焊接性能和冷弯性能变差，因此，工程结构上应用的碳素钢通常是有含碳量限制的。

碳素钢中的残余元素和杂质元素含量对碳素钢的力学性能存在较大影响，例如：

锰（Mn）是来自炼钢时使用锰铁作为钢液脱氧剂后的残余元素。Mn 有较强的脱氧能力，可大部分溶于 Fe，能使钢强化，能降低 S 对钢的危害，因此对钢是有益的。但是 Mn 含量高的钢就不属于碳素钢而属于合金钢的类别了。一般碳素钢中把 Mn 含量控制在 0.25%～0.8% 范围内，而 Mn 含量达到 0.7%～1.0% 和 0.9～1.2% 范围时，就属于锰钢了。Mn 能改善钢的淬透性，强化铁素体，提高钢的屈服强度、抗拉强度和耐磨性。为了区别于正常含锰量的碳素钢，通常在含锰高的钢的牌号后附加标记"Mn"，如 15Mn、20Mn 等。

硅（Si）主要来自原料生铁和炼钢时使用硅铁脱氧剂后的残余元素。Si 比 Mn 具有更强的脱氧能力，能溶于 Fe，提高钢的强度和硬度，但会使塑性和韧性降低。此外，Si 能促进 Fe_3C 分解成石墨，而出现石墨时会使钢的韧性严重下降，产生所谓的"黑脆"。因此，Si 在碳素钢中的含量一般要求控制在 $0.17 \sim 0.37\%$ 范围内。

铝（Al）是来自炼钢时使用铝作为钢液脱氧剂后的残余元素。微量的 Al 可以减小低碳钢的时效倾向，还可以细化晶粒，提高钢在低温下的韧性，但余量不宜过多。

硫（S）属于有害杂质，可使钢的"热脆"性增加。因为 S 不溶于 $\alpha - Fe$，而是以化合物 FeS 的形式存在，其熔点为 1190℃，而 FeS 又能与 Fe 形成共晶体分布于晶界上，其熔点则仅为 985℃。此外，S 对钢的焊接性能也有不良影响，容易导致焊缝热裂。因此要求严格控制其在钢中的含量。

磷（P）属于有害杂质，会引起钢的"冷脆"。因为 P 在钢中全部溶于 $\alpha - Fe$ 中，使钢的强度和硬度增高，同时显著降低钢的塑性和韧性。当钢中含 P 量达 0.3% 时，钢会完全变脆，这种脆性现象在低温时更为严重。此外，P 还会降低钢的焊接性能。因此要求严格控制其在钢中的含量。

钢中的杂质还包括氧（O）、氢（H）、氮（N）等气体（原子态）。O 会降低钢的力学性能，尤其是疲劳强度，对钢无益，越少越好。N 会以氮化物的形式析出，增加钢的强度和硬度，但会降低钢的塑性和韧性，使钢变脆。H 会使钢的脆性显著增加，称为"氢脆"，当 H 原子结合为分子态时，能产生极大的内应力导致钢中产生裂纹（称为"白点"）。因此钢中这些气体成分含量也是必须加以严格控制的。

按照碳素钢的质量，可以将其分类为普通碳素钢、优质碳素钢、高级优质碳素钢、特级优质碳素结构钢、特殊质量碳素钢。

①普通碳素钢：含碳量控制不严格，含杂质要求 S（硫）$\leqslant 0.050\%$，P（磷）$\leqslant 0.045\%$。

普通碳素钢还分为甲（A）类钢和乙（B）类钢。

甲（A）类钢只保证机械性能指标而不标明化学成分，例如 A3 钢（含碳量在 0.20% 左右，主要用于工程结构），在其后还可以加字母表示钢材冶炼的脱氧方法区别（例如 F 表示沸腾钢，B 表示半镇静钢，Z 表示镇静钢，TZ 表示特殊镇静钢），以及钢材冶炼的设备区别（例如 J 表示碱性转炉钢，S 表示酸性转炉钢等）。

乙（B）类钢只保证化学成分而不标明机械性能指标。

此外还有特（C）类钢，机械性能指标和化学成分都有保证，常用于制造较重要的结构件。

②优质碳素钢：含碳量范围控制比较严格，含杂质要求 S（硫）$\leqslant 0.035\%$，P（磷）$\leqslant 0.035\%$。例如 45 钢，对其他非金属夹杂物的含量也有较严格的限制。

③高级优质碳素钢：含碳量控制准确，含杂质要求 S（硫）$< 0.030\%$，P（磷）$< 0.035\%$，对其他非金属夹杂物的含量也有更严格的限制。

④特级优质碳素结构钢：含杂质要求 S（硫）$\leqslant 0.020\%$，P（磷）$\leqslant 0.025\%$。

⑤特殊质量碳素钢：普通碳素结构钢的专业用钢，如桥梁、建筑、钢筋、锅炉压力容器用钢等。

按照钢在冶炼时的脱氧方法，可以将其分类为沸腾钢、镇静钢、半镇静钢、特殊镇静钢。

①沸腾钢（rimmed steel, rimming steel, 代号 F）：这是脱氧不完全的碳素钢。一般用锰铁和少量铝脱氧后，钢水中还留有高于碳氧平衡的氧量，一氧化铁（FeO）与碳反应放出大量的一氧化碳气体（CO）。因此，在钢水浇注时，有一氧化碳气体逸出，钢水在钢锭模内液面上呈沸腾状态，沸腾钢因此而得名。沸腾钢的组织不致密，成分不太均匀，硫、磷等杂质偏析较严重，故性能不均匀，冲击韧性差，质量较低，多用于冶炼普通钢型材（如普通的角钢、钢筋等），例如 A3F 钢。

②镇静钢（代号 Z）：冶炼时采用锰铁、硅铁和铝锭等作为脱氧剂，钢水脱氧比较完全，氧的质量分数不超过 0.01%（一般为 0.002%～0.003%），因此浇注时钢液镇静无沸腾现象。镇静钢的组织结构比较致密，成分均匀，含硫量较少，偏析小，性能稳定，质量好，多用于优质和高级优质钢、合金钢，例如 A3R 钢（R 表示为压力容器用钢）。

③半镇静钢（代号 B）：脱氧程度介于沸腾钢与镇静钢之间，是质量较好的钢。

④特殊镇静钢（代号 TZ）：这是比镇静钢脱氧程度更充分彻底的钢，如硅镇静钢（用 Si + Mn 脱氧）、硅铝镇静钢（Si + Mn + 少量 Al 脱氧）、铝镇静钢（用过剩 Al > 0.01%脱氧），适用于特别重要的结构工程。

按照钢的用途分类，有碳素结构钢、碳素工作钢等。

①碳素结构钢（一般属于中碳钢，含碳量 <0.7%）：包括建筑结构钢（普通碳素结构钢）和机械结构钢（多为优质碳素钢和高级优质碳素钢、特级优质碳素结构钢），例如焊条用钢（代号 H）、压力容器用钢（代号 R）、锅炉用钢（代号 g）、多层高压容器用钢（代号 gC）等。普通碳素结构钢通常是热轧后空冷供货，用户一般不需进行热处理而可以直接使用。优质碳素结构钢可以通过热处理调整材料的力学性能，出厂状态可以是热轧后空冷，也可以是退火、正火等状态，按用户需要而定。

碳素结构钢的牌号表示方法是：用两位数字表示含碳量（以万分之一为单位），例如 45 钢表示含碳量为 0.45%。数字后面加字母"A"表示高级优质的意思，加字母"E"则表示是特级优质碳素结构钢（S≤0.020%、P≤0.025%）。例如 45A 表示平均含碳量为 0.45%的高级优质碳素结构钢，45E 表示平均含碳量为 0.45%的特级优质碳素结构钢。

对于沸腾钢和半镇静钢，在数字后面分别加符号"F"和"b"。例如平均含碳量为 0.08%的沸腾钢，其牌号表示为"08F"；平均含碳量为 0.10%的半镇静钢，其牌号表示为"10b"。

对于镇静钢，由于它已经是属于优质碳素钢（S、P 含量分别≤0.035%），因此一般不标符号。例如平均含碳量为 0.45%的镇静钢，其牌号表示为"45"。

对于有较高含锰量的优质碳素结构钢，在表示平均含碳量的阿拉伯数字后加锰元素符号"Mn"。例如 20Mn 表示平均含碳量为 0.20%、含锰量为 1.00%；50Mn 表示平均含碳量为 0.50%，含锰量为 0.70%～1.00%。

对于专用结构钢，数字后面加其他字母则表示其用途，例如 20g 表示含碳量为 0.2% 的锅炉用碳素结构钢；16MnR 表示含碳量为 0.16%、含锰量为 1% 的压力容器用低合金钢。

另一种碳素结构钢牌号表示方法是按照钢材屈服强度分为 5 个牌号，即 Q195、Q215、Q235、Q255、Q275，每个牌号又按质量不同分为 A、B、C、D 等级（A 级最低，D 级达到优质钢水平），最多的有四种，有的则只有一种，另外还有其他区别。例如最常见的 Q235AF，其表示的含义是：标志符号 Q + 最小 σ_s 值（这里为屈服强度值 235MPa）＋质量等级符号（这里为 A 级，注意不是上述的高级优质的意思）＋脱氧方法符号（这里 F 表示沸腾钢）。Q235A 即相当于上面所述的 A3 钢，表示屈服强度值 ≥235MPa、质量等级为 A 级的镇静碳素结构钢。Q235BZ 则表示屈服强度值 ≥235MPa、质量等级为 B 级的镇静碳素结构钢。碳素结构钢的牌号组成中，镇静钢符号 "Z" 和特殊镇静钢符号 "TZ" 可以省略，例如 Q235CZ 和 Q235DTZ 可以省略为 Q235C 和 Q235D。常见的还有 Q215（A、B）、Q235（A、B、C）、Q255（A、B）等。

②碳素工具钢（含碳量为 0.65%～1.35%，属于高碳钢）：属于优质碳素钢和高级优质碳素钢，表示方法为字母 "T" 后加数字表示平均含碳量（以千分之一为单位），例如 T10（平均含碳量 1.0%）、T8（平均含碳量 0.8%）、T13（平均含碳量 1.3%）、T7（平均含碳量 0.7%）。如果在数字后面再加字母 "A" 则表示为高级优质碳素钢，例如 T7A、T8A、T10A 等。较高含锰量的碳素工具钢，在工具钢符号 "T" 和阿拉伯数字后加锰元素符号，例如 T8Mn。

碳素工具钢经淬火、低温回火热处理后可得到高硬度和高耐磨性，主要用于制造各种工具、刀具、模具和量具。

此外，还有一般工程用的铸造碳素钢（铸钢），主要用于难以用锻压等方法成形并且力学性能要求较高的复杂零件。其表示方法为标志符号 "ZG" ＋最低 σ_s 值（屈服强度值）－最低 σ_b 值（强度极限值），如 ZG340－640。

2. 合金钢

按照钢中所含合金元素的量可将其分类为低合金钢、中合金钢、高合金钢。

①低合金钢：合金元素总含量 <2.5%。按照质量等级，合金钢可分为普通低合金钢、优质低合金钢和特殊质量低合金钢。低合金钢也有和碳素结构钢相同以屈服强度表示的牌号，如 Q345C、Q345D 等，由于低合金高强度结构钢一般都采用镇静钢和特殊镇静钢，因此牌号尾部不加表示脱氧方法的符号。对于专用合金结构钢，屈服强度值数字后面加其他字母则表示其用途，例如 Q345R 为压力容器用钢、Q340NH 为耐候钢、Q295HP 为焊接气瓶用钢、Q390g 为锅炉用钢、Q420q 为桥梁用钢等。

②中合金钢：合金元素总含量为 2.5～10%，例如 5CrNiMo、40CrNiMo 等。

③高合金钢：合金元素总含量 >10%，例如 Cr17Ni2、1Cr18Ni9Ti、1Cr11Ni2W2MoV 等。

按照用途可将合金钢分为合金结构钢、合金工具钢、特殊用途钢。

①合金结构钢：包括建筑用钢（多为普通低合金钢）和机械制造用钢（例如合金

渗碳钢 20CrMnTi、12CrNi3A、18Cr2Ni4WA 等，合金调质钢 40Cr、40CrNiMoA、38CrMoAlA、30CrMnSi 等，合金弹簧钢 65Mn、50CrVA 等，滚动轴承钢 GCr15 等）。合金结构钢广泛用于制造各种要求韧性高的重要机械零件和构件。形状复杂或截面尺寸较大或要求韧性高的淬火零件一般都为合金结构钢。此外还有低合金高强度结构钢，比碳素结构钢具有更高的韧性，同时有良好的焊接性能、冷热压力加工性能和耐蚀性，部分钢种还具有较低的脆性转变温度。

合金结构钢牌号前面两位数字表示平均含碳量（以万分之一为单位），后面的字母符号和随后紧跟的数字表示元素及其含量以及一些规定的代表产品用途的符号，按顺序表示。

合金元素含量以百分之一为单位，如果仅有元素字母没有数字，则表示该元素的含量为 1% 或 1.50% 以下，平均合金含量为 1.50%～2.49%、2.50%～3.49%、3.50%～4.49%、4.50%～5.49% 等时，在合金元素后相应写成 2、3、4、5 等。例如 30CrMnSi 表示碳、铬、锰、硅的平均含量分别为 0.30%、0.95%、0.85%、1.05%，S、P 含量分别 ≤0.035% 的合金结构钢。随钢厂冶炼炉批不同，具体钢种的合金成分是有波动的，可具体查看钢厂的出厂质量保证书中的化验结果。

合金结构钢也分为普通、优质、高级优质（S、P 含量分别 ≤0.025%，在牌号尾部加字母"A"表示，例如 30CrMnSiA）和特级优质（S≤0.015%、P≤0.025%，在牌号尾部加字母"E"表示，例如 30CrMnSiE）四个等级。

专用合金结构钢还要在牌号头部或尾部加上代表产品用途的符号。例如制造铆钉螺栓专用的 30CrMnSi 钢就表示为 ML30CrMnSi。

②合金工具钢：平均含碳量小于 1% 时，在牌号前面用一位数字表示（以千分之一为单位），例如 8MnSi（平均含碳量为 0.80%，含锰量为 0.95%，含硅量为 0.45% 的合金工具钢）、3Cr2W8V、9Mn2V、5CrMnMo、5CrNiMo、4Cr5W2VSi 等；平均含碳量大于等于 1% 时，牌号前面不标明数字，例如 Cr12MoV（平均含碳量为 1.60%，铬、钼、钒含量分别为 11.75%、0.50%、0.22% 的合金工具钢）、W6Mo5Cr4V2、CrWMn、W18Cr4V 等。表示元素的字母符号以及随后紧跟的数字表示元素及其含量（以百分之一为单位，如果仅有元素字母没有数字，则表示该元素的含量为 1% 或 1% 以下）。对于平均含铬量 <1.00% 的低铬合金工具钢，在含铬量（以千分之一为单位）前加数字"0"，例如 Cr06（平均含铬量为 0.60% 的合金工具钢）。

合金工具钢又可进一步细分为刃具钢（低合金与高合金刃具钢、高速工具钢）、模具钢（用于冷冲压、冷轧、冷挤压等的称为冷变形模具钢，例如 Cr12 即为常用的冷作模具钢，相当于美国钢号 D3、日本钢号 SKD1；用于锻造、热轧、热挤压等的称为热变形模具钢或热作模具钢，例如 5CrNiMo、5CrMnMo、3Cr3Mo3VNb；用于铸造模具的称为铸模钢，例如 K3 钢）以及用于制作量具的量具钢等。

③特殊用途钢：按照具体用途不同，可以分为许多种类，例如滚珠轴承钢、电热合金钢、低温用钢、电工用钢、高锰耐磨钢等，它们的牌号标志方法与合金工具钢相同，或者自有规定的专用代号。

此外，还有不锈钢、抗磨钢、超高强度钢、高温合金等特殊钢。

（1）不锈钢

一般把在大气环境下能抵抗大气及弱腐蚀介质腐蚀的钢种统称为不锈钢，通常所说的不锈钢是不锈钢与耐酸钢（在某些浸蚀性强烈的介质例如硫酸中能抵御腐蚀作用的钢）的总称。不锈钢不一定耐酸，但耐酸钢同时又是不锈钢。此外还有在高温环境下能抵御腐蚀的钢，称之为耐热不锈钢。

不锈钢的不锈性和耐蚀性是由于其表面能形成富合金元素的氧化膜（稳定、完整地与钢基体牢固结合在一起的钝化膜），从而能够提高钢的耐化学腐蚀能力。这是因为在钢中加入合金元素（钢的合金化）时，提高了钢基体的电极电位，从而提高了钢的抗电化学腐蚀能力。一般钢中加入 Cr、Ni、Si、Al 等多种元素时，能使钢的表层形成致密的 Cr_2O_3、SiO_2、Al_2O_3 等氧化膜，可以防止进一步的氧化或腐蚀，亦即提高了钢的耐蚀性。

由于我国的 Ni 较稀缺，而 Si 的大量加入会使钢变脆，因此，能显著提高钢基体电极电位的 Cr 成为不锈钢常用的元素。实验表明，在大气、水等弱介质中和硝酸等氧化性介质中，钢的耐蚀性随钢中铬含量的增加而提高，当铬含量达到一定百分比时，钢基体的电极电位将发生突变，亦即钢的耐蚀性发生突变，从易生锈到不易生锈，从不耐蚀到耐腐蚀。因此几乎所有的不锈钢中，Cr 含量均在 12%（原子）以上，即 11.7%（质量）以上。

除了加入 Cr 元素外，在钢中加入其他合金元素也能减少钢中的微电池数目（在常温时能以单相状态存在，例如加入足够数量的 Cr 或 Cr–Ni，可以使钢在室温下获得单相铁素体或单相奥氏体），从而提高钢的抗电化学腐蚀性。例如：加入 Mo、Cu 等元素，可以提高钢的抗腐蚀能力；加入 Ti、Nb 等元素，可以消除 Cr 的晶间偏析，从而减轻晶间腐蚀倾向；加入 Mn、N 等元素，可以代替部分 Ni 而获得单相奥氏体组织，同时能大大提高铬不锈钢在有机酸中的耐蚀性。

应该明确，不锈钢的不锈性和耐蚀性是相对的。不锈钢并不是不腐蚀而只不过是腐蚀速度较慢而已，绝对不被腐蚀的钢是不存在的。工业上一般以年腐蚀速度来定义不锈钢，腐蚀速度 <0.01mm/a 为完全耐腐蚀钢，速度 <0.1mm/a 为耐腐蚀钢。有些资料的划分则以腐蚀速度 <0.1mm/a 为完全耐腐蚀钢，腐蚀速度 <1mm/a 为耐腐蚀钢。

不锈钢牌号中，一般用一位阿拉伯数字表示含碳量（以千分之一为单位），平均含碳量 ≥1.00% 时，用两位阿拉伯数字表示。含碳量上限 <0.1% 时用数字"0"表示，含碳量上限 ≤0.03% 但是含碳量下限 >0.01% 时（超低碳）用数字"03"（过去也有用"00"）表示，当含碳量上限 ≤0.01% 时（极低碳）用数字"01"表示，含碳量没有规定下限时，采用的阿拉伯数字表示的是含碳量的上限数字。

字母符号以及随后紧跟的数字表示元素及其含量（以百分之一为单位，如果仅有元素字母没有数字，则表示该元素的含量为 1% 或 1% 以下）。例如 2Cr13 表示平均含碳量为 0.20%、含铬量为 13% 的不锈钢；0Cr18Ni9 表示含碳量上限为 0.08%、平均含铬量为 18%、含镍量为 9% 的铬镍不锈钢（相当于美国钢号 304、日本钢号 SUS304）；Y1Cr17 表示含碳量上限为 0.12%、平均含铬量为 17% 的加硫易切削铬不锈钢（第一个字母 Y 表示易切削钢）；11Cr7 表示平均含碳量为 1.10%、含铬量为 17% 的高碳铬不锈钢；03Cr19Ni10 表示含碳量上限为 0.03%、平均含铬量为 19%、含镍量为 10% 的超低碳不锈钢；01Cr19Ni11 表示含碳量上限为 0.01%、平均含铬量为 19%、含镍量为 11% 的极低碳不锈钢；等等。

国外的不锈钢牌号采用表示用途的字母和阿拉伯数字表示，例如第一个字母 S 代表 steel（钢），第二个字母 U 代表 use（用途），第三个字母 S 代表 stainless（不锈钢），或者第三个字母 H 代表 heatresistins（耐热不锈钢）等。在我国常见的国外不锈钢牌号有 SUS202、SUS304、SUS316、SUS430，耐热不锈钢牌号 SUH309、SUH330、SUH660，还有在牌号后加上相应的字母表示各类不同产品，例如不锈钢棒 SUS－B、热轧不锈钢板 SUS－HP、耐热不锈钢棒 SUHB、耐热不锈钢板 SUHP 等。

按照室温下不锈钢的显微组织形态可以将其分为马氏体不锈钢、奥氏体不锈钢、铁素体不锈钢、双相不锈钢、沉淀硬化型不锈钢。

①马氏体不锈钢。

马氏体不锈钢是指以马氏体组织为基体，主要合金元素为铬的不锈钢，也称为 M 型不锈钢。

典型的马氏体不锈钢如 1Cr13 的加工工艺性能良好，可不经预热进行深冲、弯曲、卷边及焊接。2Cr13 在冷变形前可不要求预热，但焊接前需预热，1Cr13、2Cr13 主要用于制作耐蚀结构件如蒸汽汽轮机叶片等，而 3Cr13、4Cr13 则主要用于制作医疗器械外科手术刀及耐磨零件，9Cr18 可用于制作耐蚀轴承及刀具。此外还有航空工业中应用较多的 Cr17Ni2、1Cr11Ni2W2MoV 等。

马氏体不锈钢可以通过热处理调整其力学性能，例如通过淬火处理可获得很高的硬度，故也称为可硬化的不锈钢，再通过不同回火温度可以使其具有不同的强度—韧性组合。马氏体不锈钢具有铁磁性，可对其进行磁粉检测。马氏体不锈钢通常用在弱腐蚀性介质如海水、淡水和水蒸气等中，使用温度小于或等于 580℃，通常作为受力较大的零件和工具的制作材料。

马氏体不锈钢的缺点是耐蚀性不足和脆性过大，焊接性能不好，故一般不用作焊接件。

根据化学成分的差异，马氏体不锈钢还可进一步分为马氏体铬钢和马氏体铬镍钢两类。根据组织和强化机理的不同，还可分为马氏体不锈钢、马氏体和半奥氏体（或半马氏体）沉淀硬化不锈钢以及马氏体时效不锈钢等。

②奥氏体不锈钢。

奥氏体不锈钢是指以奥氏体组织为基体，主要合金元素为铬（Cr）和镍（Ni）的不锈钢，也称为 A 型不锈钢，例如 1Cr18Ni9Ti、1Cr18Ni9、0Cr18Ni9Ti 等。

奥氏体不锈钢的基本成分为 18% Cr、8%～10% Ni、约 0.1% C，因此也简称 18－8 钢（18Cr－8Ni 钢）。其特点是含碳量低于 0.1%，利用 Cr、Ni 配合来获得单相奥氏体组织。

此外，还有在 18－8 钢基础上增加 Cr、Ni 含量并加入 Mo、Cu、Si、Nb、Ti 等元素发展起来的高 Cr－Ni 系列钢。

奥氏体不锈钢的特点是无磁性，不能对其进行磁粉检测。奥氏体不锈钢具有高的韧性和塑性、低的脆性转变温度、良好的耐蚀性和较好的抗氧化性以及良好的压力加工和焊接性能。但是其强度较低，而且不可能通过相变达到强化，只能通过冷加工进行强化。如果加入 S、Ca、Se、Te 等元素，则能得到良好的易切削性。

奥氏体不锈钢除了耐氧化性酸介质腐蚀外，在含有 Mo、Cu 等元素时还能耐硫酸、磷酸以及甲酸、醋酸、尿素等的腐蚀。高 Si 含量的奥氏体不锈钢对浓硝酸有良好的耐蚀性。

奥氏体不锈钢的一个重要缺点是容易发生晶间腐蚀（在腐蚀介质作用下沿着金属晶粒间的分界面向内部扩展的腐蚀，由于破坏了晶粒间的结合，将大大降低金属的机械强度）。例如在 450℃～850℃ 保温或缓慢冷却时（例如在焊接件的焊缝和热影响区）就容易出现晶间腐蚀，另外，含碳量越高，晶间腐蚀倾向性越大，这是由于在晶界上析出富 Cr 的 $Cr_{23}C_6$（铬的碳化物），使其周围基体产生贫铬区，从而形成腐蚀原电池造成的。奥氏体不锈钢遇到海水、盐雾环境（含氯离子的腐蚀介质）时也容易发生基于电化学反应的晶间腐蚀，在应力（主要是拉应力）与腐蚀的综合作用下导致应力腐蚀开裂（含 Ni 量达到 8%～10% 时，奥氏体不锈钢应力腐蚀倾向性最大）。

含碳量若低于 0.03%（即使钢中合碳量低于平衡状态下在奥氏体内的饱和溶解度）或加入 Ti、Ni 等能形成稳定碳化物（TiC 或 NbC）的元素时，可避免在晶界上析出 $Cr_{23}C_6$，从而显著提高奥氏体不锈钢耐晶间腐蚀的性能。

奥氏体不锈钢一般用于制造生产硝酸、硫酸等化工设备构件、冷冻工业低温设备构件，以及经形变强化后可用作不锈钢弹簧和钟表发条等。

③铁素体不锈钢。

铁素体不锈钢是指以铁素体组织为基体，主要合金元素为铬（Cr）的不锈钢，含 Cr 量一般为 11%～30%，含碳量低于 0.25%，有时还加入其他合金元素，具有体心立方晶体结构。铁素体不锈钢也称为 F 型不锈钢。因为含 Cr 量高，所以也称为高铬钢。

铁素体不锈钢一般不含镍，有时含有少量的 Mo、Ti、Nb 等元素，其金相组织主要是铁素体，在加热及冷却过程中没有 α、γ 转变，不能用热处理进行强化，具有导热系数大、膨胀系数小、有良好的抗高温氧化能力、在氧化性酸溶液（如硝酸溶液）中有良好的耐蚀性、抗应力腐蚀性能优良等特点，而且具有良好的热加工性及一定的冷加工性，故在硝酸和氮肥工业中得到广泛使用。铁素体不锈钢具有铁磁性，可对其进行磁粉检测。缺点是塑性差、焊后塑性和耐蚀性明显降低等，缺口敏感性和脆性转变温度较高，在加热后对晶间腐蚀也较为敏感。铁素体不锈钢主要用于制作耐大气、水蒸气、水及氧化性酸腐蚀要求较高而强度要求较低的构件，例如生产硝酸、氮肥等设备和化工使用的管道等。典型的铁素体不锈钢有 Cr17、Cr25、Cr28 等。

④双相不锈钢。

如奥氏体-铁素体双相型不锈钢，也称为 A－F 双相型不锈钢，这是在奥氏体不锈钢的基础上适当增加 Cr 含量并减少 Ni 含量，与回溶化热处理相配合，获得具有奥氏体和铁素体的双相组织（含 40%～60% δ－铁素体，或者说奥氏体和铁素体组织各约占一半）。

在含 C 量较低的情况下，Cr 含量为 18%～28%，Ni 含量为 3%～10%。有些钢还含有 Mo、Cu、Si、Nb、Ti、N 等合金元素。例如 0Cr21Ni5Ti、1Cr21Ni5Ti、0Cr21Ni6Mo2Ti 等。

奥氏体－铁素体双相不锈钢兼有奥氏体和铁素体不锈钢的特点，与铁素体不锈钢相比，其塑性、韧性更高，无室温脆性，耐晶间腐蚀和应力腐蚀的性能以及焊接性能均显著提高，同时还保持铁素体不锈钢的 475℃ 脆性以及导热系数高、具有超塑性等特点。与奥氏体不锈钢相比，其强度高且耐晶间腐蚀和耐氯化物应力腐蚀能力有明显提高。特别是这种双相不锈钢具有优良的耐孔蚀性能，也是一种节镍不锈钢。但由于含 Cr 量高，容易形成 σ 相，使用时应加以注意。

⑤沉淀硬化型不锈钢。

沉淀硬化型不锈钢是指在不锈钢化学成分的基础上添加不同类型、数量的强化元素，通过沉淀硬化过程析出不同类型和数量的碳化物、氮化物、碳氮化物和金属间化合物，既提高钢的强度又保持足够韧性的一类高强度不锈钢，简称 PH 钢。沉淀硬化型不锈钢主要用于制造要求高强度和耐蚀的容器、结构件零件，也可用作高温零件，如喷气发动机压气机机匣及大型汽轮机末级叶片等。

根据沉淀硬化型不锈钢的显微组织可将其分为马氏体沉淀硬化不锈钢（含碳量一般为 0.05%～0.10%，含铬量一般为 16%～17%，δ－铁素体的含量一般≤5%，以 0Cr17Ni7TiAl、0Cr17Ni4Cu4Nb 为代表）、半奥氏体沉淀硬化不锈钢（含碳量一般在 0.10% 左右，含铬量一般在 14% 以上，以 0Cr17Ni7Al、0Cr15Ni7Mo2Al 为代表）、奥氏体沉淀硬化不锈钢（实际上为铁基高温合金，以 0Cr15Ni20Ti2MoVB、1Cr17Ni10P 为代表）。

按照不锈钢的主要化学成分，一般分为铬不锈钢和铬镍不锈钢两大类。

按照不锈钢的用途，可将其分为耐硝酸不锈钢、耐硫酸不锈钢、耐海水不锈钢等。

按照不锈钢的耐蚀类型，可将其分为耐点蚀不锈钢、耐应力腐蚀不锈钢、耐晶间腐蚀不锈钢等。不同的不锈钢各自具有不同的承受腐蚀的性能。

按照不锈钢的功能特点，可将其分为无磁不锈钢、易切削不锈钢、低温不锈钢、高强度不锈钢等。

不锈钢不仅要耐腐蚀，还需要具有较好的力学性能以承受或传递载荷，还要有良好的成形性（适用于压力加工）、切削加工性能和焊接性能以及在很宽温度范围内的强韧性等。

（2）抗磨钢

顾名思义，抗磨钢的最大特点是耐磨性好，例如 ZGMn13（高锰铸钢，ZG 表示铸造钢，可用于制造铁路路轨岔辙）。

（3）超高强度钢

超高强度钢具有很高的机械强度，例如 30CrMnSiNi2A 等。超高强度钢也分为低合金、中合金与高合金三类。

（4）高温合金

通常所说的高温合金是指在 600℃ 以上仍能承受一定应力载荷工作，在高温环境中仍能保持较高的强度性能（高温强度、蠕变强度、持久性能、抗疲劳性能等），具有良好的抗氧化和耐腐蚀能力的合金钢。

按照高温合金的显微组织形态和化学成分，可将其分为镍基高温合金、铁基高温合金、铁镍基高温合金、钴基高温合金等。

按照其所适应的制造工艺，可将其分为变形高温合金（适用于锻造、挤压、轧制等工艺）、铸造高温合金（适用于铸造工艺）、粉末冶金高温合金（适用于粉末冶金成型工艺）等。

除了上述几种分类方法外，在工业上还常根据钢的用途将其划分为易切削钢、电工硅钢、焊条用钢、磁钢、硬质合金、桥梁用钢、锅炉用钢、压力容器用钢、铸造用钢、轴承钢、铁道用合金钢等。

钢的材料品种和用途非常多，使得钢的牌号命名方法也多，在应用时查阅钢的牌号了解其成分、用途等是非常必要的，除了上述的以外，下面再举一些例子予以说明。

$60Si_2Mn$ 表示碳、硅、锰的平均含量分别为 0.60%、1.75%、0.75% 的弹簧钢，而 $60Si_2MnA$ 则表示高级优质弹簧钢。

Y15 表示平均含碳量为 0.15% 的易切削钢。Y40Mn 表示平均含碳量为 0.40%、含锰量为 1.20%～1.55% 的易切削钢。Y15Pb 表示平均含碳量为 0.15% 的含铅易切削钢。Y45Ca 表示平均含碳量为 0.45% 的含钙易切削钢。也就是说易切削钢牌号在最前面要加字母"Y"。

F45V 表示平均含碳量为 0.45% 的含钒热锻用非调质机械结构钢。YF35V 表示平均含碳量为 0.35% 的含钒易切削非调质机械结构钢。

SM45 表示平均含碳量为 0.45% 的碳素塑料模具钢。SM3Cr2Mo 表示平均含碳量为 0.34%、含铬量为 1.70%、含钼量为 0.42% 的合金塑料模具钢。也就是说塑料模具钢牌号在最前面要加字母"SM"。

高碳铬轴承钢在牌号前加字母"G"，但不标明含碳量。铬含量以千分之几计，其他合金元素按合金结构钢的合金含量表示。例如 GCr15 为平均含铬量为 1.50% 的高碳铬轴承钢。

渗碳轴承钢采用合金结构钢的牌号表示方法，另在牌号前加字母"G"。例如 G20CrNiMo 表示平均含碳量为 0.20%，铬、镍、钼的含量各为 1% 左右的渗碳轴承钢。高级优质渗碳轴承钢在牌号后面加字母"A"，例如 G20CrNiMoA。

高碳铬不锈轴承钢和高温轴承钢采用不锈钢和耐热钢的牌号表示方法，牌号前不加字母"G"，例如 9Cr18 表示平均含碳量为 0.9%、含铬量为 18% 的高碳铬不锈轴承钢，10Cr14Mo 表示平均含碳量为 1.0%、含铬量为 14%、含钼量为 1% 的高温轴承钢。

焊接用钢包括焊接用碳素钢、焊接用合金钢和焊接用不锈钢等，其牌号表示方法是在各类焊接用钢牌号头部加字母"H"。例如 H08、H08Mn2Si、H1Cr18Ni9。高级优质焊接用钢在牌号后面加字母"A"。例如 H08A、08Mn2SiA。

3. 铸铁

铸铁的含碳量一般大于 2%。常见的铸铁主要有灰口铸铁（石墨成片状）、球墨铸铁（石墨成球状）和可锻铸铁（石墨成团絮状）三大类，此外还有一种较少应用的白口铸铁。

（1）灰口铸铁

灰口铸铁（gray iron，简称灰铸铁或灰铁）中的碳全部或大部分以条片状石墨的形态存在，因其断口呈灰暗色而得名。灰口铸铁有一定的强度，但塑性和韧性很低，有良好的减震性（用作机器设备上的底座或机架等零件时，能有效地吸收机器震动的能量），有良好的润滑性能和导热性能，并且有良好的铸造性能，适宜铸造结构复杂的铸件和薄壁铸件，如汽车的汽缸体、汽缸盖等。

根据灰口铸铁的显微组织形态，还可以进一步将其划分为铁素体灰铸铁、珠光体/铁素体灰铸铁、珠光体灰铸铁以及变质灰铸铁。

灰口铸铁通常对超声波衰减很大而难以进行超声波检测。

我国一般用汉语拼音大写字母 HT（灰铁）表示灰口铸铁，在字母后面以数字表示其抗拉强度和抗弯强度。例如 HT38 - 60，"38" 表示抗拉强度不小于 $38kgf/mm^2$，"60" 表示抗弯强度不小于 $60kgf/mm^2$。又如 HT100，表示抗拉强度不小于 $100kgf/mm^2$。

（2）可锻铸铁

可锻铸铁（malleable cast iron，亦称马铁、玛钢，又叫展性铸铁或韧性铸铁）中的碳全部或大部分以团絮状、絮状石墨形态存在，是先由一定化学成分的铁液浇注成白口铸铁件，再经石墨化退火处理（使渗碳体分解为团絮状石墨）而成的铸铁，具有较高的强度、塑性和冲击韧性，特别是低温冲击性能较好，耐磨性和减振性优于普通碳素钢，可以部分代替碳钢。可锻铸铁还可分为黑心可锻铸铁（显微组织是铁素体 + 团絮状，故也称为铁素体可锻铸铁，具有良好的塑性和韧性，多用于制造承受冲击或震动和扭转载荷的零件，常见牌号有 KTH300 - 06、KTH330 - 08、KTH350 - 10、KTH370 - 12）、珠光体可锻铸铁（显微组织是珠光体 + 团絮状，故也称为珠光体可锻铸铁，具有较高的强度、硬度和耐磨性，多用于制造动力机械和农业机械的耐磨零件，常见牌号有 KTZ450 - 06、KTZ550 - 04、KTZ650 - 02、KTZ700 - 02）、白心可锻铸铁（可用于制造薄壁铸件和焊接后不需进行热处理的铸件，常见牌号有 KTB350 - 04、KTB380 - 12、KTB400 - 05、KTB450 - 07）三种。此外还有最新发展起来的球墨可锻铸铁，它具有优异的常温力学性能及高温抗氧化性，因此也称为耐热球墨可锻铸铁。

我国一般用汉语拼音大写字母 KTH 表示黑心可锻铸铁，KTZ 表示珠光体可锻铸铁，KTQ 表示球墨可锻铸铁，KTB 表示白心可锻铸铁，在字母后面用第一个数字表示最低抗拉强度值（MPa），第二个数字表示最低延伸率（%），例如 KTH350 - 10 表示最低抗拉强度为 350MPa、最低延伸率为 10% 的黑心可锻铸铁，KTZ650 - 02 表示最低抗拉强度为 650MPa、最低延伸率为 2% 的珠光体可锻铸铁。

（3）球墨铸铁

球墨铸铁（nodular cast iron，ductile iron，代号 DI，简称球铁）中的碳全部或大部分以球状石墨形态存在，属于高强度铸铁材料，强度、塑性、韧性、耐磨性都较高，其综合性能接近于钢。因此，球墨铸铁常用于生产受力复杂，强度、韧性、耐磨性等要求较高的零件，如汽车、拖拉机、内燃机等的曲轴、凸轮轴，还有通用机械的中压阀门、大型风力发电机的轴承座与轴承圈等。

为了适应不同应用目的的要求，除了常规意义的球墨铸铁外，还发展了许多新的品种，例如主要用镍、铬和锰合金化的奥氏体球铁（Ni – Resis 球铁），珠光体型球墨铸铁（主要用于各种动力机械曲轴、凸轮轴、连接轴、连杆、齿轮、离合器片、液压缸体等零部件）。

球墨铸铁中的石墨球化率是很重要的指标，如果球化率太低，则其抗拉强度、延伸率性能也变差，就超声检测而言，也会造成超声衰减过大而难以进行超声检测。

我国一般用汉语拼音大写字母 QT（球铁）表示球墨铸铁，在字母后面用第一个数字表示最低抗拉强度（kgf/mm²），第二个数字表示最低延伸率（%），例如 QT30 – 6 表示最低抗拉强度为 30kgf/mm²、最低延伸率为 6% 的球墨铸铁，QT400 – 17 则表示最低抗拉强度为 400MPa（40kgf/mm²）、最低延伸率为 17% 的球墨铸铁。

（4）白口铸铁

白口铸铁（white cast iron）是不含石墨，碳以游离碳化物形式析出（几乎全部的碳都与铁形成渗碳体形态存在）的铸铁，其断口呈暗白色，晶粒粗大，有明显方向性。常见的白口铸铁按显微组织分类，有贝氏体白口铸铁和马氏体白口铸铁。

白口铸铁含碳量为 2.11% ～ 6.69%，其中：含碳量 4.3% 为共晶白口铸铁；含碳量 2.11% ～ 4.3% 为亚共晶白口铸铁；含碳量 4.3% ～ 6.69% 为过共晶白口铸铁。

白口铸铁具有很高的硬度和脆性，加工性能极差，难以切削加工，也不能锻造，但是经过高温回火后，有较高的强度和可塑性，可以切削加工。

白口铸铁具有很高的抗磨损能力，含碳量愈高，形成的渗碳体愈多，硬度愈高，耐磨性也愈好，但是韧性则随之下降。

白口铸铁可以用来制作需要耐磨而不受冲击的零件，如拔丝模、球磨机的铁球等。

白口铸铁包括普通白口铸铁、低合金白口铸铁、中合金白口铸铁、高合金白口铸铁。

（5）合金铸铁

在铸铁中加入合金元素可以提高其机械性能，根据其合金成分及用途，还可以进一步划分为高强度合金铸铁、蠕墨铸铁（石墨呈蠕虫状）、耐磨铸铁、耐热铸铁、耐蚀铸铁等，例如稀土镁钼、铬钼铜、高硅球铁等。

（二）有色金属与合金的分类

1. 铜与铜合金

铜与铜合金无磁性，铜合金具有较高的强度和塑性，具有高的弹性极限和疲劳极限，同时还具有较好的耐蚀性、抗碱性及优良的减摩性和耐磨性。通常分为：

（1）纯铜

以 Tx（x 为数字）表示，例如 T1、T2、T3 等。

（2）黄铜

以 Hxx（x 为符号与数字）表示，主要为铜锌合金，可再划分为普通黄铜（例如 H80，表示含有 80% Cu 和 20% Zn）、锡黄铜（例如 HSn90 – 1，表示含有 90% Cu 和 1% Sn）、铅黄铜（例如 HPb59 – 1）、铝黄铜（例如 HAl85 – 0.5）、硅黄铜（例如 Hsi80 –

3）、锰黄铜（例如 HMn59 - 3 - 2）、铸造黄铜（例如 ZHMn58 - 2 - 2、ZHAl66 - 6 - 3 - 2）等。除了普通黄铜，其余的可归为特殊黄铜。

（3）青铜

以 Qxx（x 为符号与数字）表示，是指除锌以外的元素与铜组成的合金。例如锡青铜（又称普通青铜，例如 QSn4 - 3）、铝青铜（例如 Qal10 - 4 - 4）、铍青铜（例如 Qbe2）、铅青铜（例如 QPb30）等。

（4）白铜

这是铜镍合金，以 Bxx 表示。有普通白铜（例如 B19）、铝白铜（例如 Bal6 - 1.5）、锌白铜（例如 BZn17 - 18 - 1.8）、铁白铜（例如 Bfe5 - 6）等。

（5）滑动轴承合金

专用于滑动轴承、轴瓦等的铜合金，其种类有锡基合金（含有锑、铜等元素，又称锡基巴氏合金）、铅基合金（含有锑、锡、铜等元素，又称铅基巴氏合金）、锌基耐磨合金、铸造青铜等。

2. 铝合金

铝合金无磁性，比重轻（约为 2.7g/cm^3）。和钢相比，铝合金有一个明显的特点，即淬火后仍能保持良好的塑性（所以飞机上应用的航空铝铆钉是在淬火状态下使用的），但是铝合金淬火后其强度并没有明显增加，需要经过时效处理后才能使其强度和硬度提高（注：防锈铝不能通过热处理强化）。

我国对铝合金的分类如下：

（1）纯铝

以 L 开头，后面数字表示合金含量差异。

①高纯铝：纯度 99.93% ～ 99.99%，牌号有 L01、L02、L03、L04。

②工业高纯铝：纯度 99.85% ～ 99.9%，牌号有 L0、L00。

③工业纯铝：纯度 99.0% ～ 99.7%，牌号有 L1、L2、L3、L4。

（2）变形铝合金

①防锈铝合金：属于 Al - Mg 和 Al - Mn 合金系，以 LF 开头，后面数字表示合金含量差异，例如 LF21、LF11、LF5、LF2 等。

②硬铝合金：属于 Al - Cu - Mg 合金系（普通硬铝合金）和 Al - Cu - Mn 合金系（耐热硬铝合金），以 LY 开头，后面数字表示合金含量差异，例如 Ly11、Ly16、Ly12 等。

③超强度硬铝（简称超硬铝）合金：属于 Al - Zn - Mg - Cu 合金系及含有少量铬和锰，以 LC 开头，后面数字表示合金含量差异，例如 LC4、LC9 等。

④锻造铝合金（简称锻铝）：属于 Al - Mg - Si、Al - Cu - Mg - Si、Al - Cu - Mg - Fe - Ni 等合金系，以 LD 开头，后面数字表示合金含量差异，例如 LD5、LD10、LD7 等。

⑤特殊铝合金：以 LT 开头，后面数字表示合金含量差异。

（3）铸造铝合金

包括铝硅铸造合金、铝铜铸造合金、铝镁铸造合金、铝锌铸造合金，以 ZL 开头，后面数字表示合金含量差异，例如 ZL101（相当于美国牌号 3560）、ZL105（相当于美国牌号 3550）等。

国内还采用四位字符体系的牌号表示方法。

1xxx 系列：纯铝（铝含量不小于 99.00%），例如 1A80（相当于美国牌号 1080）、1A99（相当于美国牌号 1199）。

2xxx：以铜为主要合金元素的铝合金，即 AL–Cu 合金（铝–铜镁系中的硬铝合金），例如 2A12（相当于美国牌号 2024，适用于低温容器）、2A16（相当于美国牌号 2219）。

3xxx：以锰为主要合金元素的铝合金，即 AL–Mn 合金（防锈铝），例如 3A01（相当于美国牌号 3003）、3005（相当于美国牌号 3005）。

4xxx：以硅为主要合金元素的铝合金，即 AL–Si 合金，例如 4A01（相当于美国牌号 4043）、4A17（相当于美国牌号 4047）。

5xxx：以镁为主要合金元素的铝合金，即 AL–Mg 合金（高镁合金），例如 5A02（相当于美国牌号 5052）、5A05（即 LF5，相当于美国牌号 5056）、5A06（即 LF6）等。

6xxx：以镁为主要合金元素并以 Mg2Si 相为强化相的铝合金，即 AL–Mg–Si 合金（可热处理强化合金），例如 6061（相当于美国牌号 6061）、6005A（相当于美国牌号 6005A）。

7xxx：以锌为主要合金元素的铝合金，即 AL–Zn–Mg 合金，例如 7A09（相当于美国牌号 7075，Al–Zn–Mg–Cu 系超硬铝）、7A05（相当于美国牌号 7005）。

8xxx：以其他元素为主要合金元素的铝合金。

9xxx：备用合金组。

牌号的第二位用字母表示原始纯铝或铝合金的改型情况，牌号的最后两位数字表示同一组中不同的铝合金或表示铝的纯度。

3. 镁合金

镁合金无磁性，其塑性与耐蚀性都很差，缺口敏感性大，但是其最大的特点是比重轻（约为 $1.7g/cm^3$），能得到较高的比强度（强度与比重之比），能承受较大的冲击、振动载荷，并有良好的机械加工性能和抛光性能。其表面通常采用阳极化处理以及涂敷漆层等方法实现防腐。主要应用的镁合金有铸造镁合金（以 ZMxx 表示）和锻造镁合金（又称变形镁合金，以 MBxx 表示，例如 MB15、MB2 等）。

4. 钛及钛合金

钛合金无磁性，比重轻（约为 $4.5g/cm^3$），比强度（强度与比重之比）较高（其强度是铝合金的 1.3 倍，镁合金的 1.6 倍，不锈钢的 3.5 倍），耐蚀性强（耐酸、耐碱、耐大气腐蚀，对点蚀、应力腐蚀的抵抗力特别强，在大气、海水、硝酸和碱溶液等介质中十分稳定，但不耐氢氟酸腐蚀），热强度高（使用温度比铝合金高几百度，可在 450℃～500℃的温度下长期工作，钛铝钒合金的最高工作温度为 550℃～600℃，最新的钛化铝 TiAl 合金最高工作温度已能达到 1040℃），低温性能好（如间隙元素极低的钛合金 TA7 在 −253℃下还能保持一定的塑性），化学活性大（高温时化学活性很高，易与空气中的氢、氧等气体杂质发生化学反应，生成硬化层），导热系数小（钛的热导率约为 0.036cal/（cm·s·℃），1cal/（cm·s·℃）=418.68W/（cm·K），室温时约为镍的 1/4，铁的 1/5，钢的 1/4，铝的 1/13～1/15，铜的 1/25，而各种钛合金的导热系数比纯钛的导热系数约下降 50%），弹性模量小（约为钢的 1/2），因而钛合金在工业上已经得到越来越多的应用，特别是用于飞机及发动机和各种航天器的制造，如锻造钛风扇、压气机盘和叶片、发动机罩、排气装置、隔热板、导风罩、机尾罩等零件以及飞机的大梁、隔框、襟翼滑轨、起落架等重要的结构框架件，航天器上的各种压力容器、燃料贮箱、紧固件、仪器绑带、构架和火箭壳体等，人造地球卫星、登月舱、载人飞船和航天飞机也都使用了钛合金板材焊接件。

按照用途分类，钛合金有耐热钛合金、高强钛合金、耐蚀钛合金（例如钛 – 钼，钛 – 钯合金）、低温钛合金以及特殊功能钛合金（例如钛 – 铁贮氢材料和钛 – 镍记忆合金）等。

按照显微组织形态与类型分类，钛及钛合金有：纯钛，例如 TA1；α 型钛合金，例如 TA7；β 型钛合金，例如 TB1、TB2；α – β 型钛合金，例如 TC4（Ti – 6Al – 4V）、TC6、TC9、TC11 等。此外还有近 α 型和近 β 型钛合金。

5. 镍及镍合金

镍及镍合金是在化学、石油、有色金属冶炼、高温、高压、高浓度或混有不纯物等各种苛刻腐蚀环境下使用比较理想的金属材料。

6. 铅及铅合金

铅在大气、淡水、海水中很稳定，对硫酸、磷酸、亚硫酸、铬酸和氢氟酸等有良好的耐蚀性。但是铅不耐硝酸的腐蚀，在盐酸中也不稳定。

第2章 金属制造与加工工艺的基础知识

从无损检测技术的角度来说，我们所关心的是金属材料中的缺陷能否探测出来，以及能否判定缺陷的性质、大小和位置，亦即定性、定量和定位评定。因此，首先应该了解缺陷的形成机理及其特点。

凡是破坏金属材料连续性的间断称为不连续性（discontinuity），而导致金属材料安全使用性能受损害的不连续性则称为缺陷（defect）。

缺陷通常分为冶金缺陷（金属冶炼形成的缺陷，又称固有缺陷或原材料缺陷）、加工缺陷（金属材料加工成零部件的过程中因加工工艺不当等原因形成的缺陷）和使用缺陷（金属零部件在使用过程中形成的缺陷，又称在役缺陷）三大类。

2.1 金属冶炼工艺的基础知识

（一）钢的冶炼方法

首先将铁矿石放入高炉中冶炼成生铁，然后将铁水注入平炉、转炉或电弧炉冶炼成钢，接着将钢水浇铸成连续坯或钢锭，最后经锻造、轧制等塑性变形方法加工成各种用途的钢材。如果是质量要求特别严格的钢材，还要再经过电渣重熔熔炼、真空感应熔炼、真空电子束熔炼等精炼工艺。

钢的冶炼过程大体上可分为四个阶段：

①熔化期：炉料（生铁、废钢等）熔化。

②氧化期：通过加入氧化剂进行氧化反应去除钢液中的气体、非金属夹杂物和各种杂质。

③还原期：加入脱氧剂去氧，以及加入需要的合金元素成分以调整钢液的化学成分。

④出钢：浇注成钢锭或直接浇注铸件。

图2-1a所示为炼铁炉熔炼铁矿石完成后，把生成的生铁铁水注入钢水包后再浇铸成生铁块锭，用作炼钢的基本原材料。

图2-1b为炼钢完成后把钢水注入钢水包后再浇铸成钢锭，用作后续的锻造、轧制等热加工原材料。

（a）炼铁完成后浇铸生铁块锭用作炼钢原料

（b）炼钢完成后浇铸钢锭用作后续的锻造、轧制等热加工原材料

图 2-1　浇铸现场照片

（图片源自 http://image.baidu.com）

炼钢方法主要有以下几种：

（1）转炉钢熔炼

转炉钢熔炼的特点是不需要从外部引入热源，而是对已经有一定温度的铁水（必须与化铁设备或炼铁设备联用）吹入氧气和高压热空气，利用氧气与铁水中各种元素（例如碳、硅、锰、磷等）的化学反应放出小量热量维持冶炼必需的温度。

转炉钢主要是低碳结构钢、普通碳素钢和少量的合金钢等要求不严格的钢种。

（2）平炉钢熔炼

平炉钢熔炼是以煤气、油料等燃料从外部引入热源进行冶炼。按照炉体所用耐火材料的性质分为碱性平炉与酸性平炉，得到的钢就有碱性平炉钢与酸性平炉钢之分。

平炉钢主要是低合金钢和优质碳素钢等。

（3）电弧炉钢（常简称为电炉钢）熔炼

电弧炉钢熔炼以电能为热源，即令强大的电流通过电极（常用石墨电极）与炉料（生铁、废钢以及添加料）之间的放电电弧产生冶炼所需要的热量。按照炉体所用耐火材料的性质也分为碱性电炉与酸性电炉，得到的钢就有碱性电炉钢与酸性电炉钢之分。

电炉钢主要是优质合金钢和特殊钢等。

（4）电渣重熔熔炼

电渣重熔熔炼方法不仅适用于钢的熔炼，也用于例如钛合金等有色金属的熔炼。

电渣重熔熔炼是将初步冶炼出来的金属粗材（压制成棒材形状）作为电极，在电渣重熔炉中（水冷结晶器内）利用电流通过炉底部的熔池渣层产生电阻热，使插在熔池内（在熔渣保护下）的金属棒形电极从端部开始熔化，熔化的金属液滴经过渣液的强烈洗涤，在结晶器内自下而上地凝固成质地优良、组织均匀致密的金属材料锭（自身成锭，不需要单独浇铸制锭）。

电渣重熔熔炼主要用于生产高级优质合金钢，特别是高温合金以及有色金属（例如钛合金）等要求很高的金属材料。电渣重熔熔炼通常是在真空中进行，以保障熔炼金属的纯洁度。由于这种方法是以金属粗材自身为电极并逐渐熔化，因此又称为自耗电极熔炼，在真空中冶炼时就称为真空自耗熔炼。

（5）真空感应熔炼

真空感应熔炼方法不仅适用于钢的熔炼，也用于例如钛合金等有色金属的熔炼。

真空感应炉的炉体外缠有内置水冷的超大功率线圈，炉内密封为真空状态，线圈通电时产生强大的电磁场，通过电磁感应作用在炉内的金属炉料上产生交变感应电流，依靠炉料自身的电阻热达到熔炼金属或合金的要求。

真空感应熔炼主要用于生产纯净度要求很高的金属。

（6）真空电子束熔炼

在真空炉壳内部，以高熔点的金属丝或金属片作为灯丝，通以高压直流电使其发热到高温时，灯丝外围的阴极也因高热而发射形成电子云，以金属炉料为阳极，阴、阳极之间施以很高的电位差，则阴、阳极之间产生高速电子流冲击炉料，这种电子流被金属炉料吸收时可将炉料熔化，其熔滴落入水冷结晶器内凝固成锭。

真空电子束熔炼主要用于生产成分均匀度要求高、纯洁度高、显微组织良好的高熔点金属。

（二）钢的冶炼缺陷（冶金缺陷）

冶金缺陷通常是指冶炼过程中和浇注钢锭过程中产生的缺陷，它们存在于钢锭中，很容易被带入后续加工（例如锻造、轧制、挤压等）的产品中，成为危及产品使用性能的隐患。

图2-2是典型的钢水底注法（钢水从钢锭模下部的水口注入，锭模中的钢水自下而上地充满整个锭模）制作的钢锭凝固后纵剖面与横剖面的结晶状态示意图和3Cr3Mo3VNb热作模具钢630kg钢锭纵向低倍（纵剖面）照片，钢锭冒口部分（缩孔部分）已切除，钢锭大头尺寸为□260mm，小头尺寸为□210mm，长度为650mm，从照片上可见存在中心疏松和孔洞及轴心晶间裂纹。

由图2-2中可以看出，钢锭的结晶组织主要分为三个区域，即由无方位性的细小等轴晶粒构成的外壳层（钢锭模外壁冷却最快）、由垂直于锭模壁的粗大柱状晶构成的柱状晶区域（从钢锭体外表面向内逐渐冷却）、由无方位性的粗大等轴晶粒构成的粗大等轴晶区域（位于钢锭中心，是钢锭体最后冷却凝固的部分，该区域中最容易存在各种缺陷）。

图 2 - 2　热作模具钢 3Cr3Mo3VNb 钢锭纵向低倍照片和钢锭结晶情况示意图

图 2 - 3 为 1Cr13 马氏体不锈钢方锭（切割并磨光后，经 50% 盐酸水溶液在 78℃ 时侵蚀 20 分钟后清洗并干燥）横截面宏观照片，从照片中可看到表层细等轴晶区、向着锭心成长的柱状晶区和内部粗等轴晶区，以及锭心处串联成海绵状的疏松缺陷。

图 2 - 3　1Cr13 马氏体不锈钢方锭横截面宏观照片

（图片源自 http://image.baidu.com）

冶炼、铸锭过程中常见的缺陷分为表面缺陷和内部缺陷。

1. 表面缺陷

（1）钢锭纵裂

钢锭纵裂是指沿钢锭纵向产生的裂纹，通常与钢锭模形状不当、浇注速度过大、钢锭浇注后冷却方法不当等有关。

（2）钢锭横裂

钢锭横裂是指沿钢锭横向产生的裂纹，通常与钢锭模修整不良、浇注过程中发生断

流等有关。

（3）挂裂

挂裂是指在补缩冒口和钢锭本体之间产生的横裂，通常与钢液熔化钢锭模壁造成粘模、保温帽装配不当等有关。

（4）重皮

重皮是指钢锭表面呈橘皮状缺陷甚至成薄皮重叠在钢锭本体上，通常与钢锭模壁凸凹不平、修整不良，浇注中由于钢液的涌动造成钢锭表面的皱纹，或者浇注时钢液飞溅在尚未被钢液淹没的钢锭模壁上而后再被钢液淹没等因素有关。

2. 内部缺陷

（1）缩孔

在铸锭模中浇注的液态金属从锭体外壁向中心各部分的冷却凝固速度是不同的，因此结晶也就有先后，冷却收缩力的方向是从内向外，锭体中心部分是最后冷却凝固的，如果得不到适当的液体金属补充，就会形成大而集中的空穴或孔洞，称为缩孔或缩管，其内壁粗糙，周围多伴有许多杂质和细小的气孔以及粗大晶粒。

由于热胀冷缩的规律，锭体上的缩孔是必然存在的，只是因铸锭工艺方法不同而有不同的形态、尺寸和位置。在浇铸时，一般要有意在铸锭模上留出超出铸锭本体的空间（冒口）部分以容纳一定量有意溢出的液态金属，并采取一定的保温措施（例如应用珍珠岩等隔热材料保护甚至采用一定的加热措施），使冒口部分的液态金属最后冷却凝固，把缩孔的形成引到铸锭本体外。

缩孔一般出现在钢锭冒口端的中心。当把铸锭用于进一步加工（例如锻造、轧制）时，首先需要将冒口部分切除。一般正常的缩孔位置在锭模的冒口部分，称为一次缩孔（简称缩孔），但若铸锭工艺不当，缩孔有可能延伸到铸锭本体内部，甚至出现在锭体内部中心处（称为二次缩孔）。如果钢锭在开坯锻造时没有把缩孔切除干净而残留在坯料中，投入后续的锻造、轧制等加工工序时，就会在锻件、锻棒或轧棒中成为残余缩孔（也称为缩孔残余、残余缩管）缺陷，带入轧制钢板中就形成分层缺陷。

图2-4～图2-8所示为部分缩孔缺陷的照片。

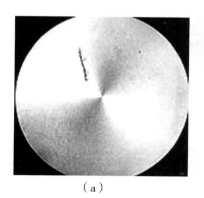 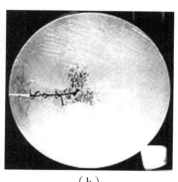

（a）　　　（b）

图2-4　Φ70mm钛合金轧棒中的残余缩孔（横向低倍照片）

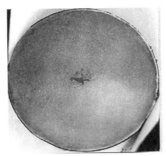 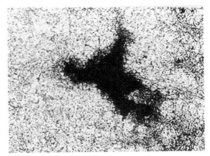

（a）横向低倍（×1）　　　　　　（b）高倍（×100）

图 2 - 5　3Cr3Mo3VNb 锻棒中的残余缩孔（孔穴）

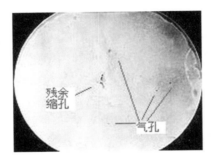

图 2 - 6　Φ230mm 45#钢锻棒中的残余缩孔，周围还有散在分布的气孔（横向低倍照片）

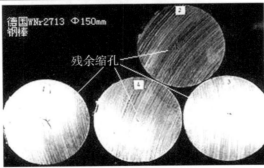

图 2 - 7　钢锭中的缩孔未切除干净而带入锻坯中成为残余缩孔

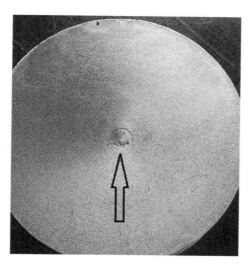

图 2 – 8　材料牌号 20CrMnH，直径 55mm 连轧钢棒中的残余缩孔（横向低倍照片）

　　图 2 – 7 左上为 5CrNiMo 锻坯中的残余缩孔（横向低倍照片）；右上为 3Cr3Mo3VNb 圆饼形锻坯中心部位中的残余缩孔处砂轮切割取样的直观照片；下为德国 WNr2713 棒材（Φ150mm）中的残余缩孔（长度达半米），照片为未经低倍腐蚀的圆盘锯切割表面。

　　（2）疏松

　　液态金属在铸锭模中冷却凝固的过程中，因热胀冷缩原理而在不断收缩体积，疏松的形成机理与缩孔相同，只是其位置一般发生在铸锭中心或中、上部最后凝固的部分，若得不到邻近液态金属的补充，就会形成细小而分散的孔隙或不致密组织，称为疏松（亦称缩松），这种显微孔隙中往往聚集了许多非金属夹杂物、夹渣和气体。视其分布的特点，可以分为一般疏松（分布在锭体的几乎整个纵截面上，通常可以通过后续的锻造加工弥合消除）和中心疏松（集中在锭体纵截面的中心部位，即锭体最后结晶的粗大等轴晶区域，如果后续的锻造加工的变形比不够大的话，也有可能未被弥合消除而留在锻件内成为缺陷）。

　　（3）夹渣

　　夹渣主要是冶炼炉炉膛中的耐火材料衬墙崩落、剥落甚至坍塌而卷入钢液中，或者炉料中带入的非金属杂质以及熔炼过程中生成的氧化物、硫化物等熔渣未清除干净而残留在钢液中，在浇注时带入钢锭体内。夹渣的形状极不规则，但是由于其密度小，故多分布在钢锭的上半部（有时也会因为浇注工艺不当使得钢液在钢锭模内翻滚而带到钢锭下半部或底部水口端）。

　　（4）异金属夹杂

　　冶炼炉料中混入了非该冶炼金属成分的金属元素材料，或者虽然是该金属成分元素的材料但未能完全熔化而单独残留下来，或者炼钢时加入的脱氧剂（例如锰铁、硅铁、铝块等）未完全熔化而残留下来等，它们在钢锭中就称为异金属夹杂。

　　图 2 – 9 为钛合金铸锭中的钼夹杂（钼是该牌号钛合金的成分元素，钼的密度高、熔点高，冶炼时加入的钼块颗粒太大未能完全熔化而残留下来，在锻制成饼坯后进行超

声探伤时发现）。图 2-9 左图为剖面的横向低倍照片 （×1），图 2-9 右图为按超声束投射方向拍摄的 X 射线照片 （外圈为铅丝，中间的白点为钼夹杂，即高密度夹杂物）。

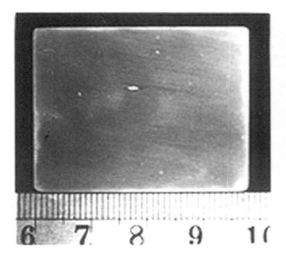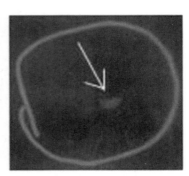

图 2-9　钛合金铸锭中的钼夹杂

（5）非金属夹杂物

这主要是指冶炼时氧化与脱氧过程中化学反应的产物，例如氧化物、硫化物、磷化物、氮化物以及硅酸盐等，也有耐火材料的熔融混入，它们未随熔渣排掉而残留在钢锭内，容易出现在钢锭水口端的表层附近、钢锭中心的沉积堆区以及钢锭冒口端的肩部处。

图 2-10～图 2-14 为由钢锭开坯锻造成锻坯后超声探伤发现的各种非金属夹杂物解剖照片。

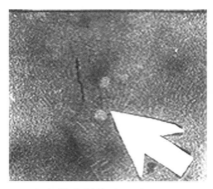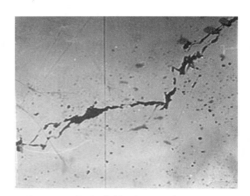

（a）横向低倍（×1）　　　　　　　（b）高倍（×300）

图 2-10　5CrMnMo Φ258mm 轧棒中的非金属夹杂物

图 2 – 11　3Cr3Mo3VNb 热作锻模钢坯（150mm × 120mm × 80mm）中的非金属夹杂物（横向低倍照片）

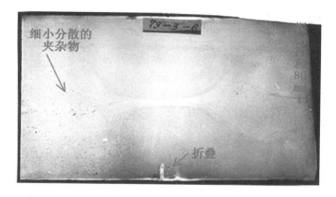

图 2 – 12　3Cr3Mo3VNb 热作锻模钢坯（150mm × 120mm × 80mm）中的非金属夹杂物（横向低倍照片）

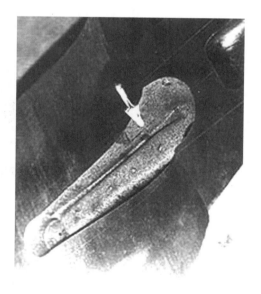

图 2 – 13　某模锻锤用 5CrNiMo 整体模具电火花加工型腔后暴露出来的内部夹杂物

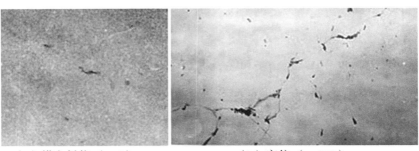

（a）横向低倍（×2）　　　　　　（b）高倍（×250）

图 2 - 14　Φ258mm5CrMnMo 轧钢棒中心部位的非金属夹杂

（6）翻皮

炼钢完成后，把炼钢炉内的钢液注入钢包用于浇注钢锭时，由于铸锭模壁的温度较低，使得局部钢液冷却过快，或者浇注过程中发生中断（设备故障或钢液不够造成浇注过程中间有停顿）时，先浇入的高温钢液表面与空气接触迅速冷却凝结形成氧化物薄膜，在继续浇注时新浇入的钢液将氧化膜冲破卷入钢锭体内形成一种分层性（面积型）缺陷。

翻皮是属于氧化物夹杂的一种特殊形式，在后续的钢锭开坯锻造中是无法锻合消除的。

图 2 - 15 所示为 3Cr3Mo3VNb 热作锻模钢方坯，由钢锭开坯锻造，锻后退火，黑皮状态下超声纵波探伤发现翻皮缺陷的横向低倍照片（×1/2）与退火状态纵向断口照片（×1/2）。

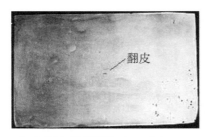

（a）横向低倍照片（×1/2）　　　　　　（b）退火状态纵向断口照片（×1/2）

图 2 - 15　3Cr3Mo3VNb 热作锻模钢方坯中的翻皮缺陷

（7）偏析

这是金属冶炼或浇注时形成的金属成分或组织不均匀的表现，例如钢中有害杂质（硫、磷等）去除不良，其浓度集中区即成为偏析。偏析严重时容易在后续锻造、轧制加工中产生二次缺陷（例如开裂）。按偏析的形态可将其分为树枝状、方框形、点状、条状、块状等类型。

图 2 - 16～图 2 - 19 为各种偏析的解剖照片。

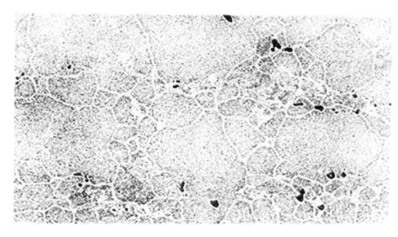

图 2 - 16　某高温合金盘形模锻件中的碳偏析（也叫碳积聚，图片中的黑点，高倍 ×500）

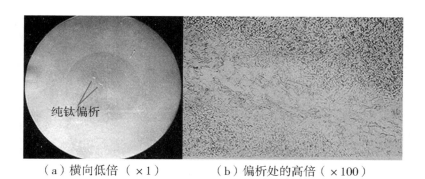

（a）横向低倍（×1）　　　　（b）偏析处的高倍（×100）

图 2 - 17　Φ65mm 钛合金锻棒中的纯钛偏析

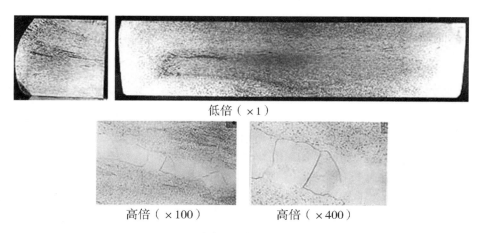

低倍（×1）

高倍（×100）　　　　高倍（×400）

图 2 - 18　钛合金平板锻坯中的铁偏析

（8）气孔

钢液中的气体（包括冶炼反应过程中产生的，或者是浇注时吸气产生的）在凝固

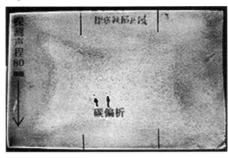 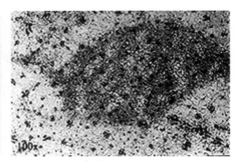

横向低倍（×1/2）　　　　　　　　　　高倍（×100）

图 2 - 19　3Cr3Mo3VNb 热作模具钢坯中的碳化物偏析和三级疏松

前未能逸出而留存在钢锭本体内，表现为含有气体的孔洞或空穴、孔隙，呈球状形或圆柱形，通常易在钢锭的表层局部出现。

　　气孔的形成原因主要与冶炼过程中的除气、脱氧不充分，钢锭模内壁有铁锈在钢液浇入时高温下被还原，浇注时钢锭模壁附着的飞溅物、氧化物与钢液接触而产生气体，出钢槽、钢包浇道以及保温帽内衬的耐火材料干燥不充分等有关。

　　图 2 - 20 所示为热作模具钢钢锭中的气孔带入锻坯中形成的气泡。

3Cr3Mo3VNb锻坯　　　　　　　5CrNiMo锻坯

图 2 - 20　热作模具钢钢锭中的气孔带入锻坯中形成的气泡（横向低倍 ×1/4）

　　（9）裂纹

　　金属液体在钢锭模具内冷却凝固结晶过程中，由于各部分的冷却速度不同而产生的冷却收缩应力不均衡，有可能形成锭体开裂或者内部裂纹，特别是锭体的中心部位也会产生轴心晶间裂纹（显微裂纹，多见于不锈钢和结构钢），在后续的开坯锻造中如果不能锻合，将留在锻件中成为锻件的内部裂纹。

　　（10）杂质成分的影响

　　钢锭中含有的有害杂质成分会影响钢的性能，例如硫含量高了容易导致钢的热脆性，在后续的热加工过程中容易发生热裂现象，在钢的冶炼过程中，硫容易与氧结合生成二氧化硫气体，导致气孔和疏松的产生；磷含量高了容易导致钢的冷脆性，在钢锭冷却凝固过程中，或者后续热加工后的冷却过程中产生冷裂。此外，氧、氢、氮等的存在则容易造成金属的塑性降低，使其产生脆性等。

2.2　金属压力加工的基础知识

（一）金属压力加工的方法

金属的压力加工是指借助外力作用使金属坯料（加热的或者不加热的）发生局部或全部的塑性变形，改变尺寸、形状并改善性能，成为所需尺寸形状和性能的毛坯或零件的成形加工方法。

压力加工的特点是：

①金属铸锭的显微组织一般都很粗大，经过压力加工后，特别是热加工变形和再结晶后，金属在冶炼或铸造过程中产生的偏析、疏松、气孔、夹渣等缺陷被压实和融合，原来的粗大枝晶和柱状晶粒被破碎而变为晶粒较细、大小均匀的等轴再结晶组织，还可以改变原来的碳化物偏析和不均匀分布，使内部显微组织变得更加紧密、均匀、细微，改善、优化了金属内部微观组织结构，从而明显提高了金属的力学性能和物理性能（大大优于铸造件），能比铸件承受更复杂、更苛刻的工作条件，例如承受更高载荷等。

②压力加工能直接使金属坯料成为所需形状和尺寸的零件，大大减少了后续的加工量，节省加工工时，提高了生产效率，同时也因为强度、塑性等机械性能的提高而可以相对减少零件的截面尺寸和重量，从而节省了金属材料，提高了材料的利用率，降低了生产成本。

③有些零件形状很复杂，往往难以采用一般的机械加工手段制成，但是可以通过模锻（特别是精密模锻）来实现。

金属压力加工的方法很多（见图2－21），常见的方法类型有锻造、轧制、挤压、冲压、拉拔等。

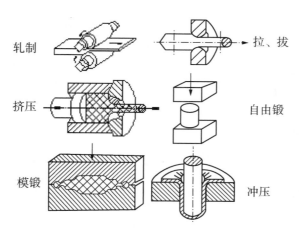

图2－21　金属压力加工成形的方法

1. **锻造**（Forging）

锻造通常是指对金属坯料（包括黑色金属和有色金属）加热后施加压力或冲击力（如使用手锤、锻锤或压力机等），使其发生塑性形变，成为具有一定形状和尺寸的金属毛坯或零件的成形加工方法。锻造是压力加工中应用最重要和最广泛的方法之一，所制成的工件就称为锻件。

锻件经热锻变形后，金属流动变形形成的纤维组织（称为金属流线）与锻件外形保持一致，表现为金属流线具有连续性和完整性，可保证制成的零件具有良好的力学性能与长的使用寿命，而且还能锻制出机械加工不容易制成的形状。因此，许多需要长期承受较高交变载荷、承受复杂应力和高应力，以及需要在高温、高压等苛刻条件下工作的重要承力部件，除了形状较简单的可应用轧制的板材、型材或焊接件来制造以外，大都采用锻件来制造。例如汽轮发电机的主轴、转子、叶轮、叶片、护环，大型水压机的立柱、高压缸，轧钢机轧辊、内燃机的曲轴、连杆、齿轮、轴承，以及兵器方面的火炮等均采用锻件制造。例如一架普通歼击机上数千个机械零件中就有60%是锻件，现代飞机上应用的锻件要求更精密、体积和重量都更大（最大的锻件甚至需要8万吨水压机才能制造）。然而也正因为如此，对锻件的冶金质量、加工质量等也就有相对较高、较严格的要求，加上锻件通常都形状复杂、涉及材料种类与工件品种繁多，这些都对无损检测技术提出了较高的要求。

用于金属成形的锻压机械常用的有锻锤（如空气锤、蒸汽锤）、液压机（油压、水压）和机械压力机（如曲柄压力机、摩擦压力机、平锻机、精压机）。压力载荷有冲击力、静压力等，除单件生产外，还有机械化和自动化生产方式。

锻造的生产过程包括锻坯下料、锻坯加热和预处理、锻压成形后的切除飞边（毛边）或冲孔（有的锻件需要冲切中心孔以及进一步扩锻为环形件）、热处理（消除锻造应力，改善显微组织或金属切削性能）、表面清理（去除表面氧化皮，例如采用吹砂、酸洗等工序）、校正和检验（尺寸形状检验、外观和硬度检验、无损检验等，有些重要锻件还要抽样进行理化试验、残余应力测试等）。

锻造的工艺方法很多，按照锻造时坯料温度的不同分类有：

（1）普通热锻造（高温锻造）

将金属坯料毛坯加热至高于该材料再结晶温度后施加压力（压力机锻造）或冲击力（锤锻）使其变形到所需要的几何形状与尺寸。

通常对钢的锻造加热温度达到1000℃～1250℃。钢的奥氏体转变温度为960℃左右，在这一温度区间，钢处在奥氏体相区（γ相），此时的钢是面心立方晶格结构，塑性好，金属的变形抗力小，有利于降低所需锻压机械的吨位，容易实现变形加工。在奥氏体状态下锻造后，晶格会重组，减少了内应力的产生，有利于提高工件的内在质量，使之不易开裂。加热温度较低时，钢处在铁素体相区（α相），是体心立方晶格结构，塑性变形性能较差，不利于锻造变形。

热锻造的缺点是工序多，锻件的尺寸精度差，表面较粗糙，在高温影响下，锻件容易产生氧化、脱碳和烧损。但是在加工工件大而厚，材料强度高、塑性低时（如特厚板的滚弯、高碳钢棒的拔长等），一般都采用热锻造方式。

　　热锻造很重要的一个工艺参数是变形比（亦称锻造比，即金属在变形前的横断面积与变形后的横断面积之比），变形比过小或者说变形量过小不利于破碎铸造组织以及不能将例如疏松等微间隙缺陷锻合，这往往与锻造变形力不足（锻压设备能量不足）有关。在设计锻件时必须选择正确的变形比以及具有适用能量的锻压设备。

　　热锻造的另一个重要工艺参数是变形速度，不同的材料在不同温度下能适应的变形速度不同，例如钛合金材料的内摩擦系数较高，在变形速度过快的情况下，容易发生变形热效应（在快速变形时发热）而导致锻件过热。在设计锻件时也要考虑到所使用锻压设备的能量大小、冲击速度、一次变形量大小（在锻造过程中常采用多次加热，每加热一次后锻造的变形量有控制，俗称"火次"，如某个锻件要求几火完成锻造）。

　　热锻造最重要的工艺参数是温度控制，不同材料达到适宜锻造的塑性状态所需要的温度（始锻温度）是不同的，并且加热到所需温度后还需要有一定的保温时间，以保证材料内外整体都达到所需温度（俗称热透，防止材料内外温度不一致而具有不同的塑性性能）。

　　热锻造时对锻坯的加热速度也是有要求的。加热速度是指锻坯在单位时间内升高的温度，适当的加热速度可以减少锻坯材料在加热时的氧化、脱碳及晶粒粗大等缺陷，还可以提高生产率，降低燃料消耗，而加热速度过快时，特别是对于大型锻坯，由于快速升温会造成内外温差过大而形成很大的热应力，甚至会使锻坯产生裂纹。

　　不同材料有不同的始锻温度要求，始锻温度过高会引起金属晶粒生长过大而产生过热现象，从而降低锻件的力学性能。如果始锻温度更高，接近金属熔点时则会发生晶间低熔点物质熔化和晶间氧化，称为过烧现象，这将严重破坏锻件的力学性能。发生过烧的锻坯在锻压时往往会破裂甚至碎裂（俗称豆腐渣）。

　　锻造过程中，锻坯的温度在空气中也会降低，因此还必须有终止锻造的温度（终锻温度）要求。终锻温度过高时，锻坯材料再结晶后的细小晶粒还会继续长大而降低锻件的力学性能。终锻温度过低时，不能保证钢的再结晶过程充分进行，使锻件产生冷变形强化和残余应力，并且锻坯材料的塑性下降而不能承受锻压变形力作用，往往使其不能变形甚至在变形力作用下产生破裂（产生锻造裂纹）。因此，在设计锻造工艺时，设定的终锻温度应能保证锻坯还有足够的塑性以及停止锻造后的锻件能获得细小的晶粒以保证良好的力学性能。例如亚共析钢的终锻温度一般控制在 A1 以上 50℃～100℃，过共析钢的终锻温度一般控制在 Acm ～ A1 之间。

　　在设计锻造工艺时，为使一次加热能完成尽量多的锻压工作量（节约工时，提高生产效率），根据被锻造材料的特性，应使锻造温度范围（始锻温度至终锻温度的区间）尽可能大。一般采用的热锻压温度为：碳素钢 800℃～1250℃，合金结构钢 850℃～1150℃，高速钢 900℃～1100℃，常用铝合金 380℃～500℃，钛合金 850℃～1000℃，黄铜 700℃～900℃，等等。

　　铁基高温合金、镍基高温合金、钴基高温合金等变形合金的塑性区相对较窄，即锻造温度范围较窄，因此锻造难度会相对较大。

　　因此，不同材料的加热温度、始锻温度与终锻温度都有严格的工艺要求。

　　在适当的锻造温度范围内完成锻造后，锻件从高温状态冷却到常温的过程称为锻件的锻后冷却。这里主要应考虑冷却速度，冷却速度过快时，将会造成锻件内部的冷缩应力过大，有可能导致锻件翘曲变形、硬度过高甚至产生裂纹（冷裂）。锻件的锻后冷却方法主要根据锻件材料的化学成分、锻件的形状和截面尺寸等因素来考虑，一般而言，锻件材料的合金元素和碳的含量越高、锻件形状越复杂和截面尺寸变化越大，冷却速度应该越缓慢。

低碳钢、中碳钢和低合金结构钢的小型锻件一般采用空冷（放置在无风的常温空气中冷却），合金钢、碳素工具钢一般采用坑冷或箱冷（完成锻造的锻件迅速放置在干砂、生石灰、石棉灰、炉灰等隔热材料覆盖下缓慢冷却），高碳钢和合金钢的大型锻件以及高合金钢等锻件通常采用炉冷（完成锻造的锻件迅速放入 500℃～700℃ 的炉中随炉缓慢冷却）。

常用的锻造加热设备如图 2 - 22 和图 2 - 23 所示。

图 2 - 22　锻坯的火焰炉加热

（图片源自 http://image. baidu. com）

（2）等温锻造

等温锻造是通过控温装置将安装在压力机上的具有加热装置（常用工频感应加热）的模具（使用耐高温且在高温下不变形的材料制作，例如 K3）加热到被锻造坯料所需的变形温度，放入已加热好的被锻造坯料，以低应变速率缓慢施压使坯料变形，在整个成形过程中模具与坯料温度保持恒定值，即在模具与坯料等温的情况下形成锻件。

等温锻造工艺的目的是充分利用某些金属在一定温度下所具有的高塑性，或是获得特定的组织和性能。等温锻造需要将模具和坯料一起保持恒温，所需费用较高，仅用于特殊的锻压工艺，如超塑性成形。

（3）温锻

温锻又称"半热锻"，是将钢质被锻造坯料加热到 300℃～800℃ 的温度范围内（高

（a）

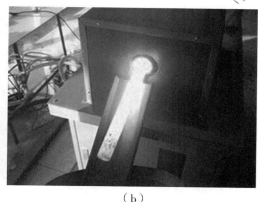
（b）

图2-23　锻坯的中频感应加热

（图片源自 http://image.baidu.com）

于常温但又不超过再结晶温度）施压使其变形。

温锻工艺的应用与锻件材料、锻件大小、锻件复杂程度有密切的关系，目的是获得精密锻件，提高锻件的精度和质量。温锻锻件表面较光洁，例如形状复杂的中小型中碳钢精密模锻件。

注：钢的开始再结晶温度约为727℃，但普遍采用800℃作为划分线，高于800℃的是热锻，在300℃～800℃之间称为温锻或半热锻。

（4）冷锻

冷锻是使被锻造坯料基本上在常温下施压使其变形，目的是获得精密锻件，例如形状不太复杂的小型低碳、低合金钢精密模锻件，其形状和尺寸精度高，表面光洁，加工工序少，便于自动化生产。

冷锻成形方法包括冷镦、冷挤压、径向锻造、摆动辗压等，是一种制造不需切削加工的精密制件（可以直接用作零件或制品）的高效锻造工艺。在冷锻时，由于金属的塑性低，变形抗力大，变形时容易产生开裂，因此主要应用于有足够塑性的金属，如铅、锡、锌、铜、铝等，或者变形量不大的情况（例如冲压加工、最后工序是微量变形的精密锻造）。

（5）液态锻造

液态锻造是对浇注在模具型腔内的液态金属施加静压力，使其在压力作用下流动、凝固、结晶、塑性变形和成形，获得所需形状和性能的模锻件。

液态锻造是介于压铸和模锻间的成形方法，特别适用于一般模锻难于成形的复杂薄壁件。

按照锻造成形方法的不同分类有：

（1）自由锻造

自由锻造简称自由锻，是利用冲击力或压力使金属在上下两个砧块间产生变形以获得所需锻件的方法，主要有手工锻造和机械锻造两种。

手工锻造是将已加热的坯料置于锤砧上由人工抡锤击打（图2-24），机械锻造则是利用电动机、压缩空气或液压系统带动锤头运动造成的冲击力或压力使已加热的金属坯料在自由锻锤或压力机的上下砧块面之间各个方向自由变形，不受任何限制而获得所需形状及尺寸的锻件（见图2－25和图2－26）。普通钢质自由锻件见图2－27。

图 2 - 24 传统的手工锻造

（图片源自 http：//image. baidu. com）

图 2 - 25 汽锤自由锻

（图片源自 http：//image. baidu. com）

图 2 – 26   压力机自由锻

（图片源自 http://image. baidu. com）

图 2 – 27   普通钢质自由锻件

（图片源自 http://image. baidu. com）

　　在自由锻锤或压力机上也可以应用简单形状的模具使毛坯成型（称作胎锻或胎模锻），用于制造各种形状比较简单的零件毛坯（见图 2 - 28）。

　　图 2 - 29 ～ 图 2 - 31 所示为环形锻件的锻造过程。

图 2 - 28　典型的自由锻胎模锻件

（图片源自 http：//image. baidu. com）

图 2 - 29　汽锤自由锻方式锻制环形件前在饼坯上冲芯孔

（图片源自 http：//image. baidu. com）

　　（2）模型锻造

　　模型锻造简称模锻，是在专用模锻设备（汽锤、压力机，如图 2 - 32 和图 2 - 33）上利用预先制好由上下模组成、具有一定形状型腔的锻造模具使已加热的金属坯料承受压力或冲击力而发生塑性变形，成为与型腔形状一致的零件毛坯，用于制造各种形状比较复杂的锻件毛坯。模锻可分为开式模锻（完成的锻件有毛边需要切除）和闭式模锻（完成的锻件没有毛边，材料利用率高）。利用精密模锻技术（例如等温锻造、旋压锻

图 2 - 30　汽锤自由锻方式锻制环形件

（图片源自 http://image.baidu.com）

图 2 - 31　大型钢质环形件锻造

（图片源自 http://image.baidu.com）

造等）制造的精密锻件仅需要经过少切削或无切削加工就可以直接用作机械零件。

根据所用锻压设备、锻造温度不同分类，有冷镦、辊锻、径向锻造和挤压等方式。

根据锻模的运动方式分类，还可分为摆辗、摆旋锻、辊锻、楔横轧、辗环和斜轧等方式。摆辗、摆旋锻和辗环也可用于精锻加工。辊锻和楔横轧可用作细长材料的前道工序加工。旋转锻造是局部成形，其优点是所需锻造力较小，但加工时材料从模具面附近

图 2 - 32　汽锤模锻

（图片源自 http://image. baidu. com）

图 2 - 33　压力机模锻

（图片源自 http://image. baidu. com）

向自由表面扩展，很难保证锻件的尺寸精度，不过现在也采用计算机控制锻模的运动方向和旋锻工序，可以达到利用较低的锻造力获得形状复杂、精度高的锻件的目的，例如生产品种多、尺寸大的汽轮机叶片等。

图 2 - 34 和图 2 - 35 所示为普通模锻件实物照片。

2. 轧制

让金属坯料通过具有各种形状的一对旋转轧辊之间的空隙，金属坯料因受轧辊的压缩使材料截面减小、长度增加（压延），从而改变截面形状与尺寸。轧制包括冷轧（金属坯料不加热）和热轧（金属坯料加热）。视轧机结构和轧辊形状，可轧制出平板（板材）、圆形截面（棒材、无缝管材）、异型截面（工字钢、槽钢、角铁、方管、矩形截面管）等型材。轧制原理见图 2 - 36。

3. 挤压

坯料在三向不均匀压应力作用下，从模具的孔口或缝隙挤出，使之横截面积减小、

图 2 - 34　普通钢质模锻件

（图片源自 http://image.baidu.com）

图 2 - 35　模锻汽车曲轴与加工后的成品

（图片源自山西晶龙锻造技术有限公司）

长度增加，成为所需制品的成形加工方法。用冲头或凸模对放置在凹模容腔内的金属坯料加压，使之产生塑性流动，从而获得相应于模具的型孔或凹凸模形状的具有一定截面形状的空心或实心零件，多用于壁较薄的零件以及制造无缝管材。挤压工艺有正挤压（由挤压模、凸模或称压头组成，挤压模上有通孔，被挤材料从孔中出来成为所需制

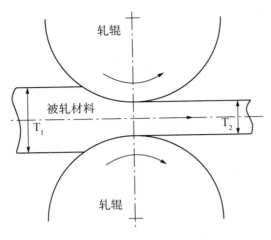

图 2 - 36　轧制原理示意图

品）和反挤压（被挤材料以与压头运动方向相反的方向被挤出）之分，视金属坯料的热态或冷态有热挤压和冷挤压之分。挤压原理见图 2 - 37。

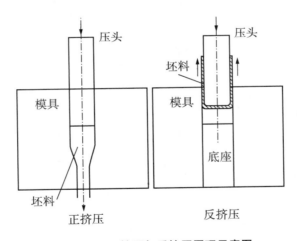

图 2 - 37　正挤压与反挤压原理示意图

4. 冲压

冲压是指使金属薄板坯或板料在冲模内受到冲击力或压力而分离或成形得到制件的过程，分冷冲压（在常温下进行）与热冲压（在一定温度下进行）。

5. 拉拔

在拉拔力的作用下，将金属坯料通过模孔拉出而发生延伸变形、缩小横截面，按模具形状可拉制成圆形截面（丝材、小直径薄壁管材）、矩形截面、梯形截面等型材。视金属坯料的热态或冷态有冷拉拔和热拉拔之分。拉制原理见图 2 - 38。

此外还有冷弯、热弯、旋压、爆炸成形等加工方式。

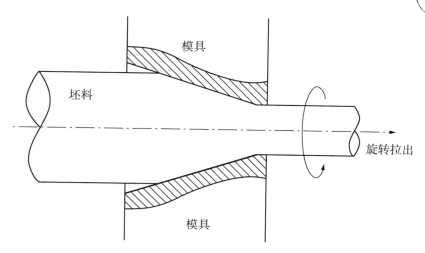

图2-38　拉制原理示意图

有关压力加工工艺与设备的知识可参阅相关资料，这将有助于了解不同压力加工工艺、不同压力加工设备在生产过程中容易产生或造成的缺陷种类及其成因与特征，对提高无损检测的可靠性以及在检测中对缺陷的定性评定分析是大有益处的。

（二）　金属压力加工制件的缺陷

铸锭中原有的冶金缺陷（非金属夹杂物、气孔、缩孔、疏松等），有些会在后续的压力加工过程中因为塑性变形导致破碎、弥合（锻合）以及因热处理而得到改善或消除，例如疏松、粗晶甚至微裂纹（例如轴心晶间裂纹）。但是，未能得到改善的缺陷（例如非金属夹杂物、气孔、缩孔等）则会在压力加工过程中随金属变形流动而延伸、延展甚至扩大，由原来的体积型缺陷变成为面积型（片状）的缺陷，使金属基体局部不连续而被分隔（两层或多层，或多处），其取向多与锻件的金属流线方向平行。

注：所谓锻件的金属流线，是指钢锭的铸态组织中的不均匀以及各种细小的夹杂物等在压力加工过程中沿金属变形流动延伸的方向被拉长而形成的纤维状结构，可以通过金相试验中采用的酸浸或硫印法以及磁粉检验法在锻件的纵剖面上显示出来。通常用流线方向表述金属压力加工制品中的纤维组织的主要方向。如图2-39所示为棒材车制（左）与模锻（右）曲轴的金属流线，棒材车制的曲轴金属流线被切断并外露，在使用中容易在端面发生应力腐蚀导致损坏，而模锻曲轴的金属流线基本上是封闭的，不容易产生应力腐蚀。

另一方面，在压力加工过程中，如果加工工艺或具体实施的操作不当，也会产生压力加工中的缺陷，即加工缺陷。

金属压力加工制件中常见的缺陷有：

1. 穿筋（穿流）缺陷

这是带肋模锻件特有的一种缺陷，尤其是具有U、H形横截面的模锻件更为多见。由于模具设计不当，或锻造坯料过大，或锻造时模具润滑不当等原因，在锻件变形的最

工业无损检测技术

（材料与加工工艺基础）

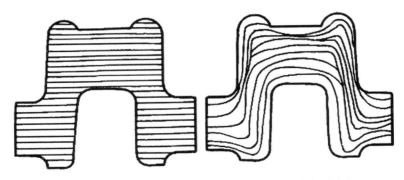

图 2-39　棒材车制（左）与模锻（右）曲轴的金属流线

终阶段，锻件的肋部已经充满模具型腔，而腹板部分尚有过多余料，在强大的锻造压力下，迫使这些多余的金属穿过肋条根部向模具的毛边槽流去以寻求出路，导致肋条根部的金属流线被穿断，严重时会形成射穿性裂纹，其取向与模锻件的分模线（上下模具的分界线）大致平行。如图 2-40 所示。

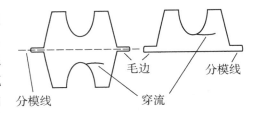

图 2-40　穿筋（穿流）缺陷

2. 过热

在热压力加工过程中，因为金属加热温度过高（超过金属的再结晶温度），或者在较高温度下保持停留的时间过长，或者一些导热性不良的金属（例如钛合金）在急剧变形时强烈的内摩擦等引起变形热效应而导致金属内部的局部温度过高，这些都能产生过热现象，表现为金属的晶粒急剧长大形成粗晶，导致力学性能（特别是塑性性能）下降。轻度的过热组织有可能通过热处理来改善，但是当过热严重时，甚至会形成一种特殊的显微组织，金相学中称之为"魏氏过热组织"，即在原奥氏体晶粒内出现互成一定角度或者彼此平行的片状、针状组织，如同 α-Fe，这种魏氏过热组织会明显降低金属的塑性和韧性。如图 2-41～图 2-47 所示。

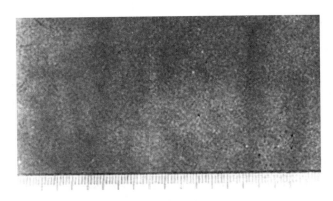

图 2-41　5CrNiMo 锻模方块毛坯过热粗晶（横向低倍 ×1）

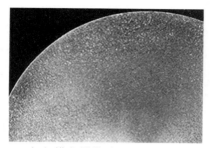

（a）横向低倍（×1/2）

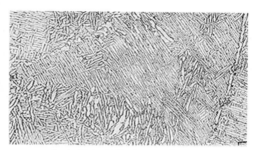

（b）横向高倍（×250）

图 2－42　Φ160mm 钛合金锻棒的魏氏过热组织

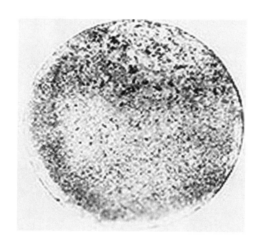

图 2－43　Φ40mm 高温合金轧棒的过热粗晶与碳偏析（横向低倍×1）
（乔兴兰提供）

（a）纵向低倍（×1/2）

（b）纵向高倍（×200）

图 2－44　钛合金圆饼锻坯（厚度 84mm）魏氏过热组织

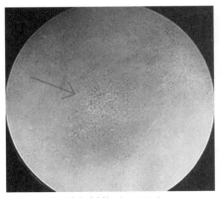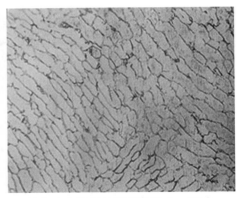

（a）横向低倍（×1/3）　　　　　（b）中心粗晶处横向高倍（×500）

图 2 - 45　Φ125mm 钛合金锻棒变形热效应导致的中心粗晶

（a）纵向低倍（×1）　　　　　（b）纵向高倍（×200）

图 2 - 46　钛合金锻制饼坯（饼坯厚度 80mm）的中层粗晶及其魏氏过热组织（网篮状组织）
（变形热效应所致）

　　图 2 - 42 中，钛合金锻棒存在完整的原始 β 晶界、针状 α - β 组织及未完全破碎的 β 晶界。

　　图 2 - 44 中，锻坯变形速度过大，变形热效应导致局部过热引起的中层粗晶带，高倍观察为魏氏过热组织（并列组织）和下层存在的伪大晶粒（等轴 α 组织）。

　　图 2 - 47 所示是锻制钛合金环坯时冲下的芯子，由于快速的重力锤击，急速变形的热效应导致粗晶及明显的变形带。

　　3. 过烧

　　过烧是比过热更严重的缺陷。在热压力加工过程中，金属加热温度大大超过金属的再结晶温度时，除了会产生与过热相似的粗大奥氏体晶粒和魏氏过热组织以外，最主要的特征是晶界上的低熔点物质（如原始奥氏体晶界处富磷、硫烧熔层以及原始奥氏体晶界上的硫化锰和磷化铁沉淀）熔化或发生晶界氧化现象，严重破坏金属晶粒间的结合

（a）横向低倍（×1/2）　　　　　　（b）粗晶的横向高倍（×100）

（c）纵向低倍（×1/2，中间有变形带）

（d）变形带的高倍（×100）

图2-47　钛合金环坯冲芯上的粗晶与变形带

力，使金属的塑性、冲击韧性和强度性能严重恶化。过烧金属的宏观断口表现为无金属光泽的灰白色石状断面。发生严重过热或过烧的金属在压力加工时会承受不了变形力而产生严重开裂或龟裂，俗称为"豆腐渣"。发生严重过热或过烧的金属无法再通过热处理或其他途径恢复和改善而只能报废。见图2-48和图2-49。

图2-48　某高温合金饼坯改锻为环坯时因加热温度过高导致过烧，在锻造热冲孔时严重破裂

4. 白点（又称发裂）

白点缺陷是压力加工钢材特有的缺陷。产生白点缺陷最常见的原因是炼钢炉料干燥不够以致含水量较大，在冶炼时的高温作用下，水分子分解为氢离子和氧离子，氧离子在冶炼过程中通过造渣排出，而氢离子则未能逸出，随钢水浇铸钢锭而弥散分布在钢锭的显微空隙中，在后续加热开坯锻造过程中，钢坯经受变形力以及随后冷却速度过快使得显微组织转变时产生的组织应力共同作用，氢容易从原子态转变成分子态，氢分子的

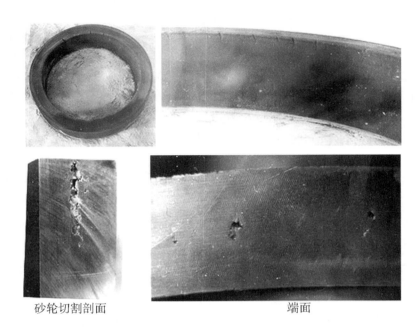

砂轮切割剖面　　　　　　　　　　端面

图 2-49　某高温合金环轧件因加热温度过高导致过烧，在扩孔轧制时出现撕裂与孔洞

体积要比氢原子大得多，这种体积的急剧膨胀增大对钢能产生较大的内应力，超过了钢的极限强度就形成内部的局部开裂。

白点的存在严重破坏了金属基体的连续性，导致钢的力学性能显著恶化而无法使用，而且白点的出现往往有成批性的特点（按冶炼炉批号，一个炉号的钢中有白点存在时，用该炉号钢锭锻造的多数锻件就都会有，就笔者检验过的最高比例可达到 48%），通常是全炉号报废，因此也往往称白点是钢材的癌症。有些钢种对于白点的生成比较敏感，特别是含铬、钼、镍、锰、钨等元素成分较多的钢材，被称之为白点敏感性钢，例如 5CrNiMo、5CrMnMo、40CrNiMo，在某些情况下，甚至如 45#钢（中碳钢）也会产生白点。

白点的形态特征是表面光滑洁净，在锻件的纵向断口上呈现为片状的银白色椭圆形斑点（白点的名称由此而来），其直径为 1 毫米至十几毫米，在宏观上表现为由钢件内部向外呈辐射状分布，或者随钢在压力加工下的变形流向（俗称流线）分布的细而短的多条细裂纹（故称发裂）。

对于锻造（轧制）棒材，白点在钢棒横截面上呈现为辐射状短裂纹，多集中在中心到半径的一半的范围内。对于方坯锻件，白点在横截面上呈现为沿流线分布并带辐射趋向的短裂纹，通常位于锻件上厚度最大部分的区域中。见图 2-50 和图 2-51。

白点成因：炼钢原材料受潮含有水分，在高温下分解出氢气，锻后未及时进行"红装等温退火"缓冷处理。

（a）横向低倍（×1）　　　　　　　（b）纵向断口（×1）

图 2 - 50　5CrNiMo 热作模具钢锻坯中的白点

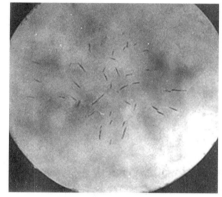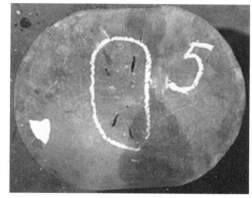

（a）横向低倍（×1/3）　　　　（b）锻造时导致开裂的端面外观

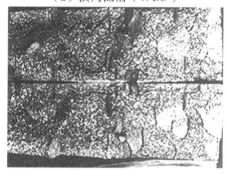

（c）纵向断口（×1/3）　　　（d）穿晶裂纹（高倍×500，周围无氧化物及脱碳等现象）

图 2 - 51　Φ230mm WNr2713 热作模具钢轧棒中的白点

注：该批棒材为一个炉批号，共 13.28 吨，超声探伤检查发现存在白点缺陷的有 4.9 吨，占 37%。

5. 裂纹

裂纹是一种破坏金属基体连续性，有一定深度、长度和宽度的延伸型缝隙，其两侧通常比较干净无杂质，其末端尖锐（这是与折叠的最大区别）。由于形成机理以及加工工艺和材料特性不同，裂纹有多种类型和形状、位向及部位，多呈直线状或曲线状分布在锻件的内部或表面。裂纹的取向主要沿锻造时金属变形应力的方向。

在金属的压力加工过程中，产生裂纹的原因是多方面的，主要有：

①加热速度太快，使金属坯料的内外温差太大，从而产生巨大的热应力而造成开裂，称为热应力裂纹、急热裂纹，俗称烧裂。

②加热不均匀（俗称未烧透或未热透），施加的变形应力过大，超过了材料的极限强度，或者变形速度过快、变形不均匀等，以及金属坯料温度不够，将使金属的塑性性能承受不了变形力的作用而导致脆性开裂，称为锻裂。在工艺上，常常因为锻造温度过低和锻造变形应力过大的综合作用形成锻裂。

③金属材料经过热压力加工后冷却速度过快，或者各部分冷却速度不同，产生冷收缩应力过大或不均匀而引起的开裂，往往形如炸裂，称为冷裂。

④铸锭或金属坯料锻制前原有的冶金缺陷在后继的压力加工过程中因变形力作用导致扩展而开裂，称为原材料缺陷引起的开裂。

图 2 - 52～图 2 - 60 所示为一些锻造开裂的实例。

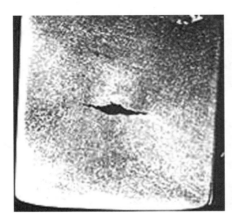 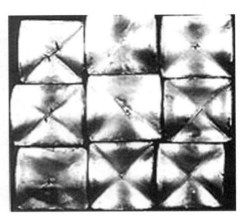

（a）横向低倍（×2）　　　　　　　（b）棒材端部外观

图 2 - 52　MB15 镁合金的锻裂（从 Φ20mm 棒改锻成□20×190mm 时由于锻造温度偏低及变形力过大所致）

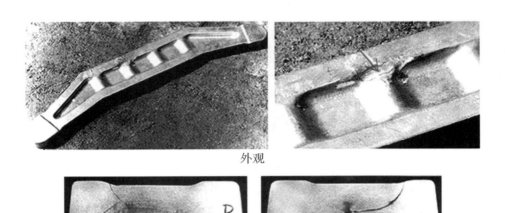

外观

横向低倍（×1）

图 2 - 53　铝合金梁模锻件因锻造变形力过大、终锻温度偏低导致的锻裂

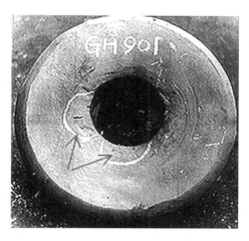

图 2 - 54　某高温合金饼坯改锻为环坯时，由于冲芯时变形过于激烈导致的锻裂外观照片

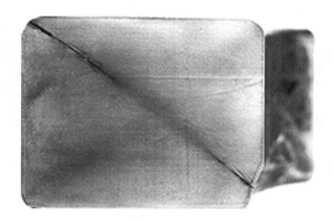

图 2 - 55　钛合金环坯终锻温度偏低而锤击力过大导致的 45°径向锻裂 （横向低倍 ×1/2）

图 2 - 56　钛合金板坯的 45°锻裂外观照片 （终锻温度过低、锤击力过大而沿最大变形应力方向开裂）

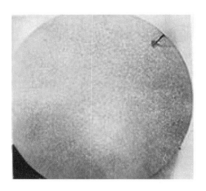

图 2 - 57　Φ70mm 钛合金轧棒上的径向裂纹（横向低倍 ×1）
（潘建华提供）

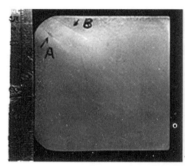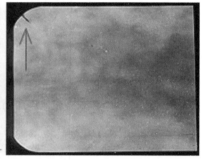

横向低倍（×1/2）

裂纹高倍（×100）

图 2 - 58　钛合金饼坯终锻温度偏低并且锤击力过大导致的端角 45°径向锻裂
（钱鑫源、孟素琴提供）

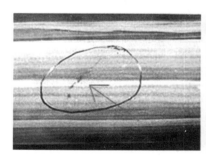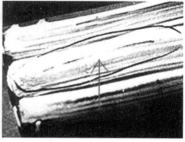

图 2 - 59　65mm 钛合金轧棒上的表面裂纹，着色渗透探伤显示的迹痕

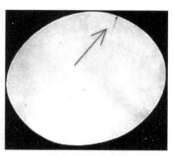

外观照片 　　　　　　　　　　　　　横向低倍（×1/4）

图 2 - 60　Φ200mm 耐热不锈钢轧棒上原有的表面纵向细裂纹在锻造镦粗时开裂

6. 折叠

在金属的热压力加工过程中，坯料上的一部分表面金属被迫卷入、压入或折入锻件本体内，或者在模锻时因为坯料形状尺寸或模具型腔设计不当，以致金属变形流动时发生卷流而被压入锻件体内，从而形成重叠层状的缺陷，称为折叠。

折叠在外观上多为带有弧形的细线，与裂纹相似，但从纵剖面来看，则是呈直线或弧线状斜向深入锻件内部。折叠的两侧常伴有氧化物，根部（末端）呈圆钝状。

图 2 - 61 所示为 5CrNiMo 热作模具钢锻坯上的折叠与气泡，缺陷产生原因：气泡是由钢锭切料锻造时钢锭冒口切除量不够而留入锻坯中的，折叠为热剁钢锭冒口时的切口突出部位与毛刺未铲除而在紧接着的锻压中压入而形成的。

图 2 - 61　5CrNiMo 热作模具钢锻坯上的折叠与气泡（横向低倍×1/2）

图 2 – 62 ～ 图 2 – 63 所示也是锻件折叠缺陷示例。

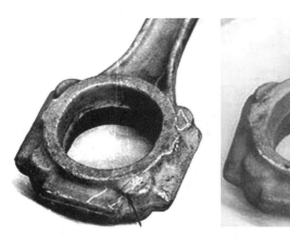

图 2 – 62   45 钢汽车连杆模锻件上的折叠（坯料形状尺寸设计不妥所致，磁粉检测的磁痕显示）

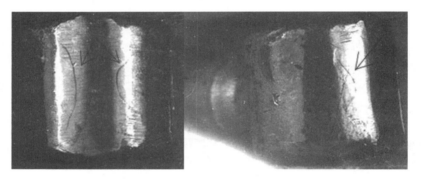

图 2 – 63   45 钢三通接头模锻件上的折叠（坯料形状尺寸设计不妥所致，磁粉检测的磁痕显示）

7. 发纹

发纹是钢锭中细小的非金属夹杂物、孔隙或气孔、疏松等在热压力加工的压延过程中，沿金属变形流动方向被延伸拉长形成的极细小的缕状缺陷，其宽度（直径）极小，通常在零点几毫米以下，用常规超声检测方法很难发现，一般多用磁粉检验或金相酸浸腐蚀低倍、硫印等方法进行检验评定。见图 2 – 64 和图 2 – 65。

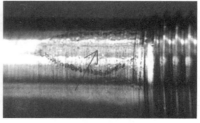

图 2 – 64   氧气压缩机用 40Cr 螺栓上的表面发纹（磁粉检验磁痕显示照片）

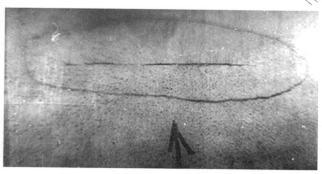

图2-65　38CrMoAlA Φ120mm 轧制钢棒上的发纹（磁粉检验磁痕显示照片，右图为放大 5 倍显示照片）

8. 偏析

金属材料内部的偏析类缺陷有成分偏析和组织偏析。成分偏析的形成与冶炼有关（成分分布不均匀），组织偏析则主要是由于后续锻造加工过程中显微组织不均匀，在压力加工的压延过程中被延伸拉长形成条带状组织。

偏析造成金属材料的显微组织不均匀，使金属性能出现明显的各向异性，降低了金属的力学性能，特别是降低了疲劳强度。但是并非所有的偏析都能用无损检测技术发现，图2-66 和图2-67 给出了两个示例。

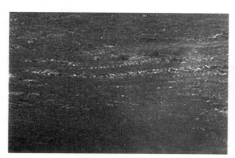
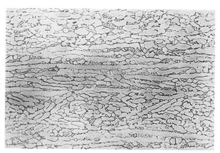

（a）纵向低倍（×2）　　　　　（b）高倍（×250）

图2-66　钛合金圆饼锻坯中的 α 条状偏析（组织偏析）

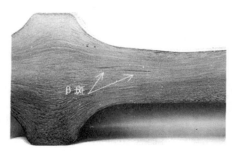

（a）纵向低倍（×1）　　　　　（b）高倍（×250）

图2-67　钛合金盘形模锻件中辐板与轮毂过渡处的 β 相组织偏析（又称 β 斑）

9. 粗晶

除了前面所述的过热粗晶以外，有些粗晶倾向性较大的金属材料在热压力加工过程中，如果变形量过小（小于一定的临界变形量），也会形成粗晶，从而降低金属材料的力学性能。例如有些镍基高温合金，如果在锻造后未冷却的情况下在锻件上用手锤敲击打印钢字符号，就有可能在印痕附近产生局部粗晶。

图 2-68 所示不属于冶炼带来的偏析缺陷，而是在后续制造加工过程中形成的偏析缺陷。这是钛合金模锻盘完成机械加工后使用电刻笔在成品盘上刻写编号时，下面垫了铝板连接电极，在铝板与钛合金盘间因放电飞溅而在盘表面产生高铝偏析，即低倍照片中的小白点。

 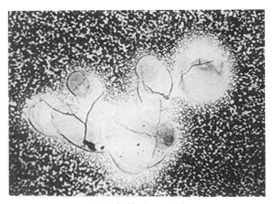

（a）低倍（×4）　　　　　　　　（b）高倍（×100）

图 2-68　钛合金模锻盘上的高铝偏析
（辛培栋提供）

10. 疏松

疏松是指锻件经锻造后未能充分破碎和改善原来的铸态组织而留下的孔隙或不致密组织结构，往往夹带非金属夹杂物，多存在于锻件中心，一般是因锻造变形比不够（压实效果不佳）所致。

11. 冷作硬化（又称为冷加工硬化）

金属在常温或者较低温度下承受外力作用发生变形时，会产生硬化组织，多位于表层和近表层，这种硬化组织会使金属材料的局部力学性能发生变化，例如强度、硬度增高（有时也会利用这一现象特点来提高制件表面的耐磨性），塑性、韧性下降，导热性、电导率、磁导率以及抗蚀性降低等。

12. 分层

这是轧制、挤压工艺在板材类制件上的典型缺陷，是由于压力加工过程中把铸态的体积型缺陷变成了扁平状态的面积型缺陷所致，其取向与板面平行，视原始铸态缺陷的体积大小以及轧制变形程度大小，分层的面积大小会有所不同，甚至可以使整张钢板被剥离成两张。如图 2-69 所示。

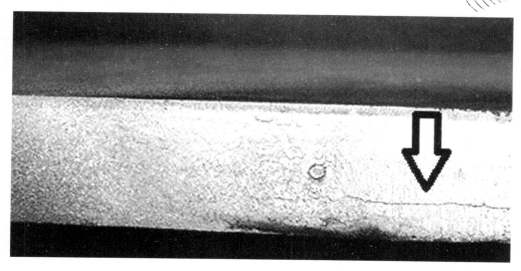

图 2 - 69　轧制钢板中分层解剖照片

　　除了疏松、过热和过烧是区域性密集缺陷以外，其他的缺陷大都是呈面积型的单个缺陷，这是由于压力加工过程中把铸态的体积型缺陷变成了扁平状态的面积型缺陷，其取向多沿金属变形方向（金属流线方向），这是金属压力加工制件特别是锻件中缺陷的最主要特征。

2.3　金属铸造加工的基础知识

（一）金属铸造加工的方法

　　将熔化的金属或合金（液态金属）用浇注、压射、吸入或其他方法注入已事先制作好的铸型（模型）中，待其冷却凝固后从模具中取出，经过打磨、抛丸等表面处理以及后续机械加工手段获得所需几何形状、尺寸和性能的金属毛坯或零件（即铸件），这种方法称为铸造。

　　铸造的工艺方法很多，视铸造工艺不同和制模种类不同，有砂型铸造、陶瓷型模铸造、熔模铸造、金属型模铸造、离心铸造、压力铸造等。

1. 砂型铸造

　　砂型铸造所用的铸型一般由外砂型和型芯组合而成。砂型铸造可用于制造灰铸铁、球墨铸铁、不锈钢和其他类型钢材的大型铸件。

　　首先使用木料或金属材料制成所要铸造的零件形状（模型），然后将模型埋于干石英砂（最常用的是硅质砂，例如山砂或河砂，也可使用锆石英砂、铬铁矿砂、刚玉砂等特种砂以满足高温使用性能要求）与型砂黏结剂（最常用的是黏土，也可使用如干性油或半干性油、水溶性硅酸盐或磷酸盐和各种合成树脂等物质）混合而成的高强度型砂中，通过夯实和分型（分为上下模以便完成制模后打开取出其内的零件模型），取出模型后就形成内部具有模型形状空腔的砂型和型芯。砂型干燥后，将具有一定的强度，通过砂型上预先设置好的浇口将液态金属浇注入砂型内，液态金属在重力下充满整个型腔，待金属凝固冷却后，砸掉砂型壳（称为脱模）即可得到铸件。

（1）普通砂型

普通砂型的机械强度较低，得到的铸件表面较粗糙而且容易产生砂眼、粘砂和夹砂（液态金属在型腔内流动冲刷时把内腔表面的砂粒卷入铸件表面）缺陷，此外，砂型铸造常见的缺陷还有缩松、夹渣、皮下气孔、球墨铸铁的石墨漂浮或球化不良以及球化衰退等。

按砂型的制作方式分类，有黏土湿砂型、黏土干砂型和化学硬化砂型三类。

①黏土湿砂型。

以黏土和水按一定比例混合而成的黏土浆作为型砂的主要黏结剂，将模型埋入后经夯实制成砂型，取出模型后直接在湿态下把上下模合型并进行浇注。黏土湿砂型铸造的铸件重量一般比较小，可从几公斤到几十公斤。由于是在湿态砂型中铸造，因此铸件很容易产生冲砂、夹砂、气孔等缺陷。

②黏土干砂型。

制造黏土干砂型所用型砂的水分略高于黏土湿砂型用的型砂，砂型制好以后，在型腔表面涂以耐火涂料，然后置于烘炉中烘干，待其冷却后即在干燥状态下把上下模合型和进行浇注。这样生产的铸件容易因砂型烘干过程中有变形而导致尺寸发生变化，但是其砂型强度高于黏土湿砂型，可用于制造较大的铸钢件和铸铁件，最大铸件可重达几十吨。

③化学硬化砂型。

制造化学硬化砂型所用的型砂是化学硬化砂，常用水玻璃和各种合成树脂作为黏结剂，再加入硬化剂实现砂型硬化。化学硬化砂型的强度比黏土砂型高，制成的铸件尺寸精度较高。

化学硬化砂型的硬化方式包括自硬化、气雾硬化和加热硬化。

化学硬化砂型的自硬化：混砂时同时加入黏结剂和硬化剂，制成砂型后，黏结剂在硬化剂的作用下发生反应而使砂型自行硬化。

化学硬化砂型的气雾硬化：混砂时加入黏结剂和其他辅加物，但先不加入硬化剂，待制成砂型后，喷吹气态硬化剂或气雾状的液态硬化剂，使其弥散于砂型中，使砂型硬化。

化学硬化砂型的加热硬化：混砂时加入黏结剂和常温下不起作用的潜硬化剂，制成砂型后对其进行加热，潜硬化剂将和黏结剂中的某些成分发生反应，使砂型硬化。

（2）树脂砂型

把特殊应用的树脂、固化剂与石英砂按一定比例混合（称为树脂砂）来制作砂型，树脂砂在常温下即可硬化，取出模型后再在砂型内腔表面涂覆一层有助铸件脱模的涂料，就成为所需要的砂型。树脂砂型的机械强度比普通砂型高，能铸造要求较高的大型铸件，并且得到的铸件表面光洁度也优于普通砂型铸造。

在砂型铸造中，为了提高铸件的表面质量，通常在砂型和型芯表面涂刷一层涂料（主要成分是耐火度高、高温化学稳定性好的粉状材料和黏结剂以及便于施涂的载体如水或其他溶剂和各种附加物）。

普通砂型铸造、树脂砂型铸造是一次性铸造，铸造完成后需要砸碎型壳取出铸件，因此生产效率较低。

2. 陶瓷型模铸造

用陶瓷浆料（用硅酸乙酯水解液作黏结剂和质地较纯、热稳定性较高的细耐火砂如电熔石英、锆英石、刚玉等混合而成）并加入氢氧化钙或氧化镁作为催化剂以促使陶瓷浆料在短时间内能够结胶，在铸造零件模型上经灌浆、结胶、起模（取出模型）后制成型模，再经高温焙烧成为铸型，即可用于浇铸。铸造完成后同样需要砸碎型壳取出铸件。

陶瓷型模铸造方法生产的铸件具有较高的尺寸精度（可达 3～5 级）和表面光洁度（表面粗糙度可达 Ra10～12.5μm），能达到少切削、无切削加工的目的，可用于精密铸造，特别是大型精密铸件。陶瓷型模铸造生产周期短，金属利用率高，最大铸件可达十几吨，主要用于铸造大型厚壁精密铸件和铸造单件小批量的冲模、锻模、塑料模、金属模、压铸模、玻璃模等各种模具。

3. 熔模铸造

熔模铸造又称失蜡铸造，首先采用易熔材料（熔点较低，例如石蜡、合成树脂、硬脂胶等，蜡基模料的熔点为 60℃～70℃，树脂基模料的熔点约 70℃～120℃）根据所要铸造的零件形状制成精度很高的可熔性模型（称为蜡模），然后在其上涂覆若干层特制的耐火涂料（泥浆）。

耐火涂料由耐火材料和黏结剂组成，耐火材料主要为石英和刚玉以及硅酸铝耐火材料，如耐火黏土、铝矾土、焦宝石等，有时也用锆英石、镁砂（MgO）等。黏结剂最普遍应用的是硅酸胶体溶液（硅酸乙酯经水解后所得的硅酸溶胶）、水玻璃和硅溶胶等。

涂覆完成后，再在外表面均匀地洒上石英细砂，经过干燥和硬化形成一个整体硬壳（蜡模壳，泥模），再用蒸汽或热水从型壳中熔掉蜡模，获得无分型面的铸型（中空模具），把该型壳置于砂箱中，在其四周填充干砂造型，最后放入焙烧炉中经过高温焙烧（800℃～1000℃）去除残留的蜡质，使其成为空心铸型，或者采用高强度型壳时，也可不必在砂箱中造型而将脱模后的型壳直接高温焙烧成陶瓷型模（蜡模也全部熔化流失），即可用于浇注。待金属凝固冷却后即可得到铸件，此方法多用于精密铸造。铸造完成后同样需要砸碎型壳取出铸件。

可应用熔模铸造法生产铸件的材料有碳素钢、合金钢、耐热合金、不锈钢、精密合金、永磁合金、轴承合金、铜合金、铝合金、钛合金和球墨铸铁等。

熔模铸件的形状一般都比较复杂，尺寸精度较高，铸件上可铸出孔的最小直径可达0.5mm，铸件的最小壁厚为 0.3mm，熔模铸件的表面光洁度比一般铸件高，表面粗糙度一般可达 Ra.3.2～12.5μm。可以将一些原来需要由几个零件组合而成的部件，通过改变零件的结构，设计成为整体零件而直接由熔模铸造铸出，从而节省加工工时和金属材料的消耗，使零件结构更为合理。

　　熔模铸造适用于生产形状复杂、精度要求高或很难进行其他加工的小型零件，例如航空涡轮发动机的空心叶片等。熔模铸件的重量不大，一般从几克到十几千克，一般限于 25kg 以下，目前最大的熔模铸件重量可达 80kg 左右。

4. 金属型模铸造

　　金属型模铸造亦称金属型铸造、硬模铸造。用耐高温的金属材料加工制成可开合的铸造模具（简称金属铸型，铸型内腔与液体金属接触的壁面通常还涂敷有耐高温的陶瓷涂料），通过铸型上的浇口将液体金属浇入金属铸型，液体金属在重力下充满整个型腔，待金属凝固冷却后，打开模具即可取出铸件。金属铸型的热导率和热容量大，冷却速度快，得到的铸件组织致密，力学性能优于砂型铸造件，但是由于金属型模刚性大而无退让性，在铸件凝固时容易产生裂纹缺陷。

　　一套金属铸型可以反复使用浇注几百次甚至上万次，故金属型模铸造也被称为永久型铸造，特别适合大批量生产形状复杂的铝合金、镁合金等有色金属铸件，但是金属型模铸造目前所能生产的铸件在重量和形状方面还有一定的限制，如黑色金属只能铸造形状简单的铸件、铸锭（最典型的是炼钢时用钢锭模浇铸钢锭），铸件的重量不能太大，壁厚也有限制，无法铸出薄壁铸件。

　　上述铸造方法统称为重力铸造，因为这是指金属液在地球重力作用下注入铸型的工艺，也称浇铸。金属液灌入浇口后，依靠金属液的自重充满型腔、排气、冷却，最后开模得到铸件产品。

5. 离心铸造

　　离心铸造是把液态金属注入离心铸造机上高速旋转的金属铸型内，使金属液在离心力作用下被甩向铸型的型壁，直至充满铸型并冷却凝固为止，然后停止转动的铸型，打开铸型取出铸件。

　　离心铸造的铸件组织致密，力学性能好，无夹渣气孔等缺陷，可制造高质量的空心薄壁铸件。由于结构设计上的原因，这种铸件多为对称形状，例如各种管状、套状、环状铸件，灰铸铁、球墨铸铁的水管和煤气管，管径最小 75mm，最大可达 3000mm，还可浇注如造纸机用大口径铜辊筒，各种碳钢、合金钢管，要求内外层有不同成分的双层材质钢轧辊，以及各种环形铸件和较小的非圆形铸件等。

　　离心铸造所用的铸型，根据铸件形状、尺寸和生产批量不同，可选用非金属型（如砂型、壳型或熔模壳型）、金属型或在金属型内敷以涂料层或树脂砂层的铸型。

　　离心铸造工艺不当时，铸件上容易出现裂纹、偏析、皮下缩孔、疏松、夹渣、内表面凹凸不平、充填成型不良等缺陷。

6. 压力铸造

　　压力铸造（简称压铸）是在高压作用下把液态或半液态金属以较高速度注入压铸机上的金属铸型中并保持压力一段时间，使液态或半液态金属充填压铸型模（压铸模具）的型腔，并在压力下成形和凝固，从而获得高质量、高精度、形状比较复杂的铸件，能实现少切屑、无切屑，从而节约金属材料、提高生产效率、降低生产成本。

　　压铸件比普通铸件具有更高的机械强度，常用于制造有色金属的锌、铝、镁和铜合金压铸件，例如汽车轮毂、电机冷却风扇叶片等，并且也已扩展到压铸铸铁和铸钢件。

压铸件容易出现的主要缺陷有气孔、疏松、裂纹、晶粒粗大、冷隔、表面皱褶以及充填不足、粘型等。

除了普通压铸工艺外，新发展的特殊压铸工艺有真空压铸、充氧压铸、半固态压铸等。

真空压铸：压铸前对铸型型腔抽真空以便减少或避免压铸过程中气体随金属液高速卷入导致铸件产生气孔和疏松。根据型腔内真空度的大小又分为普通真空压铸和高真空压铸。

充氧压铸：充氧压铸仅适用于铝合金，将干燥的氧气充入压气室和压铸模型腔内以取代其中的空气和其他气体，铝合金液体压入压室和压铸模型腔时与氧气发生化合反应，生成 Al_2O_3，从而减少或消除气孔，提高铸件的致密性。

定向、抽气、充氧压铸：把真空压铸和充氧压铸结合起来，在液体金属充填型腔之前，先沿液态金属填充的方向以超过充填的速度抽真空，有利于金属液顺利地充填，对有深凹或死角的复杂铸件，在抽气的同时进行加氧，以达到更好的效果。

半固态压铸：在液态金属凝固过程中进行强力搅拌，在一定的冷却速率下获得大约一半甚至更多固体组分的浆料，再用这种浆料进行压铸。这种工艺的优点是铸件不容易出现疏松、缩孔缺陷而提高了铸件质量。

图 2-70 为大型铸钢件砂型铸造的浇铸现场照片。图 2-71～图 2-75 为一些铸件实物照片。

图 2-70　大型铸钢件砂型铸造的浇铸现场
（图片源自 http://image.baidu.com）

工业无损检测技术

图 2 - 71　普通钢铸件

（图片源自 http://image. baidu. com）

图 2 - 72　精密铸造的汽车发动机不锈钢零件

图 2 - 73　铝合金压铸的汽车发动机零件毛坯

图 2 - 74　铝合金压铸的汽车轮毂毛坯

图 2-75　大型体育馆屋顶网架钢管铸钢接头

（二）铸件的常见缺陷

　　铸件的形状一般都比较复杂，材料种类也有很多，其最大的特点是铸态组织通常不够致密（密度不均匀）、晶粒粗大、存在弹性各向异性，在无损检测时容易造成超声波传播时的声速各向异性、声速不均匀、声阻抗变化大、声能衰减较大、组织反射或形状反射造成的干扰较强等，使得铸件的超声波检测存在一定困难。

　　铸件中除了会出现前面所述的冶炼和铸锭缺陷（冶金缺陷）外，在铸造工艺过程中还会出现下述缺陷：

1. 砂眼（亦称砂孔、夹砂）

　　在采用砂型铸造时，由于型腔表面强度不好、烧焦或没有完全固化、取出模型后上下模合模时错位导致压碎局部砂型、浇铸时浇包与浇口处碰撞、液态金属进入浇口速度过快而冲刷浇道等原因，会导致脱落的砂块或砂粒在铸件表面或近表面上形成相应的孔洞，其形状往往与砂块或砂粒的外形一致，刚出模时可见铸件表面镶嵌砂粒，可从中掏出砂粒，有多个砂眼同时存在时，铸件表面甚至会呈橘子皮状。

2. 气孔（亦称气泡、呛孔、气窝）

　　这是液态金属凝固过程中未能逸出的气体留在金属表面（称为表面气孔，外观检查就能发现）或内部（多在邻近表面下）形成的小孔洞（称为皮下气孔，经机械加工后才能发现），以及液态金属浇注时被卷入的气体在金属液凝固后以气孔的形式存在于铸件内部中（称为内部气孔）。

　　气孔的特点是内壁光滑，内含气体，通常呈圆形或椭圆形，也有的随气体逸出过程中被凝固而形成不规则形状（例如蝌蚪状），有时还有由多个气孔组成的密集气孔（组成一个气孔团）。皮下气孔一般呈梨形（往外逸出过程中被凝固固定）。

　　铸件表面凹进去一块则俗称气窝，是液态金属被气体顶住不能完全充满型腔所致，通常气窝的表面较平滑。

　　气孔的形成原因很多，例如砂型干燥不够（使用前预热不足甚至未经预热）以致水分在遇到高温液态金属时汽化而侵入铸件表面；铸造模具的预热温度太低，液体金属经过浇注系统时冷却太快，加上铸造模具的排气设计不良，以致气体不能通畅排出；制造模具型腔表面涂料不好且本身排气性不佳，甚至涂料本身挥发或分解出气体；铸造模具型腔表面有孔洞或凹坑，液体金属注入后，孔洞、凹坑处的气体迅速膨胀压缩液体金属形成气窝；金属铸造模具型腔表面有锈蚀而且未清理干净；液态金属中添加的脱氧剂质量不佳，或者脱氧剂用量不够或操作不当；液态金属与铸型表面发生化学反应释放出气体；液态金属中的夹渣或氧化皮上有附着的气体；等等，都有可能产生气孔或气窝。当气孔直径很微小且密集时，则称之为针孔。

　　图2-76所示为铸钢轧辊加工后暴露出来的皮下气孔。

图2-76　铸钢轧辊加工后暴露出来的皮下气孔

3. 缩孔与疏松

　　液态金属冷却凝固时，体积要收缩，在最后凝固的部分如果得不到液态金属的补充就会形成空洞状的缺陷，大而集中的空洞称为缩孔，细小而分散的空隙则称为疏松（亦称缩松）。

　　缩孔与疏松是铸件的常见缺陷，一般位于铸件中心最后凝固的部分（表面或内部，如铸件内浇道附近、冒口根部、尺寸厚大的部位，厚薄壁转接处以及具有大平面的厚薄壁转接处），其内壁粗糙，周围多伴有许多杂质和细小的气孔以及粗大晶粒。

　　由于热胀冷缩的原因，铸件上的缩孔是必然存在的，只是随铸造工艺处理方法不同缩孔会有不同的形态、尺寸和位置。在铸造工艺上一般是通过设置冒口（即铸造模具上有意留出超出铸件本体的空间以容纳一定量有意溢出的液态金属）来把缩孔的形成引到铸件本体外以便切除。在浇铸完成后还需要采取适当的保温措施使铸件冷却不要过快（例如应用珍珠岩等隔热材料保温甚至采用一定的加热措施，过去的土办法还有采用稻草堆在冒口处燃烧）。

如果铸造模具设计不当（如冒口设计不当而未能起到充分补缩的作用）或浇铸工艺不当、浇注温度过低或过高、浇铸完成后的保温不良（铸造模具的工作温度控制未达到定向凝固要求）等，缩孔就可能延伸到铸件本体内部，或者在铸件与铸造模具接触的部位或快速散热的部位产生疏松。

图 2 - 77 为 W18Cr4V 高速工具钢铸件中疏松缺陷的断口照片，照片上疏松处呈黑色是因为铸件已经过热处理，疏松部分被氧化并有机油渗入。

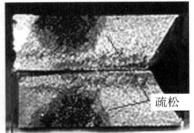

图 2 - 77　W18Cr4V 高速工具钢铸件中的疏松

图 2 - 78 为铸钢件中的严重疏松解剖显示照片。

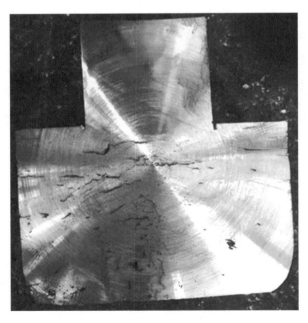

图 2 - 78　铸钢件中的严重疏松

4. 夹渣（渣孔）

金属熔炼过程中产生的熔渣、熔炉炉体上的耐火材料剥落、冶炼原材料中的杂质以及液态金属在空气中产生的氧化膜等进入液态金属中，在浇注铸件时被卷入铸件本体内（例如浇注系统设计不正确），就在铸件中形成了夹渣缺陷。夹渣存在于铸件表面称为渣孔（渣孔中全部或局部被熔渣所填塞），存在于铸件内部则称为夹渣。

夹渣的外形不规则（如薄片状、团絮状、带有皱纹的不规则云彩状），小点状的熔剂夹渣一般不容易被发现。夹渣通常不会单一存在，往往呈网状、密集状或在不同深度上分散存在，类似体积型缺陷然而又往往有一定线度，并且往往是铸件形成裂纹的根源之一。

夹渣一般较多分布在浇注位置的下部（浇口附近）、内浇道附近或铸件死角处。砂型铸造工艺较容易产生夹渣，而金属型模铸造工艺则是避免渣孔的有效方法之一。

5. 夹杂

夹杂是指混入液态金属并浇注入铸造模具内的外来物（非铸件金属成分），例如在熔炼金属过程中的冶金反应生成物（如氧化物、硫化物等）未随浮渣进入冒口部分而留在铸件本体内，或者铸造模具型腔表面沾有外来物，或者造型材料剥落而留在铸件本体内等，这些夹杂物称为非金属夹杂。另一种夹杂物是金属夹杂，是作为铸件本身成分的添加料在熔炼过程中未完全熔化而残留下来的原始添加金属状态，如高密度、高熔点成分的钨、钼夹杂，也有如夹铝、夹钛等。

6. 偏析

铸件中的偏析主要是指冶炼过程中或金属熔化过程中因为化学成分或显微组织结构分布不均而形成的偏析，前者称为成分偏析，后者称为组织偏析。铸件上有偏析存在的区域力学性能有别于整个金属基体的力学性能，如果差异超出允许标准范围就成为缺陷。

7. 铸造裂纹（包括热裂纹、冷裂纹）

由于铸件各部分厚薄不一，冷却凝固速度不同，铸件各部分冷却不均匀而造成冷缩应力不均匀，或者铸件凝固和冷却过程受到外界阻力而不能自由收缩，以致液态金属冷却凝固时的收缩应力超过了材料的极限强度而容易在局部应力过大处造成开裂，称为铸造裂纹。

铸造裂纹的产生主要与铸件的形状设计和铸造工艺有关，也与金属材料中一些杂质含量较高而引起的开裂敏感性有关（例如硫含量高时有热脆性，磷含量高时有冷脆性等）。

金属型模铸造工艺特别容易产生裂纹缺陷，因为金属模具本身没有退让性，冷却速度快，容易造成铸件内应力增大，铸造完成后打开铸造模具（俗称开型）的时间过早或过晚、浇注角度过小或过大、铸造模具型腔内涂料层太薄等都容易造成铸件开裂，模具型腔本身有裂纹时也容易导致铸件裂纹。

铸件裂纹常常与疏松、夹渣等缺陷有联系，多发生在铸件尖角内侧，厚薄断面交接处，浇口、冒口与铸件连接的热节区等。

铸件裂纹的外观呈直线或不规则的曲线，在高温下凝固结晶过程中形成的热裂纹断口表面因为被强烈氧化而呈暗灰色或黑色，无金属光泽；在冷却到室温情况下产生的冷裂纹断口表面清洁，有金属光泽。

铸件的外表面裂纹通常直接可以看见，而内部裂纹则需要借助无损检测方法才可以看到。

图 2-79 所示为镍基合金铸造涡轮叶片上厚薄截面之间的收缩裂纹。

图 2-80 所示为某低碳钢铸造的 32MPa 压力阀门体内部裂纹，经超声检测发现，挖磨到深度后的着色检测显示。

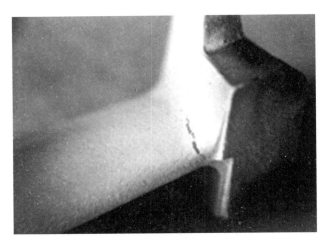

图 2-79　镍基合金铸造涡轮叶片收缩裂纹（着色渗透检测显示的迹痕）
（图片源自陈梦征、归锦华编《着色渗透探伤缺陷图谱》）

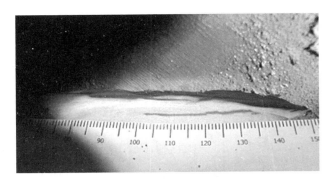

图 2-80　某低碳钢铸造的 32MPa 压力阀门体内部裂纹

8. 冷隔（亦称融合不良）

冷隔是铸件中特有的一种分层性缺陷，主要与铸件的浇铸工艺设计有关。在向铸造模具浇注液态金属时，由于飞溅、翻浪、浇注中断，或者来自不同方向的两股（或多股）金属流在型腔内相遇等原因，各股液态金属表面冷却形成的半固态薄膜未能被熔合而留在铸件本体内，形成一种隔膜状的面积型缺陷。

冷隔在外观上表现为有圆钝边缘的表面夹缝，甚至可以穿透壁厚成为透缝，夹缝中间被氧化膜隔开，两侧不能完全融为一体。冷隔严重时就成了"欠铸"。

冷隔常出现在铸件顶部壁上、薄的水平面或垂直面、厚薄壁连接处或在薄的肋板上。

冷隔的形成原因包括金属型模铸造的模具排气设计不合理、模具温度或液态金属温度太低、铸造模具型腔的涂料品质不好（人为涂敷质量不好或涂料材料不佳）、铸造模具的浇道开设位置不当、浇注速度太慢等。

图 2 - 81 所示为铝铸件表面可见的冷隔缺陷。

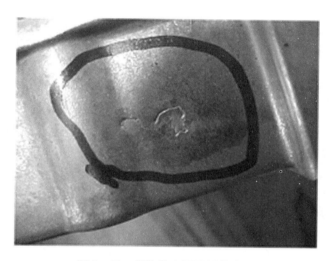

图 2 - 81　铝铸件表面可见的冷隔
（图片源自 http://image.baidu.com）

9. 各向异性

液态金属在铸造模具中凝固冷却时，从表面到中心的冷却速度是不同的，因而会形成不同的结晶组织，表现出力学性能的各向异性和声学性能的各向异性，亦即在不同方向上以及从中心到表面的不同部位上有不同的声速与声衰减。这种各向异性的存在，对铸件超声波检测时评定缺陷的大小与位置会产生不良影响。

10. 成分超差

熔炼铸件金属时需要根据铸件金属的成分（牌号）要求配料，如果中间合金或预制合金的成分不均匀或者成分分析误差过大、炉料计算或配料称量错误、熔炼操作失当导致易氧化元素烧损过大、熔炼中的搅拌不均匀、易偏析元素分布不均匀等，都会引起最终铸件的化学成分超差，从而影响铸件的综合性能。

综上所述，除了成分偏差、偏析、各向异性等外，铸件中的宏观缺陷多为体积型（裂纹、翻皮、冷隔除外），缺陷的取向规律不够明显，但主要与冷缩应力方向有关。此外，由于铸件的晶粒一般都比较粗大，有各向异性存在，因此给超声检测带来不少的困难，在对铸件进行无损检测时，必须结合铸造工艺和具体的铸造材料、铸件形状以及表面状态等多种因素综合考虑。

2.4 金属热处理的基础知识

（一） 金属热处理的方法

将金属在固态范围内通过一定方式的加热、保温和冷却处理程序，使金属的性能和显微组织获得改善或改变，这种工艺方法称为热处理。

金属热处理的基本工艺参数是加热温度、保温时间、冷却速率和金属自身的物理化学特性。根据热处理的目的不同，有不同的热处理方法，主要可分为下述几种：

1. 退火处理（Annealing，**代号** Th）

在退火热处理炉内，将金属按一定的升温速度缓慢加热到临界温度 Ac1 以上 20℃～40℃（也有 30℃～50℃），其显微组织将发生相变或部分相变（例如亚共析钢被加热到此温度时，珠光体将转变为奥氏体），然后保温一段时间，再缓慢冷却（一般为随炉冷却或埋在砂中或石灰中冷却）至 500℃ 以下，最后在空气中冷却至室温，这整个过程称为退火处理。

缓慢加热的目的是防止升温过快造成较大的热应力破坏金属的正常显微组织。保温的目的是保障被热处理工件内外达到一致的温度（俗称热透）。缓慢冷却的目的是为了舒缓显微组织发生相变时产生的内应力以及保障相变均匀。

退火热处理可以达到消除零件由于塑性形变加工（例如锻造、轧制）、铸造、焊接以及切削加工等而造成的残余内应力，稳定尺寸，防止加工后和使用过程中发生变形或开裂，使金属的晶粒细化和使显微组织均匀化（得到近似平衡的组织），改善机械性能（例如降低硬度，提高塑性、韧性和强度等），改善切削加工及冷变形加工的性能等目的。

根据工件要求退火的目的不同，退火处理工艺可分为普通去应力退火、双重退火、扩散退火、等温退火、球化退火、再结晶退火、石墨化退火、光亮退火、完全退火、不完全退火等。最常用的是普通去应力退火、球化退火和完全退火。

（1）普通去应力退火

普通去应力退火适用于各种钢铸件、钢锻件、钢焊接件和钢冷挤压件等在加工完成后消除内应力、稳定工件尺寸，例如消除钢件焊接和冷校直时产生的内应力，消除精密零件切削加工时产生的内应力，以防止其在以后加工和使用过程中发生变形。

去应力退火的加热温度一般为 Ac1 以下某一温度，即低于相变温度（例如对于钢铁制品是加热到开始形成奥氏体的温度以下 100℃～200℃），因此，在整个热处理过程中不发生组织转变，内应力主要是通过工件在保温和缓冷过程中自然消除。

为了使工件内应力消除得更彻底，在加热时应控制加热温度。一般是将钢件放入低温状态的退火处理炉中以适当升温速度（例如100℃/h）加热到500℃～650℃，保温一定时间（保证热透，通常为 2～4h），然后缓慢冷却（一般采用随炉冷却），冷却速度控制在 20～50℃/h，冷至300℃以下才能出炉空冷（在静止空气中冷却，称为空冷）

至室温。

（2）球化退火

球化退火适用于含碳量（质量分数）大于0.8%的碳素钢和合金工具钢，可用于降低钢的硬度、提高塑性和韧性，使钢中的渗碳体球化，改善其切削性能，并为以后淬火做好准备，以减少淬火后的变形和开裂。

球化退火分为普通球化退火和等温球化退火。

普通球化退火：将钢件放入退火处理炉中以适当升温速度加热到Ac1（开始形成奥氏体的温度）以上20℃～30℃，经过保温一定时间（保证热透）以后，随炉缓慢冷却至500℃以下再出炉空冷至室温，在冷却过程中珠光体中的片状或网状渗碳体变为颗粒状（球状）。

等温球化退火：将钢件放入退火处理炉中以适当升温速度加热到Ac1（开始形成奥氏体的温度）以上20℃～30℃，经过保温一定时间（保证热透）以后，首先快速冷却到Ar1以下20℃，等温停留一段时间，然后随炉缓慢冷却至500℃左右再出炉空冷至室温。

球化退火加热时，组织没有完全奥氏体化，所以又称不完全退火。

（3）完全退火

完全退火适用于含碳量（质量分数）在0.8%以下的锻件或铸钢件，可用于细化晶粒、均匀组织、降低硬度、提高塑性和韧性以及充分消除内应力，便于机械加工。

将钢件放入退火处理炉中以适当升温速度加热到Ac3（不同钢材的Ac3温度稍有不同，一般为710℃～750℃，个别合金钢的临界温度可达800℃～900℃）以上30℃～50℃，待铁素体全部转变为奥氏体，保温一定时间（保证热透），然后随炉缓慢冷却（或埋在砂堆中或石灰堆中冷却）到500℃以下，再置于空气中冷却到室温。在冷却过程中，奥氏体再次发生转变，即可使钢的组织变细。

（4）等温退火

等温退火的目的是降低某些镍、铬含量较高的合金结构钢的硬度，以便进行切削加工。一般加热至Ac3以上，保温一段时间，然后先以较快速度冷却到珠光体转变温度，保温（等温停留）适当时间，使奥氏体转变为珠光体，然后出炉空冷至室温，硬度即可降低。等温退火时间短，容易控制，脱氧、脱碳小，适用于过冷奥氏体比较稳定的合金钢及大型碳钢件。

（5）再结晶退火

再结晶退火的目的是消除金属线材、薄板在冷拔、冷轧过程中的硬化现象（硬度升高、塑性下降）。加热温度一般为钢开始形成奥氏体的温度以下50℃～150℃，消除加工硬化效应使金属软化。

（6）石墨化退火

石墨化退火的目的是使含有大量渗碳体的铸铁变成塑性良好的可锻铸铁。将铸铁件加热到950℃左右，保温一定时间后以适当方式冷却，使渗碳体分解形成团絮状石墨。

（7）扩散退火

扩散退火的目的是使合金铸件化学成分均匀化，提高其使用性能。在不发生熔化的前提下，将铸件加热到尽可能高的温度，并长时间保温，待合金中各种元素扩散趋于均匀分布后缓冷。

2. 正火处理（Normalizing，代号 Z）

在热处理炉内，按一定的升温速度将钢件加热到临界温度 Ac3 或 Acm 以上（例如 40℃～60℃左右）的适当温度，此时铁素体完全转变为奥氏体，或者二次渗碳体完全溶解于奥氏体，保温一段时间，然后从炉中取出置于静止空气中自然冷却（也可以采用吹风冷却或堆放自然冷却，或者把单件放在无风空气中自然冷却，或采用喷水、喷雾等多种方法，对于环境气温、堆放方式、气流及工件尺寸都有一定要求），最后得到的是珠光体类组织，这整个过程称为正火处理。

正火是退火的一种特殊形式，目的是使晶粒细化和碳化物分布均匀化，也能起到消除内应力的作用。由于其冷却速度比退火稍快，能得到较细的晶粒和均匀的组织，使金属的强度和硬度有所提高，具有较好的综合机械性能，还能改善切削加工性能。对力学性能要求不高的零件，常用正火作为最终热处理。

正火的主要应用范围有：

对于低碳钢，采用正火可得到较多的细片状珠光体组织，使硬度略高于退火后的硬度，改善韧性和切削加工性。对低碳深冲薄钢板，正火可以消除晶界的游离渗碳体，以改善其深冲性能。

对于中碳钢，可代替调质处理作为最后热处理，也可作为用感应加热方法进行表面淬火处理前的预备处理。

对于工具钢、轴承钢、渗碳钢等，可以消除、降低或抑制网状碳化物的形成，从而得到球化退火所需的良好组织。

对于铸钢，可以细化铸态组织，改善切削加工性能。

对于大型锻件，可作为最后热处理，从而避免淬火时较大的开裂倾向。

采用高温正火（Ac3 以上 150℃～200℃）可以减少铸件和锻件的成分偏析，高温正火后的粗大晶粒可通过随后第二次较低温度的正火予以细化。

对某些用于汽轮机和锅炉的低碳合金钢、中碳合金钢，常采用正火以获得贝氏体组织，再经高温回火，使其在 400℃～550℃工作时具有良好的抗蠕变能力。

对于球墨铸铁，可使硬度、强度、耐磨性得到提高，如用于制造汽车、拖拉机、柴油机的曲轴、连杆等重要零件。

对过共析钢球化退火前进行一次正火，可以消除网状二次渗碳体，使珠光体细化，以保证球化退火时渗碳体的全部球粒化，有利于改善机械性能。

对亚共析钢的正火可以用于消除铸、锻、焊件的过热粗晶组织和魏氏组织、轧材中的带状组织、细化晶粒，并可作为淬火前的预先热处理。

3. 淬火处理（Hardening，代号 C）

淬火处理是在热处理炉内将钢件按一定的升温速度加热到临界温度 Ac3（亚共析钢）或 Ac1（过共析钢）以上某一温度（例如超过 30℃～50℃），保温一段时间，使显微组织全部或部分转变成均匀的奥氏体（奥氏体化），然后利用适当的冷却介质（包括水、油、盐水、碱水甚至冷空气等）以适当的冷却速度将钢件快速冷却到马氏体相变线

（Ms）或 Ms 附近等温线以下进行马氏体（或贝氏体）转变。

淬火处理能使钢件在横截面内全部或在一定的范围内发生马氏体等不稳定组织结构的转变，获得马氏体或贝氏体组织（但还会存在残余奥氏体），可显著提高金属的强度、硬度和耐磨性，为后续热处理（例如回火）做好显微组织的准备，也可以改善某些特殊钢的材料性能或化学性能，如提高不锈钢的耐蚀性、增加磁钢的永磁性等。

淬火时的快速冷却导致的急剧组织转变会产生较大的内应力，导致钢件变形和脆性增大，因此必须及时进行回火处理或时效处理，以获得高强度与高韧性相配合的性能，一般较少仅仅采用淬火处理的工艺。

视淬火处理的对象和目的不同，淬火处理可分为普通淬火、完全淬火、不完全淬火、等温淬火、分级淬火、光亮淬火、高频淬火等多种淬火工艺方式。

通常也将铝合金、铜合金、钛合金、钢化玻璃等材料的固溶处理或带有快速冷却过程的热处理工艺称为淬火。

常见的淬火工艺有盐浴淬火、马氏体分级淬火、贝氏体等温淬火、表面淬火和局部淬火等，也有分类为单液淬火、双液淬火、火焰表面淬火、表面感应淬火。

所谓单液淬火是指淬火时在一种淬火剂中冷却，对于直径或厚度大于 5～8mm 的碳素钢件，一般选用盐水或水作为冷却介质，对于合金钢件则选用机油作为冷却介质。单液淬火只适用于形状比较简单、技术要求不太高的碳素钢及合金钢件。

所谓双液淬火是指将钢件加热到淬火温度，经过保温以后，先在水中快速冷却至 300℃～400℃，然后再移入机油中继续冷却，即分阶段实施不同的冷却速度，有利于减小变形和降低内应力。

4. 表面淬火处理

这是淬火处理中的一种特殊方式，它是利用火焰加热法、高频感应加热法、工频感应加热法、电接触加热法、电解液加热法等多种加热方式，使金属的表面快速加热到临界温度以上，在热量还未来得及传入金属内部之前就迅速加以冷却（即淬火处理），这样可以将金属表面淬硬到一定深度（形成有一定深度的淬硬层），而金属内部仍保持原组织，满足外硬内韧的使用需要。表面淬火的加热速度快、温度高，金属内外温差大，加上冷却速度快，因此内应力很大，容易产生裂纹，这是必须注意的。

火焰表面淬火：用乙炔和氧气混合燃烧的火焰喷射到零件表面，使零件迅速加热到淬火温度，然后立即用水向零件表面喷射。适用于单件或小批生产、表面要求硬且耐磨而芯部则能保持较好的强度和韧性，能承受冲击载荷的大型中碳钢和中碳合金钢件，如曲轴、齿轮和导轨等。

表面感应淬火：将钢件放在感应器中，感应器在一定频率的交流电作用下产生磁场，钢件在磁场作用下产生感应电流，使钢件表面迅速加热（2～10 分钟）到淬火温度，这时立即将水喷射到钢件表面。经表面感应淬火的零件，表面硬而耐磨，而芯部则能保持较好的强度和韧性。适用于中碳钢和中等含碳量的合金钢件。

5. 回火处理（Tempering，代号 H）

将已淬火的钢件重新加热到 Ac1 以下某一适当温度（视此温度的不同而有高温回火、中温回火、低温回火以及不同温度的多次回火之分），保温一段时间，然后在空气中或机油中冷却到室温，这整个过程称为回火处理。

回火处理的目的是降低淬火处理引起的脆性和消除内应力，防止变形和开裂，除了能使钢件适当降低强度和硬度外，还能使其得到所需要的塑性和韧性，稳定金属零件的显微组织、几何尺寸以及改善切削加工性能。温度升高时，原子活动能力增强，钢铁中的铁、碳和其他合金元素的原子可以较快地进行扩散，实现原子的重新排列组合，从而使不稳定的不平衡组织逐步转变为稳定的平衡组织。

回火是紧接着淬火之后进行的，也是热处理的最后一道工序，淬火后如果不及时回火，则往往容易造成钢件开裂（硬度很高然而脆性很大）和较大变形。此外，如果回火温度选择不当，在某些温度区域回火时会发生回火脆性（回火处理后韧性反而下降），这是必须注意的。

按回火处理的温度范围，可分为低温回火、中温回火和高温回火。

（1）低温回火

将淬硬的钢件加热到 $150℃ \sim 250℃$ 并保温一定时间，然后在空气中冷却，得到的是回火马氏体组织。低温回火多用于切削刀具、量具、模具、滚动轴承和渗碳零件等，以消除因淬火而产生的内应力。低温回火后，硬度一般变化不大，内应力减小，而塑性和韧性则稍有提高。

（2）中温回火

将淬火的钢件加热到 $350℃ \sim 500℃$ 并保温一段时间，然后在空气中冷却下来，得到的是回火屈氏体组织。一般用于各类弹簧及热锻模、冲模等，以获得较高的弹性以及一定的塑性、韧性和硬度，并消除因淬火而产生的内应力。

（3）高温回火

将淬火后的钢件加热到 $500℃ \sim 650℃$ 并保温一定时间，然后在空气中冷却，得到的是回火索氏体组织。主要用于如主轴、曲轴、凸轮、齿轮和连杆等，以获得较好的综合力学性能，即较高的强度和韧性及足够的硬度，并消除因淬火而产生的内应力。

钢在 $300℃$ 左右回火时，常常会使其脆性增大，这种现象称为第一类回火脆性，一般不应选择在这个温度区间进行回火。有些中碳合金结构钢在高温回火后，如果是缓慢冷却至室温，也容易使脆性增大，这种现象称为第二类回火脆性。在钢中加入钼，或者回火时在油或水中冷却，可以防止第二类回火脆性。已经出现第二类回火脆性的钢重新加热至原来的回火温度，再按正常方式冷却，就可以消除这种脆性。

在实际应用中，常把淬火 + 高温回火统称为调质处理。

调质处理（Quenching and Tempering，代号 T）是指对钢件进行淬火及高温（$500℃ \sim 600℃$）回火的复合热处理工艺，目的是获得强度、硬度、塑性和韧性都较好的综合机械性能。

调质处理广泛应用于各种重要的结构零件，特别是那些在交变负荷下工作的连杆、螺栓、齿轮及轴类等。调质处理后得到回火索氏体组织，它的力学性能均比相同硬度的正火索氏体组织更优。它的硬度取决于高温回火温度并与钢的回火稳定性和工件截面尺寸有关，一般在 HB200 $\sim$ 350 之间。

调质处理一般在粗加工之后进行，达到细化晶粒和获得较高韧性和足够的强度，使

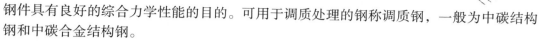

钢件具有良好的综合力学性能的目的。可用于调质处理的钢称调质钢，一般为中碳结构钢和中碳合金结构钢。

6. 化学热处理

把钢件放入含有某些活性原子（如碳、氮、铬等）的化学介质中进行加热、保温、冷却时，介质中某些化学元素的原子将借助高温发生原子扩散，渗入钢件表面层，改变钢件表面层的化学成分，使钢件表面层具备特定的组织和性能，这种方法称为化学热处理，其实质属于表面热处理。化学热处理的主要目的是提高钢件表面的硬度、耐磨性、耐蚀性、耐热性以及抗疲劳性等。

化学热处理的方法主要有渗碳、渗氮、碳氮共渗三种。

①渗碳：向钢件表面层渗入碳原子，用以提高钢件表面层的含碳量，从而提高钢件表面层的硬度和耐磨性。

渗碳处理通常用于使低碳钢的工件具有高碳钢的表面层，再经过淬火和低温回火，使钢件表面层具有高硬度（可达到 HRC60～65）和耐磨性并能承受冲击载荷，而钢件中心部分仍然保持高的韧性和塑性，如火车车轮、齿轮、轴、活塞销、轴承圈等。常用的渗碳介质是木炭，也有的专用渗碳热处理炉使用一氧化碳气体。

②渗氮（又称氮化）：在专用的热处理炉内利用氨气在加热时分解出来的活性氮原子渗入钢件表面层，形成氮化层，同时向心部扩散，可提高钢件表面层的硬度、耐磨性和耐蚀性。常用于各种高速传动精密齿轮、机床主轴（如镗杆、磨床主轴）、高速柴油机曲轴、阀门以及重要的螺栓、螺母、销钉等零件。

渗氮工件的工艺路线一般是：锻造→退火→粗加工→调质→精加工→除应力→粗磨→渗氮→精磨或研磨→成品。氮化层通常很薄，并且较脆，要求工件有较高强度的心部组织，因此需要先进行调质热处理，获得回火索氏体，提高心部机械性能和氮化层质量。

钢在渗氮处理后，不需要再进行淬火便具有很高的表面硬度及耐磨性。渗氮处理温度低，与渗碳、感应表面淬火相比，变形小得多。如果渗氮不均匀，将有可能出现工件表面的局部（多为点状，呈灰白色）渗氮层剥落，造成局部的耐磨性显著下降，并有可能在使用中继续扩大，用涡流检测的方法可以发现剥落点处与正常渗氮层的导电率有明显差异，从而可以做出判断。

③碳氮共渗（又称氰化）：把渗碳与渗氮两种处理方法结合起来，将活性碳原子与氮原子同时渗入钢件表面层来提高钢件表面层的硬度、耐磨性和疲劳强度。应用较广泛的有中温气体碳氮共渗和低温气体碳氮共渗（即气体软氮化）。

中温气体碳氮共渗的主要目的是提高钢的硬度、耐磨性和疲劳强度。低温气体碳氮共渗以渗氮为主，其主要目的是提高钢的耐磨性和抗咬合性，适用于低碳钢、中碳钢或合金钢零件，也可用于高速钢刀具。

除了上述常见的三种化学热处理方法外，还有渗硅、渗硼、渗铝、渗铬、铝铬共渗、钛碳共渗、钛氮共渗、发黑（发蓝）处理等，以适应不同的目的与用途。

所谓发黑（发蓝）处理是将钢制零件放在很浓的碱和氧化剂溶液中加热氧化，使金属零件表面生成一层带有磁性的四氧化三铁薄膜，起到防锈、增加钢表面的美观和光泽，消除淬火过程中的应力的作用，常用于低碳钢、低碳合金工具钢。由于材料和其他因素的影响，发黑层的薄膜颜色有蓝黑色、黑色、红棕色、棕褐色等，其厚度一般为 $0.6 \sim 0.8 \mu m$。

7. 时效处理

金属或合金经过淬火处理、固溶热处理或加工，特别是经过一定程度的冷、热加工塑性变形后，在室温放置或稍高于室温保持时，其性能会随时间而改变，这种现象称为时效现象。

在热处理工艺中的时效处理，是指有意识地把金属或合金在室温或者较高温度下存放一定时间，以达到稳定显微组织、减少零件变形、稳定尺寸、改善或增强机械性能目的的工艺过程。

经过时效处理后的金属或合金强度和硬度能有所增加，塑性、韧性和内应力有所降低，显微组织更加稳定，对精度要求较高的零件更为重要。

将淬火或者淬火 + 回火后的金属在时效处理炉中加热到室温以上（一般为 $100 \text{℃} \sim 200 \text{℃}$），保温一段时间，然后取出自然冷却，这种方法称为人工时效（若为淬火 + 人工时效，代号为 CS），去应力退火也可作为人工时效的一种方式。

在淬火后将金属置于室温或自然环境温度下（例如露天场地）一段时间来达到时效效果，则称为自然时效（代号 CZ）。

人工时效比自然时效节省时间，残余应力去除也较为彻底。

时效处理多用于有色金属，例如铝合金、镁合金、钛合金等，也有时用于钢。

与时效处理相类似的还有固溶强化处理、固溶热处理、沉淀硬化处理等。

固溶强化处理：把金属加热到适当温度，充分保温，使金属中的某些组元溶解到固溶体内形成均匀的固溶体，然后急速冷却，得到过饱和固溶体。这种处理方法可以改善金属的塑性和韧性以及抗蚀性能，消除应力与软化。此后可再做沉淀硬化（强化）处理，提高其强度。

固溶热处理：将合金加热至高温单相区恒温保持，使过剩相充分溶解到固溶体中，然后快速冷却，以得到过饱和固溶体。这种处理方法可以强化固溶体并提高韧性及抗蚀性能，消除应力与软化，以便将合金继续加工成型。

沉淀硬化（强化）处理：把经过固溶处理或者又再次经过冷加工变形的金属加热到一定温度（达到强化相析出的温度），保温一段时间，则从饱和固溶体中析出另一相（强化相沉淀析出），从而达到硬化而提高强度的目的。

此外，还有低温处理（冷处理）、盐浴处理等。

（二）常见的热处理缺陷

1. 钢件的氧化与脱碳

钢件在加热过程中，钢表层的铁及合金元素与空气接触或与热处理炉中的介质（或气氛）中的氧、二氧化碳、水蒸气等接触发生反应，生成氧化物膜的现象称为氧化。若导致部分或全部失去钢表层中的碳原子，亦即降低了钢表层的碳浓度，这种现象则称为脱碳。脱碳的产生通常与加热气氛不当、加热时间过长有关。

　　脱碳层深度是指从脱碳层表面到脱碳层的基体在金相组织差异已经不能区别的位置的距离。通常可以采用金相法、硬度法（显微硬度法和洛氏硬度法）、碳含量测定法（化学分析法、光谱分析法）以及无损检测方法（如超声瑞利波法、巴克豪森噪声法等）来进行判断和测定。

　　氧化与脱碳常伴随有钢件氧化皮产生。在退火处理过程中发生脱碳的钢表层的力学性能（特别是硬度）将明显降低，发生脱碳的钢进行淬火处理后得到的表面硬度、疲劳强度及耐磨性也显著降低，而且在钢表面形成残余拉应力，容易形成表面网状裂纹。

　　图2-82为45号钢退火处理时发生脱碳的高倍照片，脱碳区为左边钢件表层发白的区域。图2-83所示为20MnTiB调质钢的脱碳层。

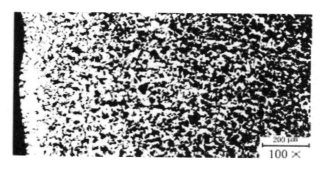

图2-82　45号钢退火处理时发生的脱碳（高倍100×）
（图片源自 http://image.baidu.com）

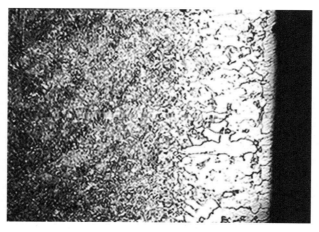

图2-83　20MnTiB调质钢的脱碳层（×200）
（图片源自 http://image.baidu.com）

　　一般加热到570℃以上的高温时，钢件氧化后的尺寸精度和表面光亮度会恶化，而且具有氧化膜的淬透性差的钢件在淬火处理后还容易出现淬火软点（局部表面层的组织或硬度不均匀）。

　　在热处理中为了防止钢件的氧化和减少脱碳，常用的工艺措施有：加热前预先在钢件表面涂覆特种保护涂料、用不锈钢箔将欲处理工件包裹密封再加热、采用盐浴炉加热（工件浸没在熔化的盐中加热）、采用保护气氛加热（如使用净化后的惰性气体以控制炉内碳势）、使用火焰燃烧炉（使炉气呈还原性）等。

2. 过热与过烧

过热是由于加热温度过高或在高温下保温时间过长造成的，其成因及后果与前面所述锻件的过热、过烧相同，主要是由于热处理规范选择不当、热处理设备的加热温度控制失灵（炉温仪表失控）、工件在热处理炉内过分靠近热源、工件堆积不当造成温度不均匀等原因造成。

在一般过热的情况下，会引起晶粒粗化（见图 2 - 84），导致钢的强度、韧性降低，脆性转变温度升高，增加淬火时的变形开裂倾向。这种过热组织一般可以经退火、正火或多次高温回火后，在正常情况下重新使晶粒细化。

图 2 - 84　5CrNiMo 锻坯锻后退火热处理时炉温失控跑温造成的过热粗晶
（毛坯尺寸 250mm × 200mm × 120mm）

已经存在过热组织的钢材经过重新加热进行淬火后，虽能使晶粒细化，但有时仍然会出现粗大颗粒状断口，这种现象称为"断口遗传"。一般认为曾经因为加热温度过高（过热）而使 MnS 之类的夹杂物溶入晶粒并富集于晶界面，冷却时这些夹杂物又会沿晶界面析出形成粗大的晶界，在受到冲击（破断）时则容易沿粗大晶界断裂。

具有粗大马氏体、贝氏体、魏氏体组织的钢件重新奥氏体化时，以慢速加热到常规的淬火温度甚至温度再低一些时，其奥氏体晶粒仍然是粗大的，这种现象称为粗大组织遗传性，通常可以采用中间退火或多次高温回火处理来改善。

例如高碳铬钢制轴承套圈淬火后的正常组织应为隐晶、细小结晶或小针状马氏体，而图 2 - 85 所示为高碳铬钢制轴承套圈淬火加热温度过高或加热保温时间太长造成的过热组织（粗大针状马氏体），这种显微组织会导致轴承的韧性下降、抗冲击性能降低，从而降低轴承的寿命。

如果加热温度过高，超过了过热的程度，将不但引起晶粒粗大，而且晶界局部会出现氧化甚至熔化，导致晶界结合力显著弱化，这种程度则称为过烧。钢件一旦达到过烧程度，其力学性能将严重恶化，淬火时会形成龟裂而报废。因此，钢件一旦出现过烧组织，就无法再通过热处理恢复而只能报废。

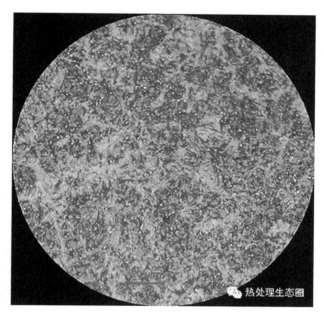

图2-85 高碳铬钢制轴承套圈淬火的过热组织

(图片源自孙钦贺，热处理生态圈)

3. **变形与开裂**

钢件在淬火处理时，因为冷却速度快，在金属内部会产生相当大的内应力，包括冷缩应力和组织转变应力，当这些内应力超过了材料的屈服强度时，将使工件发生变形，若超过了材料的强度极限则会导致开裂（称为淬火裂纹）。

在淬火前，如果金属工件上存在冶金缺陷（宏观缺陷或者显微组织不均匀等），或者存在加工缺陷以及机械加工痕迹（例如较深的刀痕、尖坑），工件几何形状上存在截面急剧变化处等，这些都会成为应力集中点，容易在这些部位首先开裂。

图2-86所示为5CrNiMo热作模具钢制的三吨模锻锤用整体模块自动扣（凸台）根部的淬火裂纹，起因于凸台根部圆弧处有较深的加工刀痕，该刀痕成为淬火时的应力集中点而导致开裂。

此外，淬火加热的温度过高（达到过热或过烧温度）、淬火冷却的速度过快（冷却介质使用不当或者淬火操作不当，造成内应力过大）等，也都容易导致淬火裂纹的发生。淬火后如果未及时回火或者回火不足（回火处理不当），由于残余应力过大，也会造成开裂或延迟性开裂（即热处理完成后过一段时间才开裂）。

图2-87所示为高碳铬轴承钢轴承套圈的淬火裂纹。

高强度钢在富氢气氛中加热时出现塑性和韧性降低的现象称为氢脆。出现氢脆的工件容易在淬火或者后续加工、使用中产生开裂。通过除氢处理（如回火、时效等）可有助于消除氢脆，采用真空、低氢气氛或惰性气氛加热也可以避免产生氢脆。

总之，热处理中发生裂纹的成因是多方面的，其多出现在截面变化的转角处，或者

图 2 - 86　5CrNiMo 热作模具钢制的三吨模锻锤淬火裂纹

图 2 - 87　高碳铬轴承钢轴承套圈的淬火裂纹
（图片源自孙钦贺，热处理生态圈）

表面刀痕、碰伤、划伤以及原有缺陷所在的部位上。

　　这里要顺便提及的是在机械加工，特别是钢质工件的砂轮磨削（如使用平面磨床、外圆磨床的机械磨削）加工过程中，高速转动的砂轮在工件表面磨削能产生高热，为了防止被磨削工件表面过热，在磨削的同时要施加冷却液，如果磨削操作不当（例如砂轮进给量或磨削量过大、磨削砂轮转速过高等），被磨削工件表面产生高温而被大量冷却液迅速降温冷却，此时的冷却液起到淬火冷却介质的作用，从而容易在工件表面产生裂纹，称为磨削裂纹。

　　磨削裂纹的形成机理与淬火裂纹相似，区别仅仅是磨削裂纹局限于工件磨削面的表面层上，并且磨削裂纹的取向多与砂轮磨削方向垂直或呈一定的角度。图 2 - 88 为钢件磨削裂纹的荧光磁粉检测显示照片。

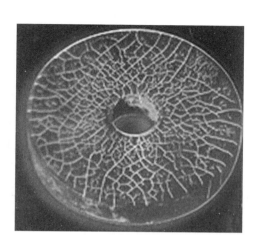

图 2-88　钢质工件磨削裂纹的荧光磁粉检测显示照片
（图片源自上海宇光探伤机制造公司广告资料）

2.5　金属焊接工艺的基础知识

（一）　金属焊接的方法

将分离的固态金属欲结合部位通过局部加热至熔化或半熔化状态，或者在塑性状态下采取施加压力或不加压、填充其他金属、利用原子间的扩散与结合等方法，使两块分离的金属表面之间达到原子间的结合，形成永久性连接，从而联结成一个整体，这种工艺方法称为焊接。

焊接的方法很多，大体上可以分成三类。

1. 熔化焊

采取局部加热的方法，把两块金属要联结的部位加热至熔化状态，使其相互熔合成为一个整体。

熔化焊的方法包括：

（1）电弧焊（常用英文缩写 MMA 或 SMA）

电弧焊是最常用的金属焊接方法。它是以填充金属（焊条）作为一个电极，被焊接金属作为另一个电极，在两个电极之间通过放电造成电弧，利用电弧放电产生的高温热量使连接处的金属局部熔化，并填充同时熔化的焊条金属，凝固后形成永久性接头（焊缝），从而完成焊接过程。

电弧焊可分为最普遍使用的普通手工电弧焊（如图 2-89 所示）以及半自动（电弧）焊和自动（电弧）焊。

在最常见的电弧焊中，还可进一步分为熔化电极焊和非熔化电极焊。

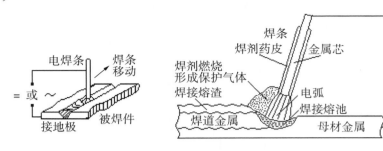

图 2 - 89　手工电弧焊示意图

熔化电极焊：起弧电极自身熔化并进入焊接部位，包括电弧点焊、螺柱焊、管状焊丝焊（利用连续送进的焊丝与工件之间的电弧作为热源）、气体保护熔化电极焊、埋弧自动焊、普通手工电弧焊等。

气体保护熔化电极焊（常用英文缩写 MIG/MAG）的基本原理是利用连续自动送进的焊丝与工件之间的电弧作为热源，同时由焊炬喷嘴中连续喷出特定的保护气体把空气与焊接区域中的熔化金属隔离开来，以保护电弧稳定和焊接熔池中的液态金属不被空气侵入氧化，达到提高焊接质量的目的。

采用惰性气体（氩气或氦气或它们的混合气）保护时称为 MIG 焊（俗称氩保焊），采用二氧化碳气体保护时称为 MAG 焊（俗称二保焊，见图 2 - 90）。

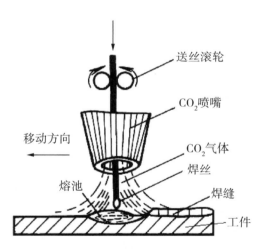

图 2 - 90　二氧化碳气体保护焊原理示意图

进行气体保护熔化电极焊时，一旦保护气体氛围环境不良（例如气体纯度不良、因电弧拉得太长且保护气体压力不足而不能对焊接区域起到保护作用等），则容易产生链状、串列甚至密集气孔，有时还会在焊缝中间产生大而深的气孔（柱状气孔）或斜向气孔（虫孔）等。

埋弧自动焊（简称埋弧焊，常用英文缩写 SAW）的基本原理是在焊接部位覆有起保护作用的焊剂层，通过机械装置把作为填充金属的光焊丝连续自动馈送插入焊剂层，与焊接金属产生电弧，电弧埋藏在焊剂层下燃烧，由机械装置控制自动完成焊丝的送进和电弧移动，电弧产生的热量熔化焊丝、焊剂和母材金属形成焊缝，形成的熔渣可以隔离空气起到保护焊缝的作用，并提高电弧的导电性能（见图 2－91）。图 2－92 所示为采用埋弧自动焊完成的螺旋焊缝钢管。

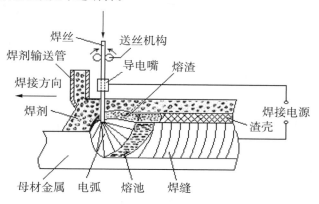

图 2－91　埋弧自动焊原理示意图

图 2－92　埋弧自动焊的螺旋焊缝钢管

（图片源自 http://image.baidu.com）

熔化焊的基本工艺包括：

① 在焊接前，首先熔化清理焊接表面，以免影响电弧引燃和焊缝的质量。

② 准备好接头形式（接头形式和坡口形式）。

金属熔化焊的焊接接头形式取决于焊接结构的需要，主要有对接、搭接、角接和 T 接四大类，一些强度要求不高的薄板还采用卷边接形式（如图 2－93 所示）。

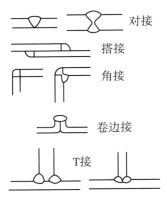

图 2 - 93　焊接接头的主要形式

　　在焊接前通常要预先把焊接部位加工成一定的形状，即所谓"坡口"，坡口的形状和尺寸取决于采取的焊接方法与具体对象条件（主要是规格厚度）和焊接接头形式，最常见的坡口形式主要有 V 型、U 型、X 型以及平坡口、单斜坡口等（如图 2 - 94 所示）。

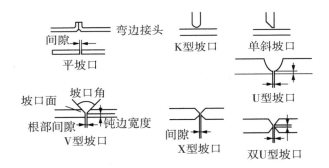

图 2 - 94　常见坡口形式

　　弯边接头：适用于厚度 <3mm 的薄件。

　　平坡口：适用于 3 ～ 8mm 的较薄件。

　　V 型坡口：适用于单面焊接的厚度为 6 ～ 20mm 的工件。

　　X 型坡口：适用于双面焊接的厚度为 12 ～ 40mm 的工件，并有对称型与不对称型 X 坡口之分。

　　U 型坡口：适用于单面焊接的厚度为 20 ～ 50mm 的工件。

　　双 U 型坡口：适用于双面焊接的厚度为 30 ～ 80mm 的工件。

　　K 型坡口：适用于 T 型接头的全熔透焊接或允许中间未焊透的焊接。

　　单 V（单斜）坡口：适用于较薄板材的 T 型接头或角焊缝的全熔透焊接。

　　V 型坡口和 X 型坡口的开口角度通常取 60° ～ 70°，采用钝边（也叫作根高）的目的是防止焊件烧穿，而间隙则是为了便于焊透。

坡口的作用是在尽可能节省焊接填充金属，减轻焊接人员的劳动强度，以及焊接后金属变形尽可能小（防止熔池过大、热量过大）的前提下，便于焊条或焊丝能直接伸入坡口底部以保证焊透，并有利于脱渣和便于焊条在坡口内做必要的摆动，以求获得良好的熔合。

③ 焊接。

熔化电极电弧焊的焊接规范中最主要的参数有焊条种类（与母材的材料相适应）、焊条直径（取决于焊件厚度、焊缝位置、焊接层数、焊接速度、焊接电流等）、焊接电流、焊接层数、焊接速度等。

进行手工电弧焊时要注意在起弧与熄弧处容易产生裂纹（弧坑裂纹）和密集气孔，在两面焊的中厚板对接焊时，气孔多产生在先焊面。

非熔化电极焊：起弧电极自身不熔化，而是另外送进用作填充金属的焊条或焊丝，在电弧高温下熔化填入焊接部位与母材熔接在一起。非熔化电极焊包括原子氢焊、碳极电弧焊（碳弧气刨）、钨极氩气保护电弧焊、等离子电弧焊等。

钨极氩气保护电弧焊（英文缩写 GTAW）的原理是以高熔点的金属钨棒（钍钨极或铈钨极，后者最常用）作为一个电极和被焊件之间产生电弧使母材金属焊接部位熔化，同时作为填充金属的光焊丝连续馈送进入熔池，焊炬喷嘴同时喷出惰性气体——氩气以保护焊接区域的电弧稳定和防止熔化的金属被空气侵入氧化（见图 2－95）。钨极氩气保护电弧焊常用于不锈钢、高温合金等质量要求严格的焊接。钨极氩气保护电弧焊的电源包括直流（全波整流）、交流和逆变（由直流转变为交流），最常用的是交流电源，但是对不锈钢焊接时则通常使用直流电源。

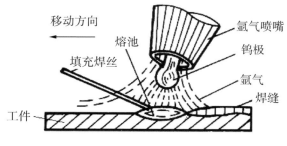

图 2－95　钨极氩气保护电弧焊原理示意图

等离子电弧焊（Arc Plasma Welding，常用英文缩写 APW）的原理是将氩气、氦气或氩氦、氩氢、纯氮等混合气体通过电弧加热产生离解，在喷嘴孔道的机械压缩作用下，加上高速通过水冷喷嘴时的热收缩作用以及电磁收缩作用，增大离子流的能量密度和离解度，形成稳定、高热量的高温等离子弧从喷嘴喷出，使焊接处母材熔化，形成熔池，从而实现对工件的焊接。等离子电弧焊焊接时的电弧能量密度高，电弧稳定，可以防止熔体氧化，焊接质量优良。等离子弧也可用于金属材料切割，此时则称为等离子电弧切割（Arc Plasma Cutting）（如图 2－96 所示）。

图 2 – 96　等离子弧切割钢板

（图片源自 http://image.baidu.com）

（2）气焊（Gas Welding）

气焊是通过焊炬喷射氧气—乙炔（C_2H_2，又称电石气）混合气体燃烧产生的高温火焰使焊接部位和填充金属（焊丝）同时熔化而联结成整体的焊接方法（见图 2 – 97）。如果不加焊丝，气焊就变成气割（Gas Cutting）。气割是常用的切割金属材料的方法。

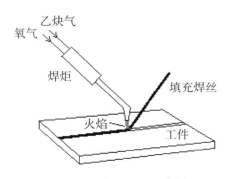

图 2 – 97　气焊原理示意图

（3）电渣焊（常用英文缩写 ESW）

电渣焊是利用电流通过熔化状态的熔渣时产生的电阻热来熔化插入熔渣的焊丝（填充金属）与母材形成熔池进行焊接的方法，其原理与电渣重熔冶炼相似，适用于焊接厚度较大（例如 50～800mm）的工件。

由于电渣焊是全厚度一次焊成，焊接热量大，金属凝固速度慢，容易产生与焊缝熔合线基本垂直的粗大的柱状晶，熔合线清晰，而且母材热影响区过热现象严重，容易产生粗大的魏氏组织，因此电渣焊焊缝一般要求焊后及时进行正火处理，以达到使焊缝与母材热影响区的显微组织细化的目的，减少熔合线的影响，也利于超声检测、射线照相检测等无损检测方法的实施。

（4）铝热焊（Thermit Welding）

铝热焊以铝粉和金属氧化物发生化学反应产生的热作为热源，是铁轨现场焊接中经常使用的方法之一。

（5）电子束焊（Electron Beam Welding，简称 EBW）

在电子束焊接装置中，电子枪的阴极被直接或间接加热而发射电子，这些电子在高压（30～200kV）静电场的加速下再通过电磁场的聚焦而汇聚成能量密度极高的高速电子束，用于轰击置于真空或非真空中的被焊接工件的接缝处，其所产生的热量比普通电弧产生的热量更集中、温度更高，可使焊接处金属熔化，形成熔池，从而实现对工件的焊接（见图 2-98 和图 2-99）。

电子束焊接具有不用焊条、不易氧化、工艺重复性好及热变形量小的优点，特别在航空航天工业中用于焊接钛合金、铝合金构件。

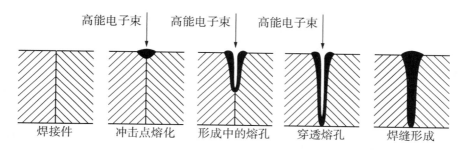

图 2-98　电子束焊接过程

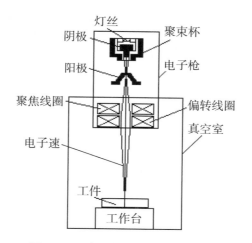

图 2-99　真空电子束焊原理示意图

（6）激光束焊接（Laser Beam Welding，也简称激光焊）

激光束焊接的原理是通过激光技术采用偏光镜反射产生的激光光束（大功率的相干单色光子流）经聚焦装置产生具有巨大能量的激光束，使激光束的焦点靠近工件焊接部位，将使焊接部位在几毫秒内熔化和蒸发而形成熔池，从而实现对工件焊接间隙很小的深熔焊，例如多级厚齿轮等（见图 2-100）。

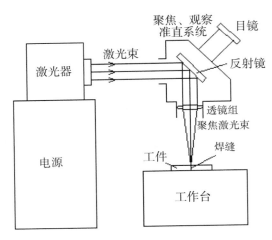

图 2 - 100　激光焊原理示意图

2. 压力焊

压力焊的原理是在两块金属联结处施加压力，使两块金属相互接触部分的原子或分子之间产生扩散结合，从而达到联结的目的。在施压过程中，也常伴随把金属联结部位加热到塑性状态（红热而未熔化状态）。

压力焊有多种类型，例如：

（1）气压焊（Gas Pressure Welding）

将两对接工件的端部用可燃气体火焰加热到一定温度，达到塑性状态（红热而未熔化状态）后再施加足够的压力以获得牢固的接头，不加填充金属，常用于铁轨和钢筋的现场焊接，属于固相焊接。

（2）电阻焊（Resistance Welding，亦称接触焊）

电阻焊的原理是以强大的电流通过焊接金属结合处时所产生的电阻热能使结合部位达到高热，根据焦耳—楞次定律 $Q = 0.24I^2 \cdot R \cdot t$，可把接头处加热到接近熔化或半熔化状态，同时再施以一定的压力，则可使其结合成为整体，无须外加填充金属和焊剂。

按照接头的形式分类，常见的电阻焊包括点焊、缝焊（或称滚焊）、对焊（或称闪光对接焊）、凸焊等（见图 2 - 101）。

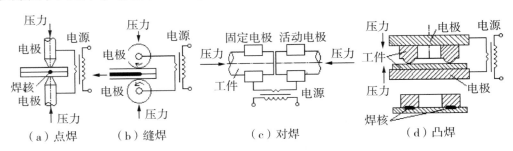

图 2 - 101　电阻焊示意图

点焊是用两根柱形电极作为通电两端，将叠合的薄层焊件压紧在中间后通电，使焊件接触处快速加热至接近熔化或半熔化状态，在压力作用下凝固形成点状核心，焊合部位为有一定直径的点。

缝焊俗称滚焊，仅限用于焊接薄板，可以有搭焊焊缝至对接焊缝等不同焊缝形状，属于连续焊接技术。最常见的缝焊是将叠合的薄层焊件夹紧在作为通电两端的铜滚盘电极之间，利用转动滚盘间的摩擦力使焊件向前移动并同时传导脉冲电流，电流由滚盘通过焊件，焊件接触处被快速加热至接近熔化或半熔化状态，在压力作用下凝固形成连续线状熔核，焊合部位为线状的连续焊缝。

电阻焊中的点焊和滚焊多用于薄板材（薄壳工件）的焊接，如果电流控制过小、压力过小则最容易出现未焊合缺陷，而电流过大则容易造成烧伤（焊核过烧）。

对接焊俗称碰焊或称闪光对接焊，适用于截面相差不大的工件，多用于棒类工件（例如刀具）或型材（例如铁轨、建筑钢筋等）的焊接。其原理是两节工件分别为两个电极，对接压紧通电，接触面被快速加热至接近熔化或半熔化状态，在压力作用下接触面凝固焊合。进行对接焊时最容易因接触面污染而出现夹渣和未焊合缺陷。

凸焊结合了点焊与对焊的原理，多用于两个厚壁工件的局部焊接。

（3）摩擦焊（Friction Welding）

摩擦焊属于压力焊接工艺方法的一种，是以机械能为能源的固相焊接。原理是利用两个金属焊接处表面间相对高速旋转运动的机械摩擦产生高热使其加热至半熔化状态并同时施加一定压力来实现结合。在焊接过程中，其热影响区域明显小于其他焊接工艺，焊后接头也不会产生金属间化合物，焊接接头的显微组织好、晶粒细小、力学性能优异，焊缝质量能较易控制，制造成本相对较低。

摩擦焊的优点是可以将不同的材料（钢/黄铜、钢/铜、钢/铝、铝/铜、铝/陶瓷……）相互连接在一起实现异种金属焊接。

摩擦焊适合于焊接杆件和管件，如航空发动机燃烧室、汽车发动机的排气阀、传动轴、轴套、万向节叉、杆件、管子与法兰、石油钻杆和钻芯的连接、变截面杆件的连接、液压组件、压印辊、轴支架，以及汽车铸钢桥壳和轴头的摩擦焊接，各种钻头、丝锥、铰刀、刀头等工作刃部与柄部的焊接等。摩擦焊目前已能焊接直径为 100mm 的棒材或截面积为 $60cm^2$ 的管件。

摩擦焊有多种不同的焊接方式，主要有：

①旋转摩擦焊。

这是传统的摩擦焊工艺，采用旋转摩擦焊的两个待焊接工件中，其中一个必须是旋转对称的工件。在焊接过程中，工件做相对高速旋转运动，工件端面相互摩擦，在此过程中，材料因摩擦生热而被加热至塑性状态，再施加高压力（顶锻）将其相互压紧达到焊合（见图 2 - 102 和图 2 - 103）。

②线性摩擦焊。

线性摩擦焊（Linear Friction Welding）的原理是一个焊件被固定，而另一个焊件高速左右运动，两个焊件的端面相互摩擦，在此过程中，材料因摩擦生热而被加热至塑性状态，再施加高压力（顶锻）将其相互压紧达到焊合（见图 2 - 104）。

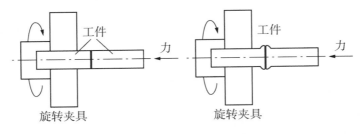

图 2 - 102　旋转摩擦焊示意图

图 2 - 103　对接旋转摩擦焊的无缝钢管

（图片源自 http://image. so. com）

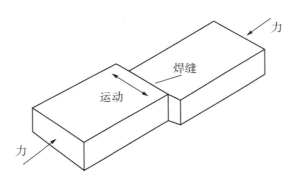

图 2 - 104　线性摩擦焊示意图

③搅拌摩擦焊。

搅拌摩擦焊（Friction Stir Welding，常用英文缩写 FSW）是英国焊接研究所（The Welding Institute，TWI）在 1991 年发明的一种新的摩擦焊接技术。

搅拌摩擦焊的原理是先利用专用夹具对被焊工件进行刚性固定，被焊工件之间留有一定间隙，然后将圆柱体形状的搅拌头（pin tool，搅拌摩擦焊的施焊工具，亦称焊头、搅拌针）高速旋转插入被焊工件之间的接缝处，搅拌头上方为柱形的搅拌头轴肩（tool shoulder，搅拌头与工件表面接触的肩台部分），通过施加使搅拌头插入工件接缝处和保持搅拌头轴肩与工件表面接触的轴向压力，搅拌头在工件中的高速旋转将因为摩擦剪切阻力产生摩擦热而使搅拌头邻近区域的被焊材料温度升高发生热塑化（焊接温度一般不会达到和超过被焊接材料的熔点），然后搅拌头开始沿既定轨迹前进，并同时继续保持高速旋转的状态，在搅拌头轴肩与工件表层摩擦产热和轴向压力的共同作用下，工件将接合形成高质量的焊缝（见图 2－105～图 2－108）。

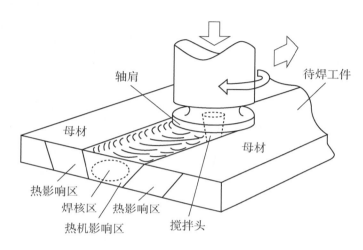

图 2－105　搅拌摩擦焊原理示意图

图 2－106　铝散热片搅拌摩擦焊焊缝

（图片源自 http://blog. sina. com. cn）

　　搅拌摩擦焊在焊接末端会留下尾孔（亦称匙孔，如图 2－106 上部和图 2－107 左边的圆孔）需要进行补焊，为此英国焊接研究所还发明了搅拌摩擦塞焊（Friction Plug Welding，常用英文缩写 FPW），它利用可消耗的特型塞棒插入搅拌摩擦焊的尾孔，在一定的压力或拉力作用下，通过驱动装置带动塞棒旋转，与塞孔（待焊孔）界面进行摩擦，形成塑化金属，保压一段时间，即可完成焊接，从而消除搅拌摩擦焊的尾孔或缺陷（如图 2－108）。利用搅拌摩擦塞焊技术还可以进行大深度窄间隙的焊接。

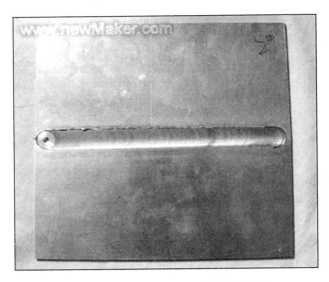

图 2 - 107　3mm 黄铜板搅拌摩擦焊焊缝
（图片源自北京赛福斯特技术有限公司）

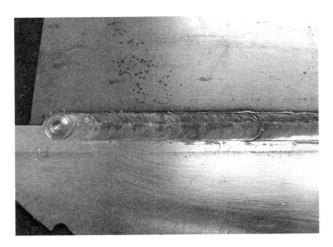

图 2 - 108　钢铝搅拌摩擦焊焊缝
（图片源自 http://pic. sogou. com）

　　搅拌摩擦焊本来是针对焊接性较差的铝合金开发的一种新型固相焊接工艺，特别适合不宜采用熔焊焊接的高强铝合金板材的焊接，板材焊前不需要开 V 形或 U 形坡口，也不需要进行复杂的焊前准备，可采用自动化操作一次实现全方位焊接，生产率高，焊后试件的变形和内应力特别小，焊接过程中也没有辐射、飞溅及危害气体产生，焊接接头性能优良，焊缝中无裂纹、气孔及收缩等缺陷。

　　由于具有高效、节能、清洁、环保、焊接质量高、设备简单等特点，搅拌摩擦焊已经不仅大规模应用于铝合金板材焊接（例如美国航空航天局的 Delta 系列火箭、美国洛克希德－马丁航空航天公司的航天飞机外部储存液态氧的低温容器、美国 Eclipse 小型商务机、阿里亚娜火箭发动机、挪威铝合金快艇的铝合金结构件以及日本新干线车辆的制造等），而且已经推广应用于铜、钛、镁、锌等熔化温度较低的有色金属材料焊接，还可以实现异种金属材料的焊接，甚至用于钢材等高熔点材料的焊接（如美国 MEGA-STIR 公司配备强制冷却装置的多晶立方氮化硼 PCBN 搅拌头可用于野外钢合金天然气管道的焊接）。搅拌摩擦焊已经在汽车、航空航天、船舶、轨道交通、电力电子、建筑等多个领域获得了应用。

搅拌摩擦焊的局限性：焊接速度速比熔焊慢，焊接时焊件必须夹紧，而且需要垫板，焊后焊缝上留有尾孔需要补焊，搅拌头磨损很快，等等。

除了上述的摩擦焊接工艺以外，还有摩擦堆焊（Consumable Rod Friction Surfacing）、相位摩擦焊、径向摩擦焊等。

（4）高频感应焊（High Frequency Induction Welding，简称高频焊）

利用通有高频电流的线圈在被焊工件结合处产生高频感应电流，感应电流产生的电阻热使工件焊接区加热到接近熔化或接近塑性状态，随即施加压力而实现金属的结合。若以工频感应电流进行焊接则称为工频感应焊。

图 2 – 109 所示为高频感应焊接钢管的生产现场。这是将长条钢带纵向卷曲成桶状，然后在加压状态下进行高频感应焊接，使其成为高频焊直缝管（见图 2 – 110）。

图 2 – 109　高频焊直缝管的焊接

（图片源自 http://image. so. com）

（5）磁弧焊（Magnetic Arc welding）

这是一种带保护气体、电弧在磁力作用下运动的压力焊接方法，适用于焊接厚度不超过 10mm 的空心型材。

图 2 – 110　高频焊直缝管成品

（图片源自 http://image. so. com）

用于磁弧焊的焊接材料应是导电的可熔材料，如非合金钢或低合金钢、易切削钢、铸钢和可锻铸铁。此焊接方法还可将上述的不同材料焊接在一起。

焊接时，先将被焊的两个工件夹紧在一起，接通焊接电流，按一定间隙使工件分开，两个工件之间将出现电弧，由于导体通过电流时必然有磁场产生并符合右手定则，在磁场的作用下，电弧将开始旋转，旋转着的电弧加热焊接表面（电弧的旋转速度和电弧形状以及能量输入的过程和大小是被精确控制的），两个工件之间被加热至塑性状态，再通过压紧而被焊合，压紧速度和压紧力根据工件情况加以设定。

（6）冷压焊（Cold Pressure Welding）

冷压焊是只施以足够大的压力而不加热的焊接方法，主要用于铝、铜等有色金属的焊接。

（7）爆炸压力焊接（Explosion Pressure Welding 或 Explosion Welding，简称爆炸焊）

这是以化学反应热为能源的固相焊接方法，利用炸药爆炸时产生的巨大压力来实现金属特别是异种金属的焊接，主要用于大面积层状焊接的复合板或复合钢板等。

（8）超声波焊接（Ultrasonic Welding）

利用大功率的高频超声波振动使被焊工件结合界面产生高热形成半塑性状态，再施以压力达到焊合。超声波焊接原理见图 2 – 111。

（9）扩散焊（Diffusion Welding）

在真空或保护气体中把两个被焊件或被焊件之间还加入填充金属后紧密贴合，在低于被焊材料熔点的温度和一定压力下保持一段时间，接触面之间发生原子相互扩散，使被焊件焊合。

3. 钎焊（Brazing）

被焊接的金属本身既不发生熔化也不承受压力，仅仅被加热到一定温度，利用某些低熔点的金属钎料（如铜及其合金、锡、银等）在熔化状态下充填于两个被焊接金属之间的结合缝隙中，这种低熔点金属冷却凝固后，因被焊金属与钎料之间的原子扩散而使两个金属坚固地结合。

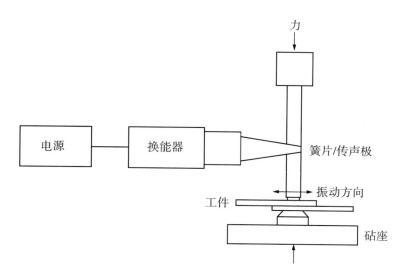

图2-111　超声波焊接原理示意图

　　钎焊中用以熔化钎料的热源可以是气体火焰，也可以是烙铁（电烙铁、火烙铁）。根据钎料的软硬和温度（熔点）划分，钎焊还分为高温钎焊和低温钎焊。

　　高温钎焊亦称硬钎焊，指钎料的液相线温度高于450℃而低于母材金属熔点的钎焊，如用铜或银作钎料，使用乙炔气—氧气火焰加热，俗称为铜焊、银焊。铜焊常见于机械加工用刀具中硬质合金刀头与中碳结构钢刀柄的焊接，银焊常见于银首饰的加工。

　　低温钎焊亦称软钎焊，指钎料的液相线温度低于450℃，如利用低熔点锡合金或铅锡合金作钎料，使用电烙铁或火烙铁的锡焊，例如电子器件的电子线路元件焊接等。

　　最新的一种钎焊工艺是在真空或保护气体下进行的钎焊，它能满足例如安装半导体和连接高真空设备或电子管时极高的纯度要求。

4. 聚乙烯管道的焊接

　　聚乙烯（Polyethylene，简称PE）是一种非金属材料，应用聚乙烯材料制成的管道（俗称PE管）具有气密性好、耐腐蚀、抵抗裂纹快速扩展的能力良好以及价格低等特点，可代替钢管用作燃气、天然气、供水的输送管道，已广泛应用于市政建设给排水、燃气管道安装以及石油、化工、水处理等领域。

　　聚乙烯管道采用对接电热熔化方法焊接形成对接焊缝，弯管处采用套接电热熔化焊接方法形成套接焊缝。热熔焊接的原理是将两根PE管的配合面紧贴在加热工具（电加热板）上加热，使其配合面达到熔融状态（粘流态），然后快速移走加热工具，迅速将两个熔融的配合面紧靠在一起并施加一定压力，保持压力的作用直到接头冷却固化，就形成了牢固连接的整体。聚乙烯管道焊缝的截面形状如图2-112所示。

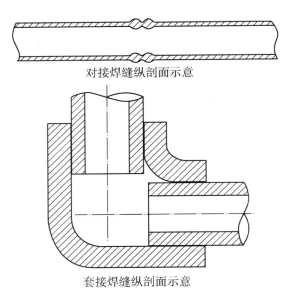

对接焊缝纵剖面示意

套接焊缝纵剖面示意

图 2 – 112　聚乙烯管道焊接接头

聚乙烯管道往往都是在露天铺设安装工地现场的地沟里进行焊接的，工地上的泥土、污水等极容易污染焊接接头表面，如果表面未清理干净就进行焊接，就会造成未熔合、夹杂物等缺陷，导致漏气、强度不足等安全隐患的产生。

以上仅介绍了一些常见的焊接工艺方法，实际上焊接技术的发展很迅速，焊接的工艺方法还有很多，具体焊接方法的详细工艺以及相关的焊接材料特性等可查阅有关的焊接专业参考书。

（二）焊接质量的检验

焊接质量的检验一般包括焊缝外观检查、无损探伤、水压试验和气压试验、焊接工艺评定。

1. 焊缝外观检查

焊缝外观检查一般以肉眼观察为主，允许用 5 ～ 20 倍的放大镜进行观察，此外还采用专用的焊缝检验尺或样板测量焊缝的外形尺寸。外观检查的目的是发现焊缝的表面缺陷，如咬边、焊瘤、内外凹陷、错口、未填满（俗称缺肉）、表面裂纹、表面气孔、表面夹渣以及焊穿等。

2. 无损探伤

对于隐藏在焊缝内部的夹渣、气孔、裂纹、未熔合、未焊透等缺陷，最常使用超声波检测、X 射线照相检测以及磁粉检测、渗透检测、涡流检测等无损检测技术来进行检验。

3. 水压试验和气压试验

对于有密封性要求的受压容器，在制造完成后通常都要求进行水压试验或气压试验，以检查焊缝的密封性和承压能力。常用方法是向容器内注入 1.25～1.5 倍工作压力的清水或等于工作压力的气体（多数用空气），停留一定的时间，然后观察容器内的压力下降情况，并在外部观察有无渗漏现象，根据这些可评定焊缝是否合格。

4. 焊接工艺评定

制定新钢种焊接接头的焊接方案、采用新的焊接工艺，或者对一个新承接焊接工程项目的单位或焊接操作人员进行能力认证等，通常都需要按照一定技术标准进行试验性焊接，并且对焊接接头进行性能试验并做出评价，以便正确拟定合格焊接工艺、保证焊接质量，这种试验过程称为焊接工艺评定。

例如我国能源部标准 NB/T 47014—2011《承压设备焊接工艺评定》中规定了承压设备（锅炉、压力容器、压力管道）的对接焊缝和角焊缝焊接工艺评定、耐蚀堆焊工艺评定、符合金属材料焊接工艺评定、换热管与管板焊接工艺评定和焊接工艺附加评定，以及螺柱电弧焊接工艺评定的规则、试验方法和合格指标。该标准适用的焊接方法包括气焊、焊条电弧焊、埋弧焊、钨极气体保护焊、熔化极气体保护焊、电渣焊、等离子弧焊、摩擦焊、气电立焊和螺柱电弧焊等，但不适用于气瓶焊缝。

焊接工艺评定的试样是按照预定焊接工艺制作的焊接试板，在外观检查合格条件下进行拉伸、冲击、弯曲等力学性能试验，确认该焊接工艺能否满足焊接件的性能质量要求。但是要注意这种试验仅属于样品性试验，而且是在实验室内进行的，与施工现场的环境状况毕竟有一定差异，在制定实际实施的焊接工艺时应该考虑到这些差异的影响。

（三）金属熔化焊焊缝中的常见缺陷

在焊接生产过程中，由于设计、工艺、操作中的各种因素的影响，往往会产生各种焊接缺陷。焊接缺陷的存在减小了焊缝的有效承载面积，容易造成应力集中而引起断裂，直接影响焊接结构使用的可靠性。

在焊接接头中产生的金属不连续、不致密或连接不良的现象称为焊接缺陷。焊接缺陷可以分为外部缺陷和内部缺陷两大类。

1. 外部缺陷

外部缺陷也称为外观形状缺陷，如图 2-113 所示。

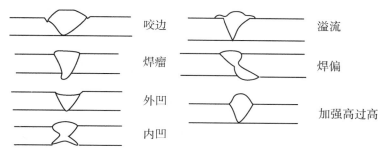

图 2-113　焊缝的外部缺陷

　　外部缺陷主要有咬边、焊瘤、凹陷、溢流、焊偏、加强高过高、未焊满、烧穿、成形不良、错边、塌陷、表面气孔、弧坑缩孔，以及各种焊接角变形、波浪变形等，这些缺陷的存在将对无损检测时的缺陷判断产生影响，因此，在对焊接接头进行无损检测前，必须首先对工件焊缝外观进行检查，发现有上述缺陷时应尽量设法清除。

　　（1）咬边

　　在母材与焊道交界处沿焊缝长度方向形成低于母材表面的长条形沟槽和凹陷称为咬边。咬边处于焊缝的上表面为外咬边（在坡口开口大的一面），处于焊缝的下表面为内咬边（在坡口底部一面）。

　　在手工电弧焊中较容易出现咬边。咬边的造成通常是由于熔化过强造成熔敷金属与母材金属的过渡区形成凹陷所致，例如焊接电流过大（热量过高）、电弧过长，或者焊接速度不当、手工焊时操作焊条的运条方法（焊条角度和摆动）不当等，使得金属熔池尺寸过大，填充金属只填入熔池中而在熔池边缘形成洼穴。

　　咬边的存在削弱了焊接接头的受力截面，使接头强度降低，而且使得焊接结构承受载荷时容易因应力集中而可能导致破裂，故一般焊接结构标准对咬边的深度与长度都有一定要求。

　　焊缝上表面（坡口开口大的一面）与母材交界处称为焊趾，焊接接头横截面上经腐蚀所显示的焊缝轮廓即焊缝材料与母材相熔接的面称为熔合线，焊趾即可以从外表面上观察到的熔合线，焊趾凹陷就是俗称的咬边（如图 2 – 114 所示）。

图 2 – 114　焊缝咬边

（图片源自 http://www.maihanji.com）

　　图 2 – 115 是钢板手工电弧焊 V 型坡口对接焊缝外部咬边的 X 射线照相底片影像。

　　图 2 – 116 是钢板手工电弧焊 V 型坡口对接焊缝焊根咬边（内咬边）的 X 射线照相底片影像。

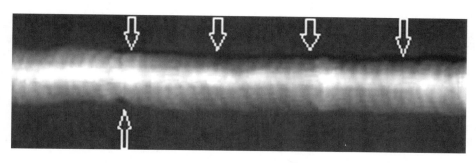

图 2 – 115   钢板手工电弧焊 V 型坡口对接焊缝外部咬边的 X 射线照相底片
（照片源自韩继增、韩一编著《射线透照焊缝典型照片分析》）

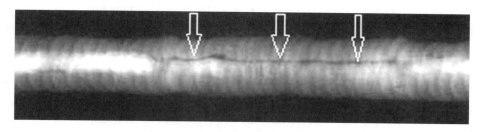

图 2 – 116   钢板手工电弧焊 V 型坡口对接焊缝焊根咬边（内咬边）的 X 射线照相底片
（照片源自韩继增、韩一编著《射线透照焊缝典型照片分析》）

（2）焊瘤

焊瘤一般是指焊缝根部的局部突出，在进行普通焊接时，由于输入热量过大（底层施焊电流过大）、焊缝装配间隙（钝边间隙）过大等原因，熔池温度过高，熔化的金属凝固太慢，结果因地心引力产生的自重影响而下坠，形成正常焊缝截面外多余的附着金属，这就是焊瘤，多出现在单面焊的根部。

在用氩弧焊打底的手工电弧焊中较容易产生焊瘤，或者在手工电弧焊打底时，在底层施焊电流过大、焊条停留时间过长（焊接速度太慢）、焊接位置不当、焊条的运条方法（焊条角度和摆动）不当等情况下也容易产生焊瘤。

根部焊瘤下常容易有未焊透缺陷存在，这是必须注意的。

在横焊时，熔化金属流到焊缝外未熔化的母材上会形成焊瘤。在立焊或仰焊时，熔化金属在焊道上积流过多也会形成焊瘤。

焊瘤的存在局部改变了焊缝的截面积，而且与母材交界处容易形成应力集中，这对焊接结构的承载是不利的。

（3）凹陷

凹陷又称为焊缝缺肉，包括外凹（对接焊缝盖面低于母材上表面的凹陷，是焊缝上表面即坡口开口大的一面上的凹陷，亦称表面凹陷、下陷或塌陷，如图 2 – 117 所示）和内凹（对接焊缝根部向上收缩造成相对母材下表面低洼的部分，即坡口底部上的凹陷，常称为内凹或根部内凹，如图 2 – 118 所示）。凹陷是指焊缝未被焊接金属完全填满，以致焊缝截面高度低于母材金属截面高度的情况。

造成凹陷的主要原因是焊接电流大小与焊接速度不当，熔渣太稠以致影响熔注金属的成形，以及坡口尺寸不合适、焊条摆动不当以及焊接层次安排不合理等。

此外，因焊接熄弧时间过短或者薄板焊接电流过大等原因在焊缝结尾（例如更换焊条）处形成的凹陷则称为弧坑，如果熔化金属中有较多的杂质存在，还会产生弧坑裂纹。

凹陷的存在减小了焊缝有效截面而使焊接接头的强度下降。

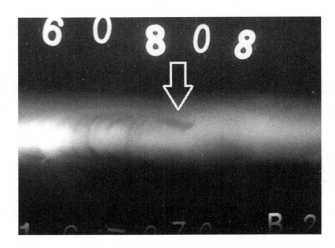

图 2 - 117　钢板对接焊缝的表面凹陷 X 射线照相底片影像

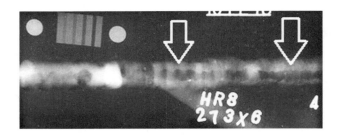

图 2 - 118　钢板对接焊缝的根部内凹 X 射线照相底片影像

（4）溢流

焊接时焊缝的金属熔池过大，或者熔池位置不正确，使得熔化的金属外溢，外溢的金属又与母材熔合，就形成溢流，亦称焊溢。焊溢的边缘与母材通常不能熔合而存在缝隙，容易成为焊接结构承载时的应力集中处，成为开裂源，因此通常需要在焊接完成后给予修磨去除。

（5）焊偏

两块金属对接时位置没有对正，存在错位或错边，则焊接时容易出现焊偏，即焊缝截面偏离正常位置，在焊缝横截面上显示为焊道偏斜或扭曲。

焊偏的存在未必影响焊缝的结构强度，但是对于无损检测而言，例如在超声波检测或射线照相检测时，则容易导致把焊缝中的缺陷误判为母材缺陷，或者把母材缺陷误判为焊缝缺陷。

（6）加强高（亦称焊冠、盖面）过高

在焊接最后完成时的"盖面"操作中填敷金属过多，以致焊道盖面层高出母材表面很多，这种情况称为加强高过高。

由于此时加强高与母材过渡的交界面上截面变化比较显著，加强高与母材的结合转角较小，很容易成为应力集中处，对结构承载不利，故一般焊接工艺对加强高的高度是有规定的。

除了上述最常见的外部缺陷外，还有烧穿（焊接时电流过大使母材金属熔化过度造成焊道穿孔）、弧坑（手工电弧焊时焊接收弧操作不当，熄弧时间过短，在焊条熄弧处或起弧处因金属填充不良形成低于焊道基体表面的凹坑，或者自动焊时送丝与电源同时切断，没有先停丝再断电而在焊缝表面形成凹陷，在这种凹坑中很容易产生气孔和微裂纹）等。

以上的外部缺陷多数都容易使焊接件承载后产生应力集中点，或者减小了焊缝的有效截面积而使得焊缝强度降低，因此在焊接工艺上一般都对其有明确的规定，通常采用目视检查即可发现这些外部缺陷。

焊缝的外部缺陷可以使用焊缝检验尺（见图2-119）来进行定量检测，如咬边深度、平面对接焊缝的凹陷或加强高高度、焊缝宽度、坡口角度与钝边间隙等。

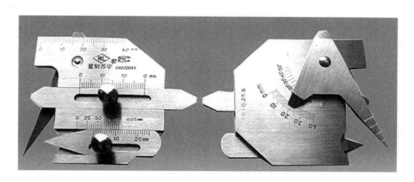

图2-119　焊缝检验尺

（7）焊接变形

焊接变形就是指在焊接过程中及焊后，焊件形状发生改变并超出了允许的尺寸范围。

在焊接过程中，熔化的金属以及邻近焊接部位的母材区在高温下产生热膨胀，有三维方向的扩张应力产生，而液态金属凝固时，焊道金属和邻近焊接部位的母材金属收缩，有三维方向的收缩应力产生，此外，焊件是逐步焊接的，对于结构焊件来说存在不均匀受热，存在热胀冷缩引起的复杂交替的张应力与收缩应力，从而使焊件产生变形。因此在使用各种高温热源进行加热、熔化的焊接中，焊件产生变形是不可避免的，在焊接工艺中要解决的问题是控制焊接变形。

焊接变形会影响焊件的尺寸精度及使用性能、降低装配质量甚至使产品报废、降低结构的承载能力，也影响焊件的美观和因为需要控制变形而提高了制造成本。

常见的焊接变形种类有：

①横向收缩。

横向收缩是指垂直于焊道方向的长度缩小变形，收缩量的大小与板厚、坡口形式以及根部间隙等形成的坡口截面积也就是金属填充量有关。

②纵向收缩。

纵向收缩是指沿焊道轴线方向的尺寸缩短，收缩量的大小与焊道截面积、焊道长度、焊接层次（多层焊、单层焊）、焊件原始温度（预热温度、焊接时达到的温度）、焊接材料的性质（线膨胀系数）等有关。

③旋转变形。

旋转变形是指在焊接正在进行的过程中尚未进行焊接的部分坡口加宽或者变窄的变形，通常需要通过适当的夹具施以强力牢固的定位措施来防止旋转变形。

④横向弯曲变形。

横向弯曲变形亦称角变形，是由于焊接时表面与背面的金属填充量不同以及板厚方向上的温度变化不同造成的，变形量的大小与板厚、热输入、坡口形式、焊接顺序等有关。

⑤纵向弯曲变形。

纵向弯曲变形是指进行堆焊或者角焊的焊接工艺时，焊缝偏离构件横截面中心线（中心轴线）时造成的挠曲变形。

⑥扭曲变形。

扭曲变形是指梁式结构或细长构件，因为焊接顺序、焊接方向或装配等原因，使得焊后截面向不同方向倾斜而造成构件扭曲变形。

⑦波浪变形。

波浪变形亦称失稳变形，多出现在薄板件焊接中，由于焊缝的收缩而使板面失稳变成波浪形。

焊接变形的控制方法很多，主要包括选用正确的焊接方法、在满足焊接质量要求的条件下尽量采用小的热输入、采用适当工装夹具或加临时支撑等方法对工件进行机械式固定（这种强制性约束会增大工件内的残余应力，也可能导致裂纹的产生，必要时还要采用回火处理）、按焊件变形的反向预留变形量再进行焊接的反变形法、采用适当措施加大焊接部位的冷却速度（减小受热面积）的散热法、采用合理的焊接顺序和方向、焊后立即施以机械压力矫正或锤击消除内应力以及火焰加热矫正等。

除了焊后立即发生的变形外，还可能出现时效变形，即焊接结束后，焊接结构件的内部存在残余内应力，随着时间的推移，残余内应力会逐步释放，从而造成焊件变形。通常是焊后进行消除应力退火热处理、用振动或锤击方法消除内应力以及经过一段时间的自然时效后再对工件进行加工或安装。

2. 内部缺陷

金属熔化焊焊缝的冶金组织属于铸态组织，故其内部缺陷主要为体积型缺陷（压力焊时则以面积型缺陷为主），与铸件相似，但也有其自身的特点。焊缝的内部缺陷主要有气孔、夹渣、未焊透、未熔合和裂纹等（如图 2－120 所示）。

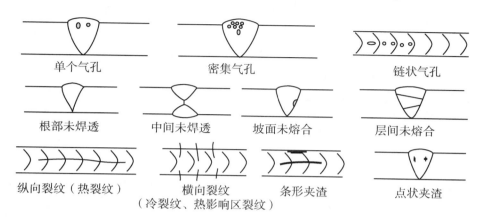

单个气孔　　　　密集气孔　　　　链状气孔

根部未焊透　　中间未焊透　　坡面未熔合　　层间未熔合

纵向裂纹（热裂纹）　横向裂纹　　条形夹渣　　点状夹渣
　　　　　　　（冷裂纹、热影响区裂纹）

图 2－120　常见的焊缝内部缺陷

（1）气孔

在熔化焊接过程中生成的气体或外界侵入的气体（如氮、氧、一氧化碳气体、空气以及水蒸气等）在熔池金属冷却凝固前未来得及逸出而残留在焊缝金属内部或表面，形成空穴或孔隙，称为气孔。

气孔可以存在于焊缝中各个不同部位，按其分布形态可以分为单个气孔、多个气孔、密集气孔（包括蜂窝状气孔）、链状气孔。气孔的形状一般近似为球形，也有呈条状，随气体在熔池金属中逸出的趋势，气孔的形状还可能呈椭圆状、柱状、斜向、针状，甚至呈带尾巴状（俗称虫孔）等。

气孔的产生原因很多，主要有焊接工艺因素（如焊接规范不恰当、焊缝冷却速度太快以致气体来不及逸出等）和熔化焊时的冶金因素（焊接金属的冶金反应、电弧焊的焊条药皮以及焊剂起保护作用时发生化学反应）。

焊件在焊接前预热温度过低、焊接时环境空气湿度太大、焊前清理不当（如坡口表面油污、锈斑等未清除干净或不干燥）、焊条及焊剂未按规定条件烘干或焊条的焊剂受潮变质、埋弧焊的焊剂中掺入铁锈甚至受潮或焊丝未清理干净等都能在高温下分解出气体。此外，焊接电压波动太大、气体保护焊时的保护气体（如氩气、二氧化碳气体）纯度不够，或者焊接时电弧拉得太长，以致保护气体因浓度不够而不能严密封闭焊接部位，导致外界空气侵入等都是可能产生气孔缺陷的因素。

一般使用交流电源焊接容易出现气孔，使用直流电源焊接并且被焊工件接负极的情况下气孔产生倾向较小。

尽管气孔较之其他的缺陷应力集中趋势没有那么大，但是它破坏了焊缝金属的致密性，减小了焊缝金属的有效截面积，从而降低了焊接接头的机械强度。因此，一般焊接结构质量验收标准中对不允许存在的气孔尺寸大小、分布密度都有要求。

图 2－121 ～ 图 2－125 为钢焊缝气孔的 X 射线照相底片影像。

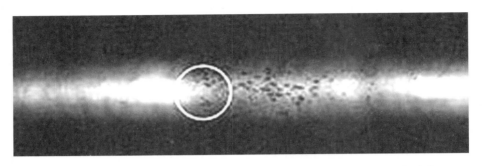

图 2 - 121 　钢板手工电弧焊 V 型坡口对接焊缝密集气孔的 X 射线照相底片

（图片源自韩继增、韩一编著《射线透照焊缝典型照片分析》）

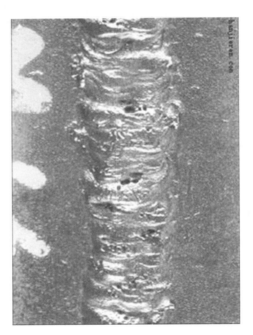

图 2 - 122 　立焊焊缝的表面密集气孔

（图片源自 www. hanjieren. com）

（2）未焊透

母材金属接头处中间（X 型坡口）或根部（V 型坡口、U 型坡口）的钝边未完全熔透、熔合在一起（两块母材金属未熔到一起）而留下的局部未熔合，形成沿焊缝方向的长条形空隙，称为未焊透。

未焊透减小了焊缝截面，降低了焊接接头的机械强度，而且未焊透的缺口和端部对应力集中很敏感，对焊接结构的强度疲劳等性能影响较大，在承受载荷时容易由此产生扩展裂纹导致开裂，故为危险性缺陷，焊接结构质量验收标准中一般都将此列为不允许存在的缺陷。

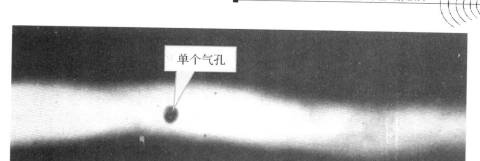

图2－123　钢板对接焊缝中单个气孔的 X 射线照相底片影像
（图片源自焊工家园，微信号 hanjie531）

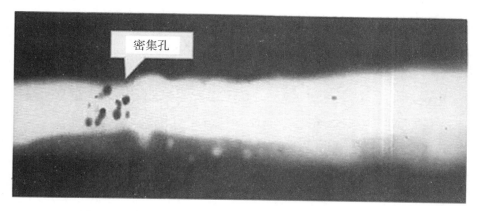

图2－124　钢板对接焊缝中密集气孔的 X 射线照相底片影像
（图片源自焊工家园，微信号 hanjie531）

图2－125　钢板对接焊缝中链状气孔的 X 射线照相底片影像
（图片源自焊工家园，微信号 hanjie531）

　　未焊透的成因主要是坡口形状不当（如母材厚度较大而坡口角度偏小、预留钝边过宽或钝边间隙过小），焊接电流过小导致熔深浅、焊条的运条速度过快或运条角度不当，有磁场存在造成电弧偏吹，以及焊接前坡口未清理干净、焊接过程中焊根清理不良等。

　　视焊接坡口形式的不同，有根部未焊透（对接焊缝的焊缝深度未达到设计要求而使焊缝金属没有进入 V 型坡口接头根部的现象）和中间未焊透（双面焊对接焊缝中间钝边处未完全熔合到一起，例如 X 型坡口或 T 型接头的 K 型坡口）。

　　在 X 射线照相底片上，未焊透的典型影像是呈细直黑线，两侧轮廓较整齐（钝边痕迹），宽度大约为钝边间隙宽度，有时钝边局部被熔化而使得侧边轮廓不是很整齐。此外，未焊透常伴随有夹渣和气孔。未焊透一般表现为位置在焊道中心呈断续或连续的线性缺陷，但若透照角度偏斜、焊偏等也有可能偏向一侧。

　　图 2 - 126 ～ 图 2 - 129 为钢焊缝未焊透的 X 射线照相底片影像。

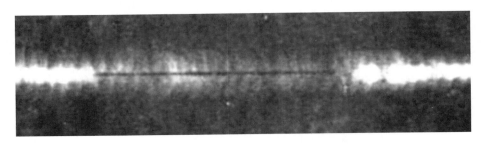

图 2 - 126　钢板手工电弧焊 V 型坡口对接焊缝未焊透的 X 射线照相底片
（图片源自韩继增、韩一编著《射线透照焊缝典型照片分析》）

图 2 - 127　钢板 T 型接头焊缝未焊透带气孔的 X 射线照相底片影像
（图片源自焊工家园，微信号 hanjie531）

　　（3）未熔合

　　焊接时焊道与母材之间（固体金属与填充金属之间）局部未完全熔化结合的部分，或者在多层焊时上次焊道与下次焊道之间（填充金属之间）的局部未完全熔化结合的部分称为未熔合。在点焊（电阻焊）时母材与母材之间未完全熔合在一起也称为未熔合。

　　在坡口面上的局部未熔合称为坡面未熔合或边缘未熔合（坡口面接近母材表面处的未熔合）、根部未熔合（单面焊接成型的 V 型坡口钝边到坡口面过渡处的未熔合）。

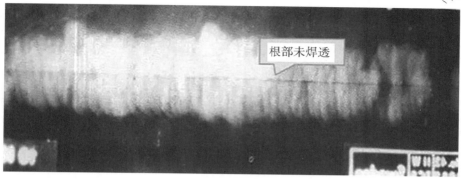

图 2 – 128　钢板对接焊缝根部未焊透的 X 射线照相底片影像
（图片源自焊工家园，微信号 hanjie531）

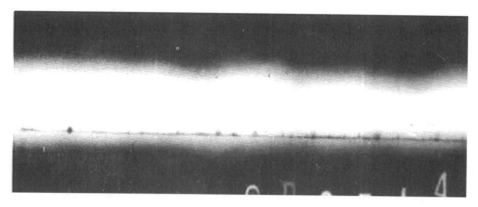

图 2 – 129　钢板对接焊缝根部未焊透带气孔的 X 射线照相底片影像
（图片源自焊工家园，微信号 hanjie531）

　　未熔合多伴随有夹渣存在，由于减小了焊缝截面而降低了焊接接头的机械强度，而且未熔合的边缘对应力集中很敏感，对焊接结构的强度疲劳等性能影响较大，在承受载荷时容易由此产生扩展裂纹导致开裂，故为危险性缺陷，焊接结构质量验收标准中一般都将其列为不允许存在的缺陷。

　　未熔合的成因主要有焊接电流过小、坡口不干净或层间清渣不良、焊接速度过快、焊接时的焊条角度不当、电弧偏吹等。

　　图 2 – 130 和图 2 – 131 所示为钢焊缝中的未熔合。

　　在 X 射线照相底片上，根部未熔合的典型影像是黑影的一侧轮廓较整齐且黑度较大（坡口钝边痕迹），另一侧轮廓可能较规则也可能不规则，黑度较小，在底片上应该是焊缝根部的投影位置，一般在焊道中心稍偏离的位置，有时由于坡口形状或投影角度等原因也可能偏离多一些（见图 2 – 132）。坡口未熔合的典型影像是连续或断续的黑影，宽度不一，一侧轮廓较整齐（坡口面痕迹）且黑度较大，另一侧轮廓往往不规则且黑度较小，在底片上的位置一般在坡口面范围，沿焊缝纵向延伸（见图 2 – 133）。层间未熔合的典型影像是黑度不大的块状，形状不规则，伴有夹渣时，夹渣的位置黑度较大，如果层间未熔合的厚度较小，则往往在底片上显示不出来。

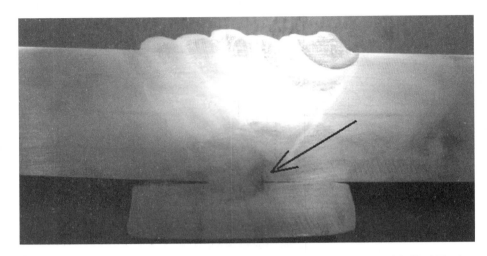

图 2 - 130　带垫板的钢板对接焊缝 V 型坡口的根部未熔合（解剖后磁粉检测显示）

（图片源自香港安捷材料试验公司黄建明）

图 2 - 131　钢板对接焊缝 X 坡口中的未熔合（焊接工艺试验中做弯曲试验时暴露）

（图片源自香港安捷材料试验公司黄建明）

（4）夹渣与夹杂

手工电弧焊焊条上的助焊剂在焊接时熔解生成的金属氧化物，或者焊接过程中冶金化学反应生成的氧化物、硫化物等杂质形成的熔渣，在熔化焊过程中，如果熔池中熔化金属的凝固速度大于熔渣的流动速度，在熔池金属凝固前熔渣未能完全上浮析出到焊缝（焊道）表面而残留在焊缝金属内部，称为夹渣。

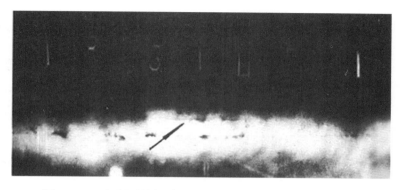

图 2 - 132　钢板对接焊缝的根部未熔合 X 射线照相底片影像
（图片源自焊工家园，微信号 hanjie531）

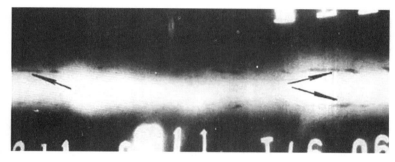

图 2 - 133　钢板对接焊缝的坡口未熔合 X 射线照相底片影像
（图片源自焊工家园，微信号 hanjie531）

夹渣主要存在于焊道之间和焊道与母材交界处，并且多出现在焊缝中心或上半层，或者出现在焊缝熔合线附近，这与它的比重较轻和析出上浮趋势有关。夹渣一般表面粗糙且形状不规则，有条状、块状、点状等形式。

夹渣的成因主要与焊层形状不良或坡口角度设计不当（焊缝的熔宽与熔深之比过小使得熔渣析出受阻）、坡口不清洁（有锈或污垢存在）、多层焊时焊道间的熔渣未清理干净（清渣或清根）、焊接电流过小（输入热量不够而导致熔池中熔化金属的凝固速度过快使得熔渣来不及浮出），或者母材与焊接材料成分不当、焊条上的助焊剂质量不良，以及埋弧自动焊时的保护焊剂混入杂质等有关。

夹渣对焊接接头的力学性能有影响，影响程度与夹杂的数量和形状有关，因此一般焊接结构质量验收标准中对夹渣有尺寸大小、分布密度等限制。

夹杂物是指熔化焊过程中落入液态金属中的外来物，例如采用钨极氩弧焊打底加手工电弧焊或者全部是钨极氩弧焊时，钨极烧损或与焊道碰撞而发生崩落的碎屑留在焊缝内则成为高密度夹杂物（俗称夹钨）。

非金属夹渣在射线照相底片上的影像为黑色的点、条、块状，形状不规则，黑度变化也无规则（往往中间夹杂有气孔），外形轮廓不平滑甚至带有棱角。高密度夹杂物

（主要指夹钨）在射线照相底片上的影像为白色，随钨极崩落的形状和落入焊缝中的不同角度而呈现为圆点、方块、菱形、三角块等。

图 2 – 134 ～ 图 2 – 138 为钢焊缝夹渣的 X 射线照相底片影像。

图 2 – 139 为对焊刀具毛坯 W18Cr4V – 45#钢棒电阻焊对接焊缝中的夹渣断口照片。

图 2 – 140 和图 2 – 141 为钢焊缝夹钨的 X 射线照相底片影像。

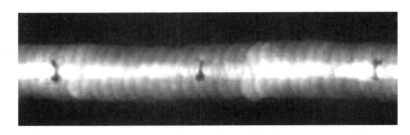

图 2 – 134　钢板手工电弧焊 V 型坡口对接焊缝局部夹渣的 X 射线照相底片
（图片源自韩继增、韩一编著《射线透照焊缝典型照片分析》）

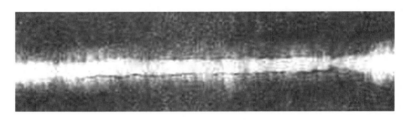

图 2 – 135　钢板手工电弧焊 V 型坡口对接焊缝两侧根部咬边与线状夹渣的 X 射线照相底片
（图片源自韩继增、韩一编著《射线透照焊缝典型照片分析》）

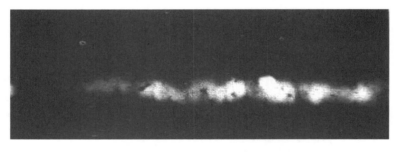

图 2 – 136　钢板对接焊缝成型不良以及点状夹渣 X 射线照相底片影像
（图片源自焊工家园，微信号 hanjie531）

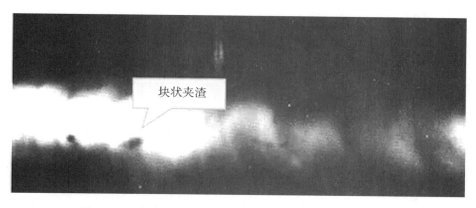

图 2 - 137　钢板对接焊缝中的块状夹渣 X 射线照相底片影像

（图片源自焊工家园，微信号 hanjie531）

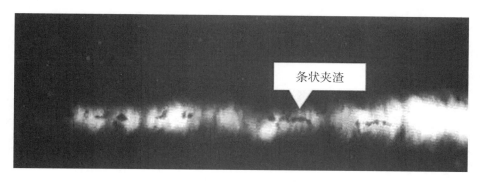

图 2 - 138　钢板对接焊缝成型不良以及条状夹渣 X 射线照相底片影像

（图片源自焊工家园，微信号 hanjie531）

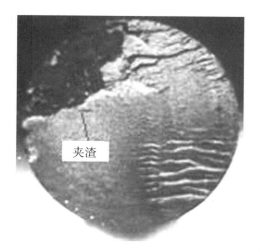

图 2 - 139　对焊刀具毛坯 W18Cr4V - 45#钢棒电阻焊对接焊缝中的夹渣断口照片

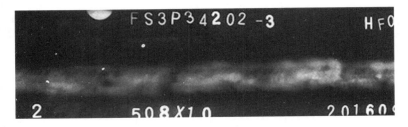

图 2 - 140　钢板钨极氩弧焊打底 + 手工电弧焊 V 型坡口对接焊缝夹钨的 X 射线照相底片

（图片源自韩继增、韩一编著《射线透照焊缝典型照片分析》）

图 2 - 141　钢板对接焊缝成型不良及块渣和夹钨的 X 射线照相底片

（5）裂纹

焊接接头局部区域的金属原子结合力遭到破坏而形成的缝隙（金属局部破裂）称为焊接裂纹。焊接裂纹可能在焊接过程中产生，也可能在焊接完成并放置一段时间后或者投入使用的运行过程中出现，此时出现的裂纹就称为焊缝的延迟裂纹。

焊缝金属从熔化状态到冷却凝固的过程经过热膨胀与冷收缩变化，有较大的冷收缩应力存在，而且显微组织也因从高温到低温的相变过程而产生组织应力，加上母材非焊接部位处于冷固态状况，与焊接部位存在很大的温差，从而产生热应力（拘束力）等，在这些应力及其他致脆因素的共同作用下，一旦超过了材料的屈服极限，材料将发生塑性变形，超过材料的强度极限则导致开裂。

裂纹的存在会减小焊缝截面积从而大大降低焊接接头的强度，并且由于裂纹末端具有尖锐的缺口和大的长宽比特征而成为焊接结构承载后的应力集中点，特别是对承受交变载荷和冲击载荷、静拉力的焊接结构影响较大，往往成为结构断裂的起源，因此在焊接结构质量验收标准中裂纹是不允许存在的危害性最大的缺陷。

焊接裂纹可能发生在焊缝金属（焊道）的内部或表面、与焊道相邻的母材热影响区、母材与焊道交界处（熔合线）等部位。

按焊接裂纹的取向可分为纵向裂纹（与焊道平行，最为常见）、横向裂纹（多出现在热影响区或熔合线上，与熔合线垂直或者大致垂直，有时也会出现在焊道上并与焊道基本垂直）、八字裂纹（在焊道上呈八字形，尖端方向朝向焊道方向，如电渣焊在电源电压不稳时容易产生）、星状裂纹（大多在弧坑处）、网状裂纹。

按焊缝裂纹本身的形态，可分为直裂纹（在显微镜下观察为穿晶裂纹，多为劈裂式，末端无分叉或分叉少）和锯齿状裂纹（在显微镜下观察为沿晶裂纹，末端有分叉，裂隙呈锯齿状，例如再热裂纹、应力腐蚀裂纹、疲劳裂纹等）。

按焊接裂纹发生的部位可分为根部裂纹（焊根裂纹）、弧坑裂纹（龟裂或辐射状，多产生在手工电弧焊的起弧与熄弧处）、熔合区（焊道）裂纹、焊趾裂纹和热影响区裂纹。

根据成因、产生时间和温度的不同，可以把裂纹分为以下几类：

①扩张裂纹。

由于母材中的分层、夹杂物、裂纹等延伸到焊接坡口，从而在焊接时缺陷扩张形成的裂纹。

②热裂纹。

热裂纹是在焊接时的高温下产生的，其特点是多位于焊道上，焊后立即开裂。它往往与母材硫、磷含量高，焊缝冷却太快造成焊接应力大，焊接结构拘束力大，以及焊接材料选择不当等有关。

焊接金属母材材料不同（如低合金高强钢、不锈钢、铸铁、铝合金和某些特种金属等），所产生的热裂纹形态、产生裂纹的温度区间和产生裂纹的主要原因也不同，因此又把热裂纹进一步分为结晶裂纹、高温液化裂纹和多边化裂纹。

结晶裂纹：结晶裂纹是焊接过程中焊缝和热影响区金属冷却到固相线附近的高温区时产生的，即焊缝金属由结晶开始一直到723℃左右（对碳钢而言）以前所产生的裂纹。

结晶裂纹主要发生在晶界上（一般沿奥氏体晶界开裂，金相学中称之为沿晶裂纹）。焊缝金属在结晶过程中处于固相线附近的温度范围内时，在液态金属的凝固收缩以及相邻母材对焊缝存在的拉应力作用下，如果残余液体金属不足，不能及时添补（残余液相不充足），在承受拉伸应力时焊道内就会沿晶界开裂。

结晶裂纹主要产生在含杂质较多的碳钢、低合金钢焊缝中（含 S、P、C、Si 偏高）和单相奥氏体钢、镍基合金以及某些铝合金焊缝中，以沿焊缝纵向分布为多见，一般位于焊道中，但在个别情况下也能在热影响区产生。

高温液化裂纹：高温液化裂纹的主要成因是母材或焊接材料（焊丝）中含有过多的易偏析元素和有害杂质（如硫、磷、铜等），它们在焊接热影响区和多层焊的层间金属中容易产生低熔点的共晶或杂质偏析，在焊接热循环峰值温度的作用下会被重新熔化，当受到一定的拉伸应力时就会诱发奥氏体晶粒间开裂。

母材及焊接材料中的杂质含量越高，产生高温液化裂纹的倾向越大。例如 Fe 和 FeS 容易形成低熔点共晶，其熔点为 988℃，因此很容易产生热裂纹。

高温液化裂纹多产生在含硫、磷、碳、硅较多的碳钢及低合金钢、低中合金钢焊缝中，也能产生在铬镍高强度钢、奥氏体钢，镍基合金及某些铝合金焊缝中。

图 2-142 为螺旋焊缝钢管埋弧自动双侧焊内部纵向热裂纹的解剖照片，母材的材料牌号为 BS4360 43A，钢管外直径为 500～1800mm，管壁厚度为 9.5～25mm。这种纵向热裂纹的产生原因是焊剂受潮并且混入了氧化皮、铁锈和沙尘等具有较低熔点的杂物，以致在焊缝由液态变固态的凝固过程中，这些低熔点夹杂物首先结晶并在热应力作用下开裂。

多边化裂纹：焊缝和近焊缝区在固相线温度以下的高温区内时，由于凝固金属中许

图 2 - 142 螺旋焊缝钢管埋弧自动双侧焊内部纵向热裂纹解剖照片
（图片源自香港安捷材料试验公司黄建明）

多晶格缺陷（空穴、错位）会发生移动和聚集而形成二次边界，以及物理化学性能的不均匀性，显微组织的疏松、高温强度及塑性低等原因，在温度和应力共同作用下沿多边化边界开裂，称为多边化裂纹。

多边化裂纹大多产生在纯金属或单相奥氏体合金的焊缝或焊接热影响区。

热裂纹一般都是沿晶界开裂，裂纹两侧毛糙，而且当裂纹贯穿到焊缝表面与外界空气相通时，由于裂纹是在高温下形成的，因此其断口有明显的氧化色（发蓝或发黑），这是热裂纹的重要外观特征。

热裂纹具有晶间破坏性质，多产生在焊缝金属上，其位置多在焊道的中心呈纵向，或者在电弧焊的熄弧处呈纵向或横向辐射状（称为弧坑裂纹，亦称为收弧裂纹），严重时能贯穿到表面和热影响区。

弧坑裂纹的产生原因是在手工电弧焊过程中需要经常更换焊条，断弧时熔池中心在没有热源的情况下开始凝固，冷却时产生较快的冷却速度，有较大的应力，因而在弧坑处容易产生辐射状裂纹。

此外，在焊趾靠向焊缝侧也有可能出现"焊趾裂纹"，这是指焊道与母材交界的表面处产生的裂纹，其实就是焊缝金属与母材金属的表面熔合线开裂，一般淬硬倾向严重的材料，焊接热影响区晶粒长大后容易在熔合线上产生开裂。

③冷裂纹。

冷裂纹是在焊接完成后，焊接接头冷却到较低的温度（大约在钢的马氏体转变温度即 MS 或 200℃～300℃的温度区）以下产生的裂纹。

冷裂纹主要发生在低合金钢、中合金钢和中碳钢、高碳钢母材熔合线附近的焊接热影响区。某些超高强钢、钛及钛合金等有时也会在焊缝中产生冷裂纹。

冷裂纹的特点是表面无明显的氧化色，属于脆性断裂（断口具有金属光泽）。一般多见为穿晶裂纹（裂纹穿过晶界进入晶粒），但有时也有沿晶裂纹。冷裂纹的取向多与熔合线平行，但也有与焊道轴线垂直的冷裂纹。

　　一般情况下，焊接结构母材金属的淬硬倾向（主要决定于化学成分、板厚、焊接工艺规范和焊后缓冷措施等）、焊接接头金属的含氢量及氢原子分布密度，以及焊接接头所承受的应力状态（包括拘束应力、热应力和残余应力，例如焊前未预热或预热不足，焊后未进行消除应力退火处理或除氢热处理等），称为产生冷裂纹的三大主要因素。这三个因素在一定条件下是相互联系和相互促进的。

　　金属的淬硬倾向越大，越容易产生裂纹，这是因为在焊接条件下，靠近焊缝区的温度很高，奥氏体晶粒发生严重长大，当快速冷却时，粗大的奥氏体将转变为粗大的马氏体（脆硬的马氏体组织），存在较大的冷却收缩引起的拉应力作用，因而容易发生断裂。此外，淬硬过程会形成更多的晶格缺陷（主要是空位和位错），在应力和热力不平衡条件下，将会发生移动和聚集而形成裂纹源。

　　在焊接高温作用下，如果有较多的氢原子进入熔池（例如坡口存在铁锈与油污、空气湿度大、焊条药皮受潮未烘干等，存在的水分子在高温下分解为原子态的氢和氧），由于氢在不同金属组织中的溶解能力和扩散能力不同，在奥氏体中的溶解度远大于在铁素体中的溶解度，而氢的扩散速度在由奥氏体向铁素体转变时会突然增大，因此，随着焊后的温度降低，在由奥氏体向铁素体转变时，氢的溶解度将急剧下降，特别是在形成马氏体组织时其溶解度将发生突变。离析出来的氢来不及逸出焊缝金属时，将在金属的细微孔隙中结合成分子状态，氢分子的体积要比氢原子的体积大得多，对金属能产生很大的局部应力，加上焊接构件冷却收缩时的应力以及焊接结构的拘束力共同作用，从而导致焊缝或熔合线附近的热影响区开裂，这种裂纹就是冷裂纹，也称为氢脆裂纹。

　　冷裂纹可能在焊接完成并冷却到室温后就出现（例如在焊条或母材中的磷含量过高的情况下容易出现），也可能在焊接完成并冷却到室温后经过一段时间（如焊后若干小时甚至几天、十几天）后才出现，称为延迟裂纹（例如 14MnMoVg、18MnMoNbg、14MnMoNbB 等高合金钢、铬镍钼锰钢、高强钢等，就容易产生此类延迟裂纹，因此把这些牌号的钢称为延迟裂纹敏感性钢）。

　　根据被焊的钢种和焊接结构的不同，冷裂纹也有不同的类别，大致可分为以下三类：

　　a. 延迟裂纹：延迟裂纹是冷裂纹中最常见的，其主要特点是不在焊后立即出现，而是有一段孕育期。它是在淬硬组织、氢和拘束应力的共同作用下产生的具有延迟开裂特征的裂纹，因此又称为"氢致裂纹"。

　　延迟裂纹可在焊接接头的不同部位产生，例如：

　　焊根裂纹：在沿应力集中最大部位的焊缝根部形成，可能出现在热影响区的粗晶段，也可能出现在焊缝金属中，裂纹取向通常与焊道平行，主要发生在含氢量较高、预热温度不足的情况下。

　　焊趾裂纹：在母材与焊缝交界处有明显应力集中的部位形成，裂纹取向通常与焊道平行，一般由焊趾表面向母材深处扩展。

　　焊道下裂纹：在靠近堆焊焊道热影响区内形成，裂纹取向一般与熔合线平行，也有垂直于熔合线的，经常发生在淬硬倾向较大、含氢量较高的焊接热影响区。

b. 低塑性脆化裂纹：某些塑性较低的金属材料完成焊接并冷却至较低温度时，由于收缩力引起的应变超过了材料本身所具有的塑性或者材质变脆而产生裂纹，称为低塑性脆化裂纹。低塑性脆化裂纹虽然是在焊接完成后就产生，没有延迟现象，但由于是在较低的温度下产生的，所以也是属于冷裂纹的一种形态。

c. 淬火裂纹：焊接完成后，由于冷却过快而出现的淬硬组织在焊接应力作用下产生的裂纹称为淬火裂纹。这种裂纹基本上没有延迟现象，焊后立即出现，有时出现在焊道上，有时出现在热影响区。

④再热裂纹。

焊接完成后，为消除焊接应力而采取退火热处理或为其他目的（例如返修补焊、矫正等）而在一定温度范围内对焊件再次加热时，由于加热工艺或热处理工艺不当，在高温和残余应力的共同作用下在焊接热影响区粗晶部位产生的裂纹称为再热裂纹。

再热裂纹通常都是晶间裂纹（沿晶裂纹），其走向一般沿熔合线的奥氏体粗晶晶界扩展，与显微组织变化产生的应变有关。

再热裂纹多发生于含有某些沉淀强化合金元素的厚钢板焊接结构（例如厚壁容器），例如低合金高强钢、珠光体耐热钢、沉淀强化高温合金以及某些奥氏体不锈钢和镍基合金，含有铬、钼、钒、硼等元素的钢材则往往具有增大再热裂纹的倾向。

再热裂纹一般只是在较低温度下一定范围内（约 $550\,℃ \sim 650\,℃$）敏感，而热裂纹则是在结晶过程中的固相线附近发生，两者是有区别的。

⑤层状撕裂。

层状撕裂是一种材料内部的低温开裂，性质上属于冷裂纹，且属于危害严重的缺陷。

产生层状撕裂的温度一般不超过 $400\,℃$，主要是由于轧制钢材内部沿轧制方向存在分层状夹杂物（特别是硫化物、夹杂物等平行于轧制方向的带状夹杂物）和钢板垂直于轧制方向（厚度方向）的塑性不足以承受垂直于轧制方向上的焊接收缩应变，从而在厚板母材金属或焊接热影响区发生开裂，可穿晶发展。

层状撕裂的产生最主要是与钢材垂直于厚度方向的断面收缩率（抗层状撕裂能力）大小有关，与母材钢板中非金属夹杂物的种类、形状、数量和分布形态以及所处的位置密切相关，还与厚壁焊接结构在焊接过程中的 Z 向（垂直于厚度方向）拘束应力、焊后的残余应力以及承受载荷密切相关，此外，在热影响区附近由冷裂纹诱发成为层状撕裂时，氢也是一个重要的影响因素。

屈服强度高而且含有不同程度夹杂物（与钢中的夹杂物含量和分布形态有关）的高强钢材料制造的厚壁容器、大型结构件的 T 型接头、十字接头和角接头焊缝容易发生层状撕裂。在刚性拘束的条件下，焊缝收缩时会在母材厚度方向产生很大的拉应力和应变，当应变超过母材金属的塑性变形能力时，夹杂物与金属基体之间就会发生分离而产生微裂，在应力的继续作用下，裂纹尖端沿着夹杂物所在平面进一步扩展，就形成了层状撕裂。

普通轧制的厚钢板，如低碳钢、低合金高强钢，甚至铝合金的板材用于 T 型接头、十字接头和角接头时，焊缝中也有可能出现层状撕裂。

根据层状撕裂产生的位置大体可以分为：

a. 在焊接热影响区焊趾或焊根冷裂纹诱发而形成的层状撕裂。

b. 焊接热影响区沿夹杂物延伸方向开裂，是工程上最常见的层状撕裂。

c. 远离热影响区母材中沿夹杂物延伸方向开裂，一般多出现在有较多 MnS 的片状夹杂的厚板结构中。

图 2 - 143 为典型焊接结构中十字接头的层状撕裂照片。

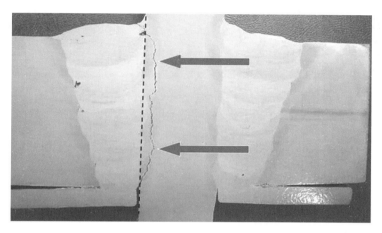

图 2 - 143   典型的十字接头层状撕裂
（图片源自香港安捷材料试验有限公司黄建明）

除了上述裂纹类型以外，还有焊缝返修补焊时产生的补焊裂纹以及使用过程中产生的疲劳裂纹、应力腐蚀裂纹等。

图 2 - 144 ～ 图 2 - 150 为部分焊缝裂纹的示例。

图 2 - 151 为焊缝上不同部位裂纹的示意图。

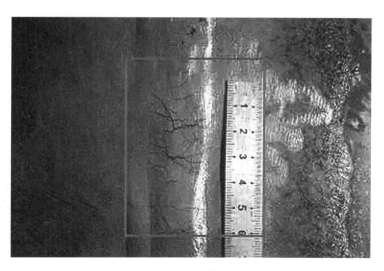

图 2 - 144   钢板对接埋弧自动焊的焊缝龟裂（磁粉检测的磁痕显示）

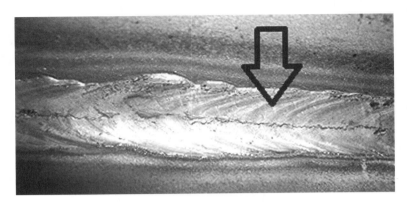

图 2 - 145   普通低碳钢钢板对接焊缝的纵向热裂纹

（图片源自 www. weld163. com）

图 2 - 146   轨道客车转向架侧梁与横梁连接处铝合金角焊缝焊趾裂纹

（图片源自 http://jishu. weldinfo. net）

　　图 2 - 152 ～ 图 2 - 154 为焊缝着色渗透检测和磁粉检测的裂纹显示。

　　在 X 射线照相底片上，裂纹的典型影像是轮廓清楚的黑线或黑丝，线体有微小的锯齿，末端较细，呈尖锐状或有分叉，或者有丝状阴影延伸，粗细和黑度有时有变化，有些裂纹影像还有较粗的黑线与较细的黑丝相互交缠状。

　　图 2 - 155 ～ 图 2 - 159 为射线照相底片上裂纹的典型影像。

　　（6）偏析

　　在一些高合金钢、奥氏体不锈钢材料的焊缝中，因焊接时的金属熔化区域小、冷却快等原因，容易造成焊缝金属的化学成分分布不均匀，从而形成成分偏析缺陷，多为条状或线状并沿焊缝轴向分布。

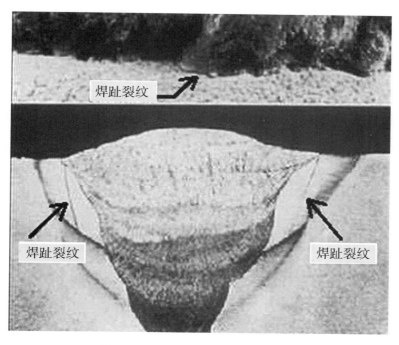

图 2-147　钢板对接焊缝的焊趾裂纹
（图片源自 http://www.maihanji.com）

图 2-148　管道角焊缝焊趾裂纹（着色渗透检测显示迹痕）
（图片源自香港安捷材料试验有限公司黄建明）

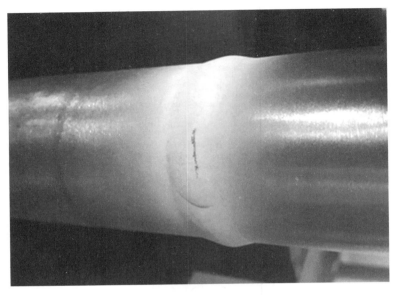

图 2 - 149　钢管对接环焊缝纵向裂纹（着色渗透检测显示）

（照片源自山东瑞祥模具有限公司）

图 2 - 150　钢板手工电弧焊对接焊缝的纵向裂纹

（照片源自 www.tbmservice.com.cn）

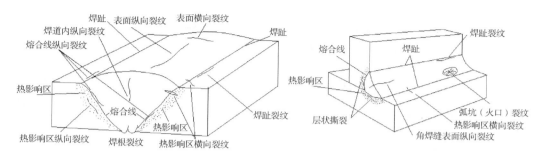

图 2 – 151　焊缝上不同部位裂纹的示意图

（照片源自 www. jxcad. com. cn）

图 2 – 152　角焊缝弧坑裂纹（着色渗透显示）

图 2 – 153　角焊缝焊趾裂纹（着色渗透显示）

图 2 – 154　钢板对接焊缝上的纵向表面裂纹与外咬边的荧光磁粉检测显示照片

（图片源自日本 EISHIN KAGAKU CO. ，LTD 广告资料）

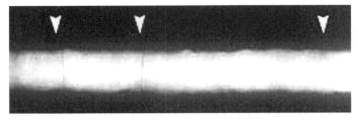

图 2 – 155　合金钢板气体保护焊—钨极氩弧焊 V 型坡口对接焊缝横裂纹的 X 射线照相底片
（图片源自崔秀一、张泽丰、李伟编著《焊缝射线照相典型缺陷图谱》）

图 2 – 156　厚度 14mm 低合金钢板对接焊缝 X 射线照相底片（X 型坡口，埋弧自动焊，纵向裂纹）
（照片源自崔秀一、张泽丰、李伟编著《焊缝射线照相典型缺陷图谱》）

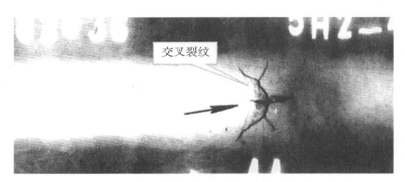

图 2 – 157　钢板对接焊缝交叉裂纹的 X 射线照相底片影像
（图片源自焊工家园，微信号 hanjie531）

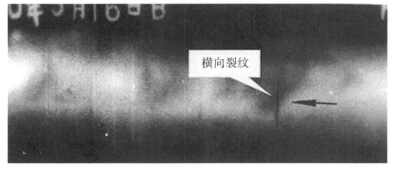

图 2 – 158　钢板对接焊缝横向裂纹的 X 射线照相底片影像
（图片源自焊工家园，微信号 hanjie531）

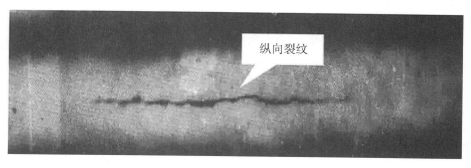

图 2－159　钢板对接焊缝纵向裂纹（伴有夹渣、气孔）的 X 射线照相底片影像
（图片源自焊工家园，微信号 hanjie531）

2.6　粉末冶金的基础知识

不经熔炼和铸造，直接用微米（μm）或纳米（nm）级的几种金属粉末或者金属粉末与非金属粉末通过配制混合均匀并加入适当的增塑剂，经过强力压制成具有一定形状、尺寸、密度和强度的零件毛坯，再进行保护气氛下的高温烧结和后处理，粉粒间的原子通过固相扩散和机械咬合作用，使制件结合为具有一定强度的整体，获得一定形状、尺寸和性能的零件，这种加工方法称为粉末冶金，是金属冶金工艺与陶瓷烧结工艺的结合。粉末冶金技术已经广泛应用于机械、冶金、化工、交通、运输以及航空航天工业等。

粉末冶金制品的应用范围很广泛，涉及普通机械、精密仪器、五金工具、电子器械、电机等，在军事工业以及尖端高新科技领域也都得到应用，例如电灯钨丝、可用作机械切削刀具的硬质合金、多孔含油轴承等都早在 20 世纪初已制造成功，克服了难熔金属熔铸生产的困难。随后又相继出现了金属陶瓷材料、弥散强化材料、摩擦材料（如摩擦离合器和摩擦制动器中的摩擦片）、粉末冶金高速钢、粉末冶金高温合金（如用作涡轮喷气航空发动机的涡轮盘）等。

目前的粉末冶金制品品种已经相当多，例如：

①常规铁基粉末冶金材料。

②铜基粉末冶金材料：具有较好的耐蚀性、表面光洁及无磁性等优点，主要有烧结青铜（锡青铜和铝青铜）、烧结黄铜、烧结镍银和烧结铜镍合金，此外，还有弥散强化铜（如 $Cu_2Al_2O_3$）、烧结时效强化铜合金（Cu_2Be、Cu_2Be_2Co 和 Cu_2Cr 合金）以及用于减震的烧结 Cu_2Mn 合金等。

③钨、钼、钽、铌等难熔金属及合金制品。

④用 Co、Ni 等作黏结剂的碳化钨（WC）、碳化钛（TiC）、碳化钽（TaC）等硬质合金（可用于制造切削刀具和耐磨刀具中的钻头、车刀、铣刀以及模具等）。

⑤Cu 合金、不锈钢及 Ni 等多孔材料（可用于制造烧结含油轴承、烧结金属过滤器及纺织环等）。

粉末冶金技术已成为冶金和材料科学的一个分支学科。

粉末冶金通常要经过以下几个工艺过程：

1. 粉料制备与压制成型

常用机械法（机械粉碎法、雾化法）和物理化学法（电化腐蚀法、氧化物还原法、化合法、还原—化合法、气相沉积法、液相沉积法以及电解法等，其中应用最为广泛的是氧化物还原法、雾化法和电解法）制取粉末。

机械法通常是指利用球磨或利用动力（如气流或液流）使金属物料碎块间产生碰撞、摩擦来获得金属粉末的方法。

氧化物还原法是指用固体或液体还原剂还原金属氧化物来制取粉末的方法。

制取的粉末经过筛分与按一定的比例进行混合，此工序称为混料，除了必须保证混合均匀外，为了便于成形，通常有以下方法：

①干法：在各组元密度相近且混合均匀程度要求不高的情况下，将混合均匀的粉料直接用于成形。

②半干法：在各组元密度相差较大和要求均匀程度较高的情况下，在混料时加入少量的液体以增加粉末之间的结合，便于成形，例如机油，在烧结时即可烧去。

③湿法：在混料时加入大量的易挥发液体（如酒精）并同时伴以球磨，可以进一步提高混料的均匀程度，增加各组元间的接触面积和改善烧结性能。为了改善混料的成形性，重要的粉末冶金制件在混料时还加入适当的增塑剂（汽油、橡胶溶液、石蜡等）。

将混合均匀的混料装入压模中压制成具有一定密度和强度的特定形状和尺寸的型坯。成型的方法基本上分为常温加压成型和加热加压成型（应用最多的是模压成型）。

常温加压成型是在常温条件下用机械压力使粉末颗粒间产生机械噬合力和原子间吸附力，从而形成冷焊结合，制成型坯。这种方法的优点是对设备、模具材料无特殊要求，操作简便。它的缺点是粉末颗粒间结合力较弱，型坯的密度较低，孔隙度较大，型坯容易损坏，而且因为是在常温下成形，因此需要施加较大的压力克服由于粉末颗粒产生塑性变形而造成的加工硬化现象。

加热加压成型时，粉末颗粒在高温下变软，变形抗力减小，用较小的压力就可以获得致密的型坯。加压成型中，压力越大则制件密度越大，强度相应增加。有时也采用热等静压成型的方法达到避免过高压力来增加制件密度的目的。

2. 烧结

将已制成的型坯放置在采用还原性气氛的闭式炉中进行烧结，型坯颗粒间发生扩散、熔焊、再结晶等过程，使得粉末颗粒牢固地焊合在一起，孔隙减小、密度增大，最终得到的是"晶体结合体"，烧结完成后将使制件达到所需要的物理及力学性能。

烧结工艺有单元系烧结和多元系烧结之分。对于单元系和多元系的固相烧结，烧结温度比所用的金属及合金的熔点低（约为基体金属熔点的 2/3～3/4 倍），而对于多元系的液相烧结，烧结温度一般比其中难熔成分的熔点低，而高于易熔成分的熔点。

由于高温下不同种类原子的扩散，粉末表面氧化物的被还原以及变形粉末的再结晶，使粉末颗粒相互结合，提高了粉末冶金制品的强度，并获得与一般合金相似的组织，达到所要求的最终物理及力学性能。

除了普通烧结外，还有松装烧结、熔浸法、热压法等特殊的烧结工艺。

3. 后处理

一般情况下，烧结好的制件能够达到所需性能，可直接使用，但有时还需根据产品要求的不同（例如进一步提高制件的密度和尺寸形状精度）进行必要的后处理，如精压处理（整形，将烧结后的零件装入与压模结构相似的整形模内，在压力机上再进行一次压形，以提高零件的尺寸精度和减小零件的表面粗糙度，用于消除在烧结过程中造成的微量变形）、浸油（将零件放入100℃～200℃热油中或者在真空下使油渗入粉末零件孔隙中，以提高零件的耐磨性和防止生锈）、蒸气处理（把铁基零件置于500℃～600℃水蒸气中处理，使零件内外表面形成一层硬而致密的氧化膜，以提高零件的耐磨性和防止生锈）、硫化处理（把零件置入120℃的熔融硫槽内，经十几分钟后取出，并在氢气的保护下再加热到720℃，使零件表面孔隙形成硫化物，从而大大提高零件的减磨性和改善加工性能）、浸渍其他液态润滑剂（如聚四氟乙烯、石蜡和树脂等）以达到无油润滑或耐蚀目的、热处理（如淬火、表面淬火，以改善铁基粉末冶金制件的机械性能，或者将低熔点金属渗入制件孔隙中的熔渗处理，以提高制件的强度、硬度、可塑性或冲击韧性）及电镀（外观或表面质量要求）等。

粉末冶金制品还可以进行精细机加工、焊接。

新型的粉末冶金制品后处理工艺还包括对烧结完成的制件进行锻造、热等静压或轧制等以获得更高强度性能。例如最新的压力加工技术中已经应用了粉末冶金锻造技术，即把已经经过高压压制和高温烧结而成的粉末冶金预制坯，再在高温状态下经无飞边模锻制成粉末冶金锻件。粉末冶金锻件的粉末接近于一般模锻件的密度，内部组织均匀，没有偏析，具有良好的机械性能，并且精度高，可减少后续的切削加工，可用于制造齿轮、航空发动机涡轮盘等。

粉末冶金技术的优点：

①绝大多数用普通熔炼方法难以制取的特殊材料，加工困难的材料，难熔金属及其化合物、合金、多孔材料都可以采用粉末冶金方法来制造。

②粉末冶金方法能利用各种成形工艺将粉末原料直接压制成最终尺寸（少余量、无余量）的压坯而不需要或很少需要随后机械加工（少切削甚至无切削），甚至可以直接制成符合装配要求的零件，能大大节约金属，提高材料利用率，大量减少机械加工量，降低产品成本。据资料介绍，用粉末冶金方法制造产品时，金属的损耗只有1%～5%，而用一般熔铸方法生产时，金属的损耗可能会达到80%。

③粉末冶金工艺在材料生产过程中并不熔化材料，不存在由熔炉、脱氧剂等带来的杂质，烧结一般在真空和还原气氛中进行，不会发生氧化，也不会给材料带来任何污染，有利于制取高纯度材料。烧结是在低于基体金属的熔点下进行的，有利于获得熔点、密度相差悬殊的多种金属、金属与陶瓷、金属与塑料等多相不均质的特殊功能复合材料和制品。

④粉末冶金法的原材料是用特殊方法制取的细小金属或合金粉末，能保证材料成分配比的正确性和均匀性，可以最大限度地减少合金成分偏聚的情况，保证材料的组织均匀，而且粉末颗粒不受合金元素和含量的限制，可提高强化相的含量，从而使产品性能稳定且具有良好的冷、热加工性能，还可发展新的材料体系。因此，利用粉末冶金技术能够制造具有均匀显微组织结构、致密性很高的高性能合金，含有混合相组成的特殊合金（实现多种类型复合，充分发挥各组元材料各自的特性），非均匀材料、非晶态、微晶、准晶、纳米晶或者亚稳合金和超饱和固溶体等一系列高性能非平衡材料（具有优异的电学、磁学、光学和力学性能）等。

⑤粉末冶金法适合批量生产同一形状的产品，特别是例如齿轮等加工费用高的产品，也能制造大体积的精密制品、高质量的结构零部件以及加工独特的和非一般形态或成分的复合零部件等，从而能够有效地降低生产的资源和能源消耗，大大降低生产成本。

⑥粉末冶金法可以生产普通熔炼法无法生产的具有特殊结构和性能的材料和制品，如新型多孔生物材料、多孔分离膜材料、高性能结构陶瓷和功能陶瓷材料等。粉末冶金技术与陶瓷生产技术有相似的地方，许多粉末冶金新技术也可用于陶瓷材料的制备。

⑦粉末冶金法可以充分利用矿石、尾矿、炼钢污泥、轧钢铁鳞、回收废旧金属作原料，是一种可有效进行材料再生和综合利用的新技术。

粉末冶金技术的缺点：

①粉末冶金模具和制作金属粉末成本较高，批量小或制品尺寸过大时不宜采用。

②粉末冶金制品经烧结后仍会存在一些微小的孔隙，因此属于多孔性材料。就无损检测而言，重要的检测对象是其密度、密度均匀性和孔隙率。

2.7　三维打印技术的基础知识

三维打印技术（3D printing，代号3DP，俗称3D打印技术）即增材制造技术（additive manufacture）的通俗名称，有别于传统的去除材料加工技术，属于快速成型制造技术的一种。

3D打印技术的基本原理：首先通过计算机辅助设计（CAD）或计算机动画建模软件进行建模，再将建成的三维模型"分区"成逐层的截面数据，即切片，形成数字模型文件，并传送到3D打印机上。3D打印机通过读取文件中的横截面信息，将内装的粉状材料（粉末状金属或工程塑料等原材料）按截面逐层喷射出来，在打印机设置的高能热源（电脑控制的激光或者高能电子束）作用下，材料快速熔化，由于作用时间极短，熔化的金属在基体的冷却作用下发生快速凝固堆叠，实现在特定的扫描区域成型，各层截面的材料逐层累积，通过这种连续的物理层叠加，逐层增加材料，直到构造成为一个三维固态物体成品。由于参照了普通打印机的技术原理，其分层加工的过程与喷墨打印十分相似，因此通俗地称其为3D立体打印技术。

3D打印技术的特点是：减轻零件重量，节省材料；提高加工复杂程度，优化零件结构；降低生产成本。3D 打印制品的性能由热源能量属性、材料特性及工艺参数决定，而热源类型及送粉方式则是区分各种 3D 打印技术的最根本因素。图 2－160 所示为 3D 打印的典型送粉机制示意图。

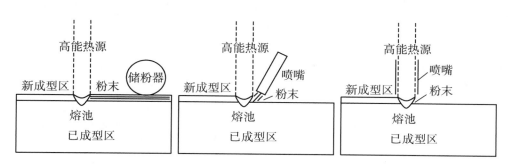

图 2－160　3D 打印的典型送粉机制示意图

　　3D 打印技术把复杂的三维制造转化为一系列二维制造的叠加，因而可以在不用模具和工具的条件下生成几乎任意复杂的零部件，极大地提高了生产效率和制造柔性。设计软件和打印机之间协作的标准文件格式是 STL 文件格式。一个 STL 文件使用三角面来近似模拟物体的表面。三角面越小，其生成的表面分辨率越高。3D 打印机打印出的截面厚度（即 Z 轴方向）以及平面方向即 X－Y 轴方向的分辨率是以 dpi（像素每英寸）或者微米来计算的。一般来说，一次打印厚度为 $100\mu m$，即 0.1mm（甚至可以达到 $16\mu m$），而平面方向则可以打印出跟激光打印机相近的分辨率。打印出来的"墨水滴"的直径通常为 $50\sim100\mu m$。这样的分辨率对大多数应用来说已经足够了。

　　3D 打印技术能够快速精确地将三维模型转化为三维实体，简化产品制造工序，缩短产品研制周期，提高效率同时降低成本，在医疗（如牙科）、文化、国防、航空航天、汽车及金属零件制造、模具制造、教育、地理信息系统、土木工程、珠宝、鞋类、工业设计、建筑、工程和施工等领域都已经得到应用，例如用于制备定制化的医疗植入物，发动机轴承部件以及汽车行业的零部件的快速制造等。目前已经能应用 3D 打印技术打印的材料有塑料、尼龙、玻璃纤维、耐用性尼龙材料、石膏材料、铝材料（如铝硅合金）、钛合金（如 TC4）、不锈钢（如 316L）、镀银、镀金、橡胶、陶瓷材料等。

　　3D 打印制品在制备和使用过程中容易产生的缺陷主要有气孔及融合不良、裂纹和未熔合、致密度不理想，以及成形尺寸精度缺陷、翘曲变形、球化、存在未熔颗粒（粉末颗粒熔化不充分）、粘粉（降低了成形件表面质量）等，它与所用粉末材料的特性，如松装密度、流动性（欠堆积或过堆积造成送粉延迟）、颗粒度、形状、含氧量，以及打印时的能量密度、多道间搭接率以及 Z 轴单层行程都有密切关系。此外，3D 打印制品的质量要求还包括材料密度、弹性参数、孔隙率、残余应力分布以及其内部各种非连续性等方面。应当注意的是，由于 3D 打印技术应用的粉末材料粒度是微米级，其制成品所存在的缺陷很小，已经超出了常规无损检测技术对缺陷的检出能力，因此需要采用更特殊、更新颖的无损检测技术才能胜任。图 2－161 所示为正在以激光为高能热源进行 3D 打印金属叶片的现场。

图 2 - 161　以激光为高能热源进行 3D 打印金属叶片

（图片源自 http://mat - test. com）

2.8　金属材料使用过程中产生缺陷的基础知识

（一）　疲劳损坏

零部件在使用过程中是处于交变应力作用下的，即在不同形式的交变负荷下工作，往往会在远低于材料的强度极限，甚至是低于屈服极限的应力作用下，经过一段时间的运行工作（重复交变负荷一定次数）后即发生损坏，并且在损坏前往往没有明显的预兆。这种损坏称为机械疲劳损坏，它往往会导致很大的损失。

金属材料抵抗疲劳损坏的能力以抗疲劳强度极限来表示。

金属材料的抗疲劳强度大小与多方面影响因素相关，主要包括：

1. 金属材料本身（内部因素）

①化学成分。金属材料的抗疲劳强度与抗拉强度在一定条件下有较密切的关系，金属材料中含有能提高抗拉强度的合金元素在一定条件下可以提高该材料的抗疲劳强度。

例如碳含量在钢中是影响材料抗拉强度的很重要的因素，而在钢中能形成夹杂物的杂质元素则会对疲劳强度产生不利影响。

②冶金质量。金属材料的熔炼工艺过程决定了材料的纯净度，采用净化冶炼的方法（例如真空熔炼、真空除气和电渣重熔等）可以有效降低钢中的杂质含量，从而改善金属材料的抗疲劳性能。

不同类型的夹杂物有不同的机械和物理性能，与母材性能存在不同的差异，因而对抗疲劳性能的影响也不同。一般认为容易变形的塑性夹杂物（如硫化物，和母材结合紧密，比母材膨胀系数大，在母材中产生压应力）对钢的疲劳性能影响较小，而脆性夹杂物（如氧化物、氮化物和硅酸盐等，容易脱离母材，造成应力集中，比母材膨胀系数小，在母材中产生拉应力）则有较大的危害。

金属材料中存在的夹杂物本身或者孔洞、疏松的微间隙甚至微细裂纹等缺陷会降低金属材料的抗疲劳性能。因为在金属材料承受交变载荷作用时，在这些缺陷处将产生应力集中和应变集中，从而成为疲劳断裂的裂纹源。缺陷的种类、性质、形状、大小、数量和分布对抗疲劳强度有不同影响，当然材料的抗疲劳强度还与材料本身的强度水平和外加应力水平及状态等因素有关。例如一般认为夹杂物对高应力条件下材料的抗疲劳强度影响不明显，但是在材料的疲劳极限应力范围内时，夹杂物的存在将会影响材料的疲劳极限。

③热处理和显微组织。不同的热处理工艺会得到不同的显微组织，热处理工艺对材料抗疲劳强度影响的实质是对显微组织的影响。对于相同成分的金属材料，如果热处理工艺不同，即使得到相同的静强度，也会因为显微组织的不同而使得材料的抗疲劳强度能在相当大的范围内变化。例如在相同的强度水平时，片状珠光体的抗疲劳强度明显低于粒状珠光体，而同是粒状珠光体的情况下，渗碳体颗粒越细小，则抗疲劳强度越高。此外，各种显微组织本身的机械性能特性有所不同，而且晶粒度大小以及复合显微组织中各相组织的分布特征也与抗疲劳强度有关，通常认为采取细化晶粒措施可以提高材料的抗疲劳强度。

通过渗碳、氮化和碳氮共渗等表面化学热处理工艺，或者采用感应淬火、表面火焰淬火以及低淬透性钢的薄壳淬火等热处理工艺，还有表面滚压和喷丸等工艺，都可以获得有一定深度的表面硬化层，增加零件的耐磨性（表层化学成分和组织不同导致表层机械性能的变化），而且也能提高零件的抗疲劳强度，特别是提高耐腐蚀疲劳强度和耐咬蚀强度。此外，零件的抗疲劳强度也与表面处理所形成的残余压应力的大小和分布等因素有关。

零件在热处理过程中脱碳（表层强度降低），或者表面镀层（如镀 Cr、Ni 等）中的裂纹造成缺口效应、镀层在基体金属中引起残余拉应力以及电镀过程中氢气的侵入导致氢脆等，都会使零件的抗疲劳强度降低。

2. 外部因素（使用状态）

零件的形状和尺寸、表面光洁度及使用条件都能影响材料的抗疲劳性能。

材料的抗疲劳强度是利用精加工的光滑小试样通过力学性能试验测得的，但是实际的机械零件尺寸都大于试验室小试样，不可能把实际尺寸的零件上存在的应力集中、应力梯度等完全相似地在小试样上再现出来，而且实际的机械零件上都不可避免地存在着不同形式的缺口，如台阶、键槽、螺纹、油孔、加工刀痕以及表面粗糙度等，这些缺口会在材料表面造成应力集中，使缺口根部的最大实际应力远大于零件所承受的名义应力，零件的疲劳破坏往往就是从这里开始的。例如钢和铝合金，粗糙的加工（粗车）与纵向精抛光相比，疲劳极限要降低 $10\% \sim 20\%$ 甚至更多。材料的强度越高，则对表面粗糙度越敏感。

3. 受力的大小与形式

在理想的弹性条件下，由弹性理论求得的理论应力集中系数 K_t 是缺口根部的最大实际应力与名义应力的比值，而有效应力集中系数（亦称疲劳应力集中系数）K_f 则是试验室力学性能试验中光滑试样的疲劳极限 σ_{-1} 与缺口试样疲劳极限 σ_{-1n} 的比值。

K_f 不仅受构件尺寸和形状的影响，而且受材料的物理性质、加工、热处理等多种因素的影响。K_f 随缺口尖锐程度的增加而增加，但通常小于理论应力集中系数。

再用疲劳缺口敏感度系数 q 表示材料对疲劳缺口的敏感程度，则可以表示为：$q = (K_f - 1) / (K_t - 1)$。

q 的数据范围是 $0 \sim 1$，q 值越小，表征材料对缺口越不敏感。q 并非纯粹是材料常数，它和缺口尺寸有关，只有当缺口半径大于一定值后，q 值才基本与缺口无关，而且对于不同材料或处理状态，此半径值也不同。

在实际应用中，零件不会在绝对恒定的应力条件下工作，材料实际工作中的超载和次载都会对材料的疲劳极限产生影响，亦即材料存在着超载损伤和次载锻炼现象。

所谓超载损伤是指材料在高于疲劳极限的载荷下运行达到一定周次后，将造成材料疲劳极限的下降。超载越高，造成超载损伤所需的周次越短。不过，在一定条件下，少量次数的超载不仅不会对材料造成损伤，由于形变强化、裂纹尖端钝化以及残余压应力的作用，还会对材料造成强化，从而提高材料的疲劳极限。

所谓次载锻炼是指材料在低于疲劳极限但高于某一限值的应力水平下运行一定周次后，使材料疲劳极限升高的现象。次载锻炼的效果和材料本身的性能有关，塑性好的材料，一般来说锻炼周期要长些，锻炼应力要高些方能见效。

此外，零件的抗疲劳性能还与零件的工作温度、周围环境的介质、交变载荷的循环频率与次数等密切相关。

疲劳损坏的发展有三个阶段：首先是从材料表面或内部的薄弱处（疲劳源）开始产生显微疲劳裂纹（初始阶段），然后随着交变负荷循环而逐渐扩展（生长阶段，断口上通常显示为俗称沙滩纹的扩展形貌），直至零件的有效截面减小至不再能承受工作应力时，将会发生脆性断裂损坏，往往表现为瞬间断裂（破断阶段，断口上通常显示辐射状粗糙纹路的形貌）。

疲劳源（显微疲劳裂纹），又称策源中心，可以起源于零件表面的微小缺陷或加工痕迹（例如较深的加工刀痕），也可以是材料内部的冶金缺陷，或者是零件几何形状不良（存在截面急剧变化的尖角、拐角等），在工作应力（包括因零件热处理不当、焊接处理不当等原因在零件中形成的残余应力）作用下，在这些地方形成应力集中，首先在这些地方产生显微疲劳裂纹，然后扩展至断裂为止。

图 2-162～图 2-165 为部分零部件的疲劳裂纹显示。

图 2-162　16 吨米无砧座模锻锤锤头燕尾槽根部的
疲劳裂纹外观照片

图 2-163　冲模上的疲劳裂纹
（荧光磁粉探伤磁痕显示）
（黄建明提供）

（a）

（b）

图 2-164　1000 吨双盘摩擦压力机左立柱中部原工艺焊接口处因振动疲劳造成焊缝开裂

图 2-166 和图 2-167 为零件疲劳断裂的断口照片。

如图 2-167 所示，在断口上可以明显看到沙滩纹和辐射纹，这是典型的疲劳断口，疲劳源为下方的表面裂纹。

图 2 - 165　板—筒体焊缝疲劳裂纹（磁粉检测显示磁痕）

（图片源自香港安捷材料试验有限公司黄建明）

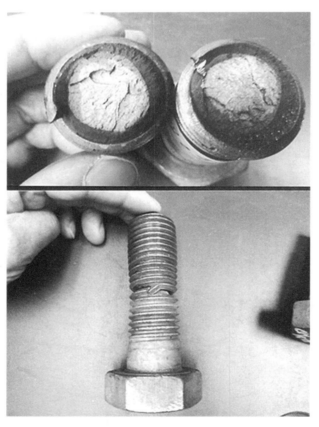

图 2 - 166　螺栓的疲劳断裂断口

（图片源自香港安捷材料试验有限公司黄建明）

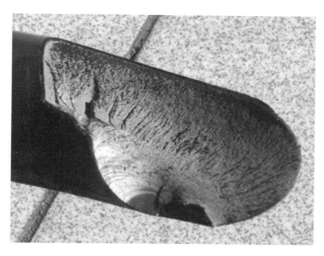

图 2 - 167　高铬钢压弹簧的疲劳断裂断口照片

（二）腐蚀损坏

金属材料受外部介质（空气、海水、雨水、各种酸碱及盐类等）的化学作用或电化学作用发生腐蚀，使得零件的有效截面减小（例如壁厚减小），不再能承受工作应力时即发生断裂损坏。或者由于金属材料的显微组织中发生沿晶界侵入的腐蚀（晶间腐蚀），使得晶粒间的结合力因为腐蚀而受到破坏，形成晶间腐蚀裂纹，导致材料的强度与塑性大大降低，最终因无法承受工作应力而发生断裂。

腐蚀损坏与金属材料的化学成分、显微组织、表面状态、应力状态（即抗腐蚀性能，简称抗蚀性）以及周围环境腐蚀性介质的活性有关。

金属的腐蚀基本上有两种形式——化学腐蚀和电化学腐蚀。

化学腐蚀不产生电流，在腐蚀过程中因化学反应而形成某种腐蚀产物（化学生成物）。这种化学生成物一般都覆盖在金属表面上形成一层膜，使金属与介质隔离开来。如果这层化学生成物是稳定、致密、完整并同金属表层牢固结合的，则将大大减轻甚至可以防止腐蚀的进一步发展，对金属起保护作用。这种形成保护膜的过程称为钝化。例如生成 SiO_2、Al_2O_3、Cr_2O_3 等氧化膜，这些氧化膜结构致密、完整、无疏松、无裂纹且不易剥落，可以起到保护基体金属、避免继续氧化的作用。例如铁在高温氧化时生成的 Fe_2O_3。但是，如果氧化膜是不连续或者是多孔状的，则对基体金属不能起到保护作用。例如有些金属的氧化物，如 Mo_2O_3、WO_3 在高温下具有挥发性，就完全没有覆盖基体的保护作用。因此，氧化膜的产生及氧化膜的结构和性质是化学腐蚀的重要特征。在实际生产中，往往为了提高金属耐化学腐蚀的能力，有意地通过合金化或其他方法，在金属表面形成一层稳定、完整致密并与基体牢固结合的氧化膜（也称为钝化膜）。

在实际生产中导致金属损坏失效的腐蚀主要是电化学腐蚀，它是由不同的金属或金属的不同电极电位在显微组织之间构成原电池所产生的，故又称之为微电池腐蚀。电化学腐蚀的特点是必须有电介质存在，在不同金属之间、金属微区之间或金属相之间有电位差异连通或接触，同时有腐蚀电流产生。

不同金属材料在不同负荷及不同介质环境的作用下，有多种多样的腐蚀形式，主要有以下几类：

①一般腐蚀。金属裸露表面发生大面积的、较为均匀的腐蚀。这种腐蚀虽然会减小构件受力的有效面积而导致其使用寿命缩短，但是要比局部腐蚀的危害性小。

②晶间腐蚀（intergranular corrosion，intercrystalline corrosion）。这是从金属表面开始沿金属晶粒间的分界面即晶界进行并向内部扩展的腐蚀。它能导致晶粒间的接合力遭到破坏，从而大大降低金属的机械强度。晶间腐蚀对材料的危害性最大，能使金属变脆或丧失强度，敲击时失去金属声响，最容易造成突然断裂事故，属于一种很危险的腐蚀。晶间腐蚀通常出现在黄铜、硬铝合金和一些不锈钢、镍基合金中，奥氏体不锈钢的主要腐蚀形式，这是由于奥氏体不锈钢的晶界区域与晶内化学成分差异（例如晶界上含铬量过少形成贫铬区）以及晶界杂质（例如碳化物或氧化物沉淀）或内应力的存在，引起晶界区域电极电位显著降低而造成电极电位差别所致。当受到应力作用时，晶界即会产生开裂，晶粒间的结合强度几乎完全消失，这是不锈钢的一种最危险的破坏形式。对于焊接结构来说，晶间腐蚀可以分别产生在焊接接头的热影响区（HAZ）、焊缝或熔合线上，在熔合线上产生的晶间腐蚀又称刀线腐蚀（KLA）。

③点腐蚀。点腐蚀亦称点蚀，这是发生在金属表面局部区域的一种腐蚀破坏形式，在金属表面形成细小的孔或凹坑，在材料表面产生无规律分布的小坑状腐蚀。点腐蚀形成后能迅速地向深处发展，最后穿透金属。点腐蚀对材料尤其是对容器的危害性很大，发现出现点腐蚀后应及时将腐蚀点打磨去除并涂漆，以避免腐蚀加深。在介质的作用下，金属表面的钝化氧化膜受到局部损坏，或者材料处于含有卤素特别是氯离子的介质中，材料的表面缺陷如疏松、非金属夹杂物等都可能引起点腐蚀，而且点腐蚀速率会随温度升高而增加。

除此以外，还有由于宏观电池作用而产生的腐蚀。例如金属构件中铆钉与铆接材料不同、异种金属焊接、船体与螺旋桨材料不同等，因存在电极电位差别而造成腐蚀。

为了避免和防止电化学腐蚀的产生，应尽可能减少原电池数量（涉及材料的正确选择），使钢的表面形成一层稳定、完整地与钢的基体结合牢固的钝化膜（涉及表面热处理工艺），以及在形成原电池的情况下，应尽可能减少两极间的电极电位差（涉及零部件装配工艺）。

图 2-168 为管道的内壁腐蚀照片。

图 2-169 为铝合金梁的晶间腐蚀高倍照片。

图 2-170 所示为锅炉水冷壁管向火侧高温腐蚀及横向裂纹，水冷壁管材质为 15CrMoG 低合金钢，规格一般为 $\Phi28.6mm \times 6.5mm$ 内螺纹管或光管。

（三）应力腐蚀损坏

金属材料的应力腐蚀损坏是在使用过程中由腐蚀介质和应力（外加应力或内应力，主要指拉伸应力）共同作用下产生的断裂损坏现象。

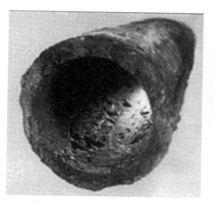

（a）发生多处麻坑的氢腐蚀

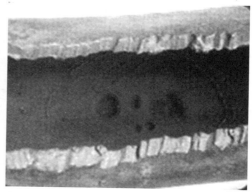

（b）停炉处理不当产生的腐蚀坑

（c）垢下腐蚀坑

（d）内螺旋管壁腐蚀坑

图2-168　锅炉管道的内壁腐蚀

（图片源自厦门涡流检测技术研究所广告宣传资料）

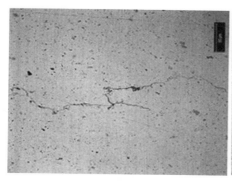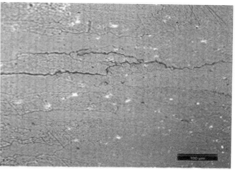

图2-169　铝合金梁的晶间腐蚀高倍照片

（聂有传提供）

在没有腐蚀作用时，金属材料只有在应力超过材料的强度极限时才会被破坏，但是在腐蚀和应力共同作用的情况下，材料的破坏将会加速，以致在低于材料强度极限的应力作用下就发生损坏。

腐蚀介质和应力的相互影响作用在于：一方面，腐蚀使材料的晶间结合力受到破坏，使零件有效截面积减小和形成凹坑缺口造成应力集中，这将降低零件的强度并相对

（a）管子对接焊缝边缘周向开裂　　　　（b）管子母材周向裂纹

图 2 – 170　锅炉水冷壁管向火侧高温腐蚀及横向裂纹

（图片源自江苏方天电力技术有限公司杨贤彪）

增加真实应力；另一方面，应力集中使得缺口进一步扩大，有利于腐蚀进展的加速，使表面腐蚀缺口向零件深处发展，在如此的相互作用下，最终导致零件的损坏。

应力腐蚀损坏的断裂方式主要是沿晶开裂，但有时也会有穿晶开裂，这是一种危险的低应力脆性断裂。

在与氯化介质和碱性氧化物或其他水溶性介质接触的钢材中经常会发生应力腐蚀。应力腐蚀在许多设备的事故中占有相当大的比例。

产生应力腐蚀裂纹破坏的环境通常相当复杂，应力腐蚀破坏的腐蚀机理属于电化学腐蚀，其影响因素主要有材料的化学成分和显微组织（应力腐蚀敏感性）、应力的大小与状态（这是决定性的影响因素，包括外加应力，主要指拉伸或扩张的工作应力，还包括材料自身存在的残余应力），以及腐蚀介质的活性（即腐蚀介质的影响能力，例如腐蚀产物也能造成应力作用，如氢原子的侵入能造成很大的内应力，从而产生氢脆等）。因此，通常把应力腐蚀敏感性（与材料相关）、作用应力（与应力相关）和腐蚀介质（与外界环境条件相关）称为应力腐蚀的三要素。

图 2 – 171 为某热电厂汽轮机叶轮轮缘应力腐蚀断裂的实物照片。

图 2 – 171　某热电厂汽轮机叶轮轮缘应力腐蚀断裂

（图片源自 www. wtoutiao.com）

（四）应力腐蚀疲劳破坏

应力腐蚀疲劳破坏是在腐蚀介质和交变应力共同作用下引起的破坏现象，其特点是有腐蚀坑和大量裂纹产生，显著降低了钢的疲劳强度，导致钢的过早断裂。

应力腐蚀疲劳破坏与应力腐蚀破坏的不同之处是这种应力为交变或脉冲的拉伸（扩张）应力。应力腐蚀疲劳破坏也不同于机械疲劳，因为它没有一定的疲劳极限，随着循环次数的增加，抗疲劳强度一直是在下降的。

应力腐蚀疲劳破坏的发展过程是首先在金属材料表面产生腐蚀坑，腐蚀坑起到缺口作用造成应力集中，成为疲劳裂纹的策源中心，并进一步在交变应力作用下不断扩展（其间腐蚀作用也在不断进行），最终导致疲劳断裂。

值得一提的是，上述四种断裂损坏的共同特点是断裂的走向一般与主应力方向大致垂直。

2.9　断裂力学与损伤容限设计概念的基础知识

断裂力学是研究带有裂纹缺陷的材料抵抗裂纹扩展的能力以及裂纹在各种承载条件下扩展规律的一门新学科。断裂力学理论在安全设计、合理选材、指导改进工艺、提高产品质量、制定科学的检验操作、正确评价结构部件的使用可靠性、防止事故发生等方面都具有重大的应用价值。

图 2-172 所示为断裂力学分析中的典型开裂形式。

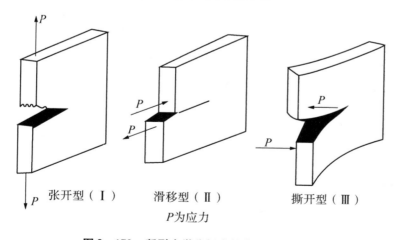

张开型（Ⅰ）　滑移型（Ⅱ）　撕开型（Ⅲ）

P为应力

图 2-172　断裂力学分析中的典型开裂形式

固体材料中的非均匀性（例如显微组织）和非连续性（例如存在缺陷）是绝对的，而它的纯一性是相对的。断裂力学的一个重要内容就是研究材料中裂纹尖端的局部区域里应力和变形的情况，以及材料抗脆断性能和裂纹之间的定量关系，它通过对裂纹亚临界扩展阶段的研究来计算裂纹从初始长度发展到临界长度（此时工件将发生断裂）的寿命，从而确定带缺陷工件的承载能力。

根据断裂力学理论，裂纹的扩展只敏感于裂纹附近的材料特性和裂纹尖端的几何形状，因此可以把裂纹的临界尺寸（即发生断裂那一瞬间的裂纹长度）表示为：

$$a_c = 2ET/\pi \cdot \sigma^2, \text{ 即 } a_c \propto 1/\sigma^2 \text{ 或 } \sigma \propto 1/(a_c)^{1/2}$$

式中，E 为材料的弹性模量；σ 为工作应力；T 为裂纹扩展时克服材料内聚力所需的单位面积上所做的功；a_c 为裂纹的临界尺寸。

因此对应的临界应力 σ_c 为：

$$\sigma_c = (2ET/\pi \cdot a)^{1/2} = (2ET/\pi)^{1/2} \cdot (1/a^{1/2}), \ (a < a_c)$$

在线弹性介质中，理想裂纹受到张开型应力（I 型）加载时，裂纹尖端附近区域应力场强度的度量（外加载荷垂直于裂纹所在平面并使两个裂纹面沿加载方向张开）用平面应变的应力场强度因子 K_1 表示：

$$K_1 = \sigma \cdot (a^{1/2}) \cdot Y$$

式中，Y 为随受力、试件几何形状与裂纹形状、边界条件变化的一个函数常量；a 为裂纹的长度尺寸；σ 为垂直于裂纹方向的均匀分布的拉应力（工作应力）；$\sigma \cdot (a^{1/2})$ 为常量。

K_1 描述了裂纹尖端的应力应变场。当 K_1 达到临界值时，用 K_{1C} 表示，此时 $a \rightarrow a_c$，即材料在平面应变条件下发生裂纹扩展时 K_1 的临界值，全称为平面应变断裂韧性，它是材料固有的力学性能，是衡量材料抵抗裂纹失稳扩展能力的度量，是材料性能的重要指标之一。

$$K_{1C} = \sigma \cdot (a_c^{1/2}) \cdot Y$$

达到 K_{1C} 时，裂纹将突然长大，造成材料的突然断裂（脆性断裂）。当 $K_1 < K_{1C}$ 时，工件不会断裂而能正常使用。因此，作为线弹性断裂力学的断裂判据就是：

$$K_1 = \sigma \cdot (a^{1/2}) \cdot Y < K_{1C}$$

K_{1C} 的物理意义在于表征材料抵抗裂纹扩展的能力。它是材料强度和韧性的一个综合性指标，反映材料对尖锐缺口的敏感程度。K_{1C} 越大就意味着材料抵抗裂纹扩展的能力越强，亦即工件寿命越长。

断裂力学研究的还有弹塑性断裂力学，以及切变应力下的断裂韧性等，这里仅仅介绍了最常用的 K_{1C}。

在断裂力学中要考虑的另一个重要参数是裂纹在疲劳循环工作条件下的亚临界扩展速率。

$$da/dN = C(\triangle K)^n$$

式中，N 为循环周期数（载荷交变的总次数）；a 为裂纹的长度尺寸；$\triangle K$ 为在交变载荷下最大与最小应力强度因子的差值；C 和指数 n 为通过实验和长期积累的历史资料确定的系数，与交变载荷的作用方式、材料性质、裂纹形状以及周围环境等有关，它说明在不同使用条件下的工件具有不同的工作寿命。

如果材料中存在一个裂纹，当 $\triangle K$ 小于某个门槛值时，裂纹不会扩展，但是 $\triangle K$ 越过这个门槛值后，裂纹就会开始扩展。在裂纹的扩展过程中，裂纹的表面积会逐渐增加，裂纹扩展单位面积需要克服一定的表面能，而且裂纹扩展前在裂纹尖端首先要产生塑性变形，也需要消耗一定的能量，因此裂纹扩展的整个过程可以大致分为三个阶段。第一阶段是 $\triangle K$ 值还较小，裂纹的扩展速率很缓慢（例如普通金属材料在一个载荷循环周期下扩展约为 10^{-7}mm）。第二阶段的裂纹扩展速率随 $\triangle K$ 的增大而呈斜直线状发展，这是工程上最重要的裂纹扩展区。第三阶段的时间很短，经历的载荷循环数很少就达到破裂。工程上一般通过第二阶段来估算寿命。

以断裂力学理论为基础发展起来的损伤容限设计概念，是承认材料在初始状态时就可能带有冶金或制造缺陷，并在使用过程中会因环境条件、过载等影响而产生裂纹这一事实，认为对结构部件的设计应能容忍裂纹的存在，但是在给定的检修期内裂纹的扩展不应导致结构部件的损坏。也就是说，要求在材料的损伤被检测到和修复之前，结构部件仍具有抵抗破坏的能力，亦即仍具有一定的剩余强度水平。

损伤容限设计概念就是从耐用性、可靠性和可维护性出发，考虑已损伤和未损伤材料的静强度、刚度和疲劳性能，以及蠕变、持久性能和热稳定性等因素，来进行结构部件的设计与制造。

损伤容限设计概念的三个基本要素是剩余强度分析、裂纹扩展分析和损伤检测。

①剩余强度分析：用以确定在保证结构部件承载能力不低于规范要求的前提下所允许的最大损伤，亦即临界裂纹尺寸 a_c 的大小。

②裂纹扩展分析：分析带有裂纹的结构部件在所使用的载荷与环境条件下，裂纹从初始长度扩展到临界尺寸的时间，用以确定检修周期，保证在裂纹危及结构部件安全使用之前有足够的机会加以修复。

③损伤检测：使用无损检测手段探查出裂纹并在裂纹危及结构部件安全使用之前予以修复，使结构部件恢复其极限承载能力。

这将要求无损检测人员在大量积累试验数据的基础上，确定各种无损检测方法检测不同裂纹或类裂纹缺陷的尺寸的可靠程度（可检出概率）。

损伤容限设计要充分考虑到合理的结构设计、应力设计、材料选择、疲劳增强措施选择，规定适当的检修周期等，以满足结构损伤容限的要求。

通常把具有95%可靠性的可探测最小裂纹尺寸作为初始裂纹尺寸（即在设计时假定材料中已经存在具有这一尺寸的初始裂纹），然后根据选用材料的 K_{1c} 和在初始设计中（对未损伤材料静强度和疲劳强度的设计）初步确定的设计应力和零件形状尺寸，计算出临界裂纹尺寸，最后根据材料的 $\triangle K - da/dN$ 特性以及预计在使用寿命内不同疲劳载荷的循环次数，估算出从初始裂纹尺寸扩展到临界裂纹尺寸的时间，亦即估算材料使用寿命。

如果估算的寿命超过设计预定的使用寿命或检验周期，则初步设计方案是符合损伤容限设计要求的，反之，则必须进一步提高无损检测的能力（包括采用更先进的检测设备和方法），以保证显示更小缺陷的可靠性，并在此基础上修改无损检测验收标准，或对设计或选材进行更改。

与损伤容限设计紧密结合的是耐久性设计。耐久性设计是指材料抵御疲劳损伤、意外损伤及环境恶化等的能力，并且为维护这种能力的费用必须在经济上是可以接受的。

耐久性设计的目的是保证材料结构的经济寿命大于设计寿命，以及在设计寿命内不会出现影响使用的问题。这里所说的经济寿命是指一旦出现大范围损伤，并且对这些损伤的修复是不经济的，但是如果不修复则会引起结构部件的功能受损而影响使用这一情况产生时的寿命。

耐久性设计与损伤容限设计的结合，将从经济性和安全性两个方面提高结构部件的设计水平，但也将对强度、结构、材料、制造以及无损检测各方面和它们之间的合作程度提出更高的要求。

第3章 非金属材料与复合材料的基本知识

3.1 非金属材料

非金属材料是重要的工程材料，在工业上的非金属材料很多，通常包括耐火材料、耐火隔热材料、耐蚀（酸）非金属材料、陶瓷材料和高分子材料等。

耐火材料是指能承受高温作用而不易损坏的材料。抵抗温度变化的能力越强，耐火材料在经受温度急剧变化时越不易损坏。常用的耐火材料有耐火砌体材料、耐火水泥及耐火混凝土。

根据耐火砌体材料的材质可将其分为普通耐火材料和特种耐火材料。根据其主要化学成分划分，有黏土砖、高铝砖、硅砖、氧化铝砖、石墨和碳制品以及碳化硅制品等。

耐火混凝土可分为水硬性耐火混凝土、火硬性耐火混凝土和气硬性耐火混凝土；按其密度可分为重质耐火混凝土和轻质耐火混凝土。

耐火材料的主要性能指标包括耐火度、荷重软化温度、高温化学稳定性、抗压强度、密度、比热容、热导率、隔热性能、电绝缘性能等。

耐火隔热材料又称为耐热保温材料，是各种工业用炉（冶炼炉、加热炉、锅炉炉膛）的重要筑炉材料，以及各种高温管道（如高温蒸汽管道）的保温材料。常用的隔热材料有硅藻土、珍珠岩、蛭石、硅酸铝耐火纤维、微孔硅酸钙、玻璃纤维（又称矿渣棉）、石棉，以及它们的制品如毡、板、管、砖等。

耐热保温材料广泛用于电力、冶金、机械、建筑、化工、石油和硅酸盐等工业中各种高温设备的保温绝热，例如气体、液体高温管道，金属冶炼电炉及各种高温窑炉、锅炉、加热炉的保温绝热等。

耐蚀（酸）非金属材料的组成主要是金属氧化物、氧化硅和硅酸盐等，在某些情况下它们是不锈钢和耐蚀合金的理想代用品。常用的非金属耐蚀材料有铸石、石墨、耐酸水泥、天然耐酸石材和玻璃等。

陶瓷材料具有高温化学稳定性、超硬的特点和极好的耐腐蚀性能。陶瓷一般分为普通陶瓷和新型陶瓷两大类。工业上常用的陶瓷有电器绝缘陶瓷、化工陶瓷、结构陶瓷和耐酸陶瓷等。

高分子材料也称为聚合物材料，是以高分子化合物为基体，再配以其他添加剂（助剂）所构成的材料。

根据材料来源可以将高分子材料分为天然高分子材料和人工合成高分子材料。

天然高分子材料是存在于动物、植物及生物体内的高分子物质，可分为天然纤维、天然树脂、天然橡胶、动物胶等。合成高分子材料主要是指塑料、合成橡胶和合成纤维三大合成材料，此外还包括胶黏剂、涂料以及各种功能性高分子材料。合成高分子材料具有天然高分子材料所没有或较为优越的性能，例如较小的密度（重量轻）、较高的强度、良好的塑性、较强的耐腐蚀性、优良的电绝缘性等。

按高分子材料的特性可以将其分为橡胶、合成纤维、塑料、高分子胶粘剂、高分子涂料和高分子基复合材料等。

下面重点介绍混凝土材料、陶瓷材料和高分子材料。

（一）混凝土材料

混凝土一般是指用水泥作为胶凝材料，并与水和粗骨料（如卵石或碎石）、细骨料（如砂），必要时还要加入适量的掺合料和外加剂，按适当比例配合、均匀搅拌成拌合物，经过密实成型和一定时间的养护硬化从而胶结成整体的复合固体材料的总称，亦称人造石材，通常也简称作"砼"。

在混凝土中，砂、石起骨架作用，称为骨料。水泥与水形成水泥浆，水泥浆包裹在骨料表面并填充其空隙。在硬化前，水泥浆起润滑作用，赋予拌合物一定的和易性，以便于施工。水泥浆硬化后，则将骨料胶结为一个坚实的整体。

古代最早使用的混凝土是以黏土、石灰、石膏、火山灰等作为胶凝材料，波特兰水泥于 1824 年出现后，由于以它作为胶凝材料配制而成的混凝土具有良好的强度和耐久性，而且原料易得，造价较低，特别是能耗较低，因此得到了广泛的应用。在 1861 年后又开始了钢筋混凝土的应用，此后钢筋混凝土成为桥梁、水坝、管道、楼宇等必不可少的构件。

混凝土的优点是具有较高的抗压强度（一般在 7.5～60MPa 之间，当掺入高效减水剂和掺合料时，强度可达 100MPa 以上）和耐久性能（具有优异的抗渗性、抗冻性和耐腐蚀性能），而且混凝土可以随组成材料及配合比例的不同而得到不同的物理、力学性能，也可以根据不同的模具成型，浇注成不同形状的构件。

混凝土的主要缺点是自重大（比重约 2400kg/m^3），抗拉强度很低（一般只有抗压强度的 1/10～1/20），抗裂性差（易因环境温度、湿度的变化而产生裂缝），收缩变形大（水泥经过水化凝结硬化引起的自身收缩和干燥收缩达 500×10^{-6} m/m 以上，容易产生混凝土收缩裂缝）。

根据应用的需要，混凝土的种类很多，分类方法也很多。

按混凝土的表观密度可分为重混凝土、普通混凝土、轻质混凝土。

①重混凝土：表观密度大于 2600kg/m^3，通常由重晶石（硫酸钡）和铁矿石作为添加料配制而成。例如用于射线屏蔽防护的重晶石钢筋混凝土，密度可达到 3000kg/m^3 以上。

②普通混凝土：表观密度为 1950～2500kg/m^3，主要以水泥为胶凝材料，以砂子和

石子为骨料，经加水搅拌、浇筑成型、凝结固化而成。这种普通水泥混凝土是目前土木工程上最大量使用的混凝土。

③轻质混凝土：表观密度小于 $1950kg/m^3$，包括轻骨料混凝土（以浮石、火山渣、膨胀珍珠岩等密度较小的天然矿物、矿渣、炉渣等工业废料及有机材料等作为骨料）、多孔混凝土和大孔混凝土等。

用作混凝土的胶凝材料并非仅有水泥，还有石膏、水玻璃、硅酸盐类、沥青、聚合物等，因此若按混凝土使用的胶凝材料分类，可分为水泥混凝土、石膏混凝土、水玻璃混凝土、硅酸盐混凝土、沥青混凝土、聚合物混凝土和轻质聚合物混凝土等。

轻质聚合物混凝土是用中空玻璃球作骨料，用高分子材料聚氨基甲酸酯作黏结料，密度只有 $200kg/m^3$，可以漂浮在水或任何有机溶剂之上。这种轻质聚合物混凝土不仅保温、隔音、防水性能特别好，而且可以切割、钻孔、钉钉子，给施工安装带来极大的方便。

在水泥混凝土中加入一些特定的改性材料，可以得到纤维混凝土、粉煤灰混凝土、钢筋混凝土等。

①纤维混凝土：在混凝土中掺入钢纤维，这种混凝土的抗压强度比普通钢筋混凝土的抗压强度大5倍，而价格却便宜一半。据相关资料介绍，用碳纤维代替钢筋，可使混凝土的强度大幅度增加。

②粉煤灰混凝土：在混凝土中掺入大量粉煤灰，可以显著降低混凝土的密度，改善透气性，例如制作粉煤灰混凝土砖可用于房屋隔墙，起到夏天隔热、冬天保温的效果。

③钢筋混凝土：以抗拉强度高的钢筋、钢筋网为骨架制成的混凝土构件称为钢筋混凝土，属于复合型材料。钢筋比重大，既能承受压力载荷，又能承受张力载荷，混凝土比重较小，但是能承受压力载荷，不能承受张力载荷，合理利用钢筋和混凝土两种不同受力性能材料的强度，就能增加混凝土构件的综合机械强度，还能比全钢结构件节约钢材、降低建造成本。

钢筋混凝土的主要优点是由于钢筋和混凝土的共同作用，提高了建筑构件的抗拉强度，具有坚固耐久性，并且具有耐火性和保温性。

钢筋与混凝土有良好的黏结作用，两者能可靠地结合在一起，钢筋和混凝土的温度线膨胀系数几乎相同（钢为 1.2×10^{-5}；混凝土为 $1.0 \times 10^{-5} \sim 1.5 \times 10^{-5}$），在温度变化不大时不致产生较大的温度应力而破坏两者之间的黏结从而影响钢筋混凝土结构的整体性，而且钢筋被混凝土包裹着，使钢筋不会因大气的侵蚀而生锈变质。

钢筋混凝土的主要缺点是自重大（钢的比重约为普通混凝土的三倍）、抗裂性能差、施工时模板费用高。

利用钢筋的特点，可以在钢筋或钢筋网浇灌混凝土之前对钢筋施加弹性极限以内的拉应力，浇灌混凝土并达到固化后再释放应力，由于钢筋的收缩，在钢筋混凝土构件的受拉区会产生预压应力，这是一种人为的应力状态。当构件在载荷作用下产生拉应力时，首先要抵消这种预压应力，然后随着载荷的增加，混凝土才会因受拉并出现裂缝，从而可以推迟裂缝的出现，满足使用要求。这种构件就称为"预应力混凝土结构"。在桥梁、大型建筑工程中最常见的就是"预应力梁"。

　　按混凝土的应用场所、功能和特性，可分为结构混凝土（如用于建筑物）、道路混凝土（如用于高速公路、机场跑道）、水工混凝土（如用于水库或水电站的大坝、海岸防波堤等）、耐热混凝土、耐酸混凝土、防辐射混凝土（如用于射线曝光室）、补偿收缩混凝土、膨胀混凝土（如用于管路堵漏）、防水混凝土、泵送混凝土（可用泵车在保持搅拌不致凝结的状态下长途运输到建筑工地用于浇筑）、自密实混凝土、纤维增强混凝土、装饰混凝土（如用于建筑物的内外墙敷面）、聚合物混凝土、耐侵蚀混凝土、高强混凝土、特种高性能混凝土等。

　　混凝土的基本成分有胶凝材料、骨料、外加剂以及掺合料。

1. 胶凝材料

　　水泥是最常用的水硬性胶凝材料。水泥与水混合形成水泥浆后，既能在空气中硬化，也能在水中硬化。

　　水泥以强度作为确定水泥标号的指标（凝结硬化后养护28天所达到的强度）。

　　最常见的水泥种类有：

　　①硅酸盐水泥。有 P. Ⅰ、P. Ⅱ 两种类型，P. Ⅰ 型为不掺混合材料的硅酸盐水泥，P. Ⅱ 型为掺入不超过水泥重量5%的石灰石或粒化高炉矿渣混合材料的硅酸盐水泥。硅酸盐水泥标号有 42.5R、52.5、52.5R、62.5、62.5R、72.5R。

　　②普通硅酸盐水泥（P. O）。普通硅酸盐水泥标号有 32.5、32.5R、42.5、42.5R、52.5、52.5R、62.5、62.5R。

　　③火山灰质硅酸盐水泥（P. P）。

　　④矿渣硅酸盐水泥（P. S）。

　　⑤粉煤灰硅酸盐水泥（P. F）。

　　⑥复合硅酸盐水泥（P. C）。

　　最常使用的是硅酸盐水泥和普通硅酸盐水泥。

　　水泥的质量检验指标主要有水泥胶砂强度（通过同批浇注的混凝土试验块进行力学性能试验来判定水泥标号是否合格，如立方体抗压强度和压碎指标）、达到水泥浆标准稠度的用水量、凝结时间（国家标准规定水泥的初凝结时间不能早于45分钟，终凝结时间对于普通硅酸盐水泥不能迟于10小时，对于硅酸盐水泥不能迟于6.5小时。在工程中可以采用加入缓凝剂来改变水泥的凝结速度）、安定性（水泥在硬化过程中的体积变化是否均匀，安定性不良的水泥会使结构物产生膨胀性裂缝甚至破坏）、水泥胶砂浆的流动度（考虑灌注的适合度）、水泥密度等。

2. 骨料

　　骨料又称集料，是混凝土的主要组成材料之一，起骨架作用。

　　骨料分为粗骨料和细骨料。

　　①粗骨料：粒径大于5mm（并非越大越好，有一定规格指标要求），如卵石、碎岩石。以近立方体或近球状体为最佳，如果针状、片状过多会使骨料间的空隙率增大，从而降低混凝土的强度。

　　②细骨料：粒径在 0.15～5.0mm 之间，如海砂、河砂、山砂和机制砂。

　　河砂和海砂的颗粒多为近似球状，而且表面棱角少、较光滑，所配制的混凝土流动性往往比山砂和机制砂好，但与水泥的黏结性能相对较差。山砂和机制砂的表面较粗糙，棱角多，所配制的混凝土流动性相对较差，但与水泥的黏结性能较好，并且混凝土的强度略高一些。

海砂的氯离子含量高，容易导致钢筋锈蚀，一般用于配制素混凝土，而不能直接用于配制钢筋混凝土。如果要配制钢筋混凝土，那么海砂必须经过淡水充分冲洗，使有害成分含量减少到要求以下。

山砂可以直接用于一般工程混凝土结构。

机制砂也称人工砂或加工砂，它是由卵石或岩石用机械破碎的方法，通过冲洗、过筛制成。

骨料是由天然岩石经自然风化作用而成的，在用于重要工程或特殊环境下工作的混凝土结构物（例如严寒地区的室外工程、处于湿潮或干湿交替环境、有腐蚀介质存在或处于水位升降区等）时，必须在使用前通过坚固性试验和碱活性试验来确认其质量是否能够满足要求。对于粗骨料一般还需要在使用前通过岩石抗压强度或压碎值试验来衡量其强度能否满足要求。

为了保证混凝土的质量，要求混凝土用砂和碎石有一定的粗细比例程度（称为颗粒级配），对碎石和砂中的含泥量也是有要求的，因为含泥量对混凝土的性能影响很大，特别是抗裂性能，对抗渗混凝土以及高强度混凝土更有严格要求。此外，对碎石的针、片状颗粒含量（过长、过薄颗粒的含量对混凝土的和易性和强度影响很大）、碎石和砂中的有害物质含量（如云母，有机物，氯离子等）以及密度、坚固性等也都有相应要求。

3. 外加剂

在混凝土组分中掺入外加剂是为了改变混凝土性能（如提高混凝土强度、改善混凝土和易性、调节混凝土的凝结时间，以及配制高强高性能混凝土等）。不同品种的外加剂，其主要功能和适用范围不同，要注意外加剂与水泥有相容性的问题，使用之前需做水泥适应性试验确认能否使用，而且外加剂的掺入量需要严格控制，掺量不当会影响混凝土质量，外加剂的掺入量通常不大于水泥重量的5%。

外加剂一般包括减水剂、引气剂、调凝剂、膨胀剂。

①减水剂：可减少用水量，提高混凝土强度或改善混凝土的和易性。

②引气剂：可增加含气量，减少泌水离析，改善混凝土的和易性。

③调凝剂：可调节凝结时间，实现缓凝、早强（凝结时间短的水泥有早期强度较高的特点）、速凝等。

④膨胀剂：使混凝土体积膨胀、提高抗渗性。

此外，还有防水剂、防冻剂等。

4. 掺合料

在混凝土的组分中掺入掺合料的目的是节约水泥、改善和提高混凝土性能和调节混凝土强度等级等。常用的掺合料包括粉煤灰、超细矿渣、硅粉等。掺合料的掺入量及代替水泥的比例都有技术上的要求，如在普通钢筋混凝土中，粉煤灰掺量不宜超过基础混凝土水泥用量的35%，而且取代水泥率不宜超过20%。

粉煤灰是从热电厂燃煤粉锅炉烟气中收集的细粉末。根据煤成分烧失量、含水量、三氧化硫含量、颗粒细度、需水量比等品质指标可将粉煤灰分为Ⅰ、Ⅱ、Ⅲ级。不同的混凝土性能要求选用不同等级的粉煤灰。使用粉煤灰做混凝土掺合料除了可以节约水泥而有较显著的经济效果外，还能降低混凝土的水化热（可作为大体积混凝土的主要掺合料），以及提高混凝土的抗渗性及可泵性等。

超细矿渣由铁矿石在冶炼过程中与石灰等熔剂化合而成，具有一定的活性，可用于配制高强混凝土以及大流动度、不离析混凝土，改善混凝土拌合物的坍落度损失，并具有辅助减水作用。

凡符合国家标准的生活饮用水，均可用于拌制各种混凝土。海水可用于拌制素混凝土，但不宜拌制有饰面要求的素混凝土，更不得拌制钢筋混凝土和预应力混凝土。在野外或山区施工采用天然水拌制混凝土时，还必须对水的有机质、氯离子等的含量进行检测，合格后方能使用。特别是某些污染严重的河道或池塘水，一般不得用于拌制混凝土。

混凝土硬化后的质量检验指标主要包括强度、变形和耐久性。特别是强度，是混凝土硬化后的主要力学性能，包括立方体抗压强度、棱柱体抗压强度、劈裂抗拉强度（采用劈裂法测定混凝土的抗拉强度）、抗折强度、剪切强度和黏结强度等。在寒冷地区的低温环境下施工时还有"抗冻临界强度"要求（新浇筑的混凝土达到某一强度时，遭到低温冻结，但当恢复正常温度养护后，混凝土的强度还能继续增长，经过 28 天标准保养期后，其最终强度可达到按设计混凝土 28 天标准保养期的强度的 95% 以上时所需要的最优初期强度）。

（二）陶瓷材料

由无机非金属材料作为基本组分组成的固体制品统称为陶瓷（Ceramics），包括陶质（陶器）与瓷质（瓷器）两种。

陶瓷主要是采用黏土（具有可塑性和黏合性，主要化学成分为 Al_2O_3）、石英（用于增加陶瓷的强度，主要化学成分为 SiO_2）、长石（用于增强陶瓷的硬度，主要化学成分为 CaO）以及其他一些适应不同陶瓷用途目的添加料等原料按一定比例配比后，经过加工制备处理成混合有颗粒和粉料的泥状，再经成型、干燥、高温烧结而成。

陶瓷材料的共同特点是显微组织复杂而且不均匀，陶质材料的组织结构相对于瓷质材料则更为松散。

陶质材料的颗粒较粗（断面吸水率高），烧制温度范围较大（一般在 900℃ 至 1500℃ 之间），视陶土的成分不同和烧制工艺不同，烧制成的陶器具有不同的天然色泽，例如黑陶、白陶、红陶、灰陶和黄陶等。例如采用含铁量较高的陶土为原料时，在窑炉的氧化气氛下呈红色，还原气氛下呈灰色或黑色。

瓷质材料的组织结构要比陶质材料细密得多（断面基本不吸水），硬度高，耐高温，烧制温度控制较严格（一般在 1300℃ 左右）。此外，瓷器有多种分类方法，如根据用途分类、根据是否上釉分类以及根据瓷的性质分类等。

通常按用途把陶瓷材料分为日用陶瓷、建筑卫生陶瓷、工艺美术陶瓷、工业陶瓷四种。这里仅叙述应用在工业、机械、电力、电子、光学、核反应、宇航高科技领域等的

工业陶瓷。

工业陶瓷有很多品种，视使用材料的化学成分不同以及组织结构的不同而具有不同的特殊性质和功能。例如高强度、高硬度、高韧性、耐腐蚀、导电、绝缘、磁性、透光、半导体以及压电、铁电、光电、电光、声光、磁光等特殊性能。

现代工业陶瓷已经突破了传统陶瓷以黏土为主要原料和以普通炉窑为主要生产手段的界限，采用人工合成或提炼处理过的化合物为主要原料，其成分由人工配比决定，其性质的优劣由原料的纯度和制造工艺决定。目前广泛采用真空烧结、保护气氛烧结、热压、热等静压等手段，以及如溶胶—凝胶（sol - gel）法、水热法、自组装法等"软化学"方法来制备现代工业陶瓷。

现代工业陶瓷主要可以分为结构陶瓷和功能陶瓷两大类。

结构陶瓷用于高温、高压、抗辐射、抗冲击、耐磨损、耐腐蚀等环境，还可进一步分为氧化物陶瓷、碳化物陶瓷、氮化物陶瓷、硼化物陶瓷等。最新出现的还有增强陶瓷基复合材料，即由陶瓷基体和增强体（纤维、晶须和颗粒）组成的复合材料，其性能除具有陶瓷的高强度、高硬度以及良好的耐磨性、耐热性和耐腐蚀性等特点外，还使陶瓷的韧性大大改善，而且强度及弹性模量也有一定提高。

功能陶瓷具有某种特殊敏感功能，可分为电功能陶瓷、磁功能陶瓷、光功能陶瓷、生物功能陶瓷等。最新出现的还有纳米陶瓷，即晶粒或颗粒尺寸小到纳米数量级（1～100nm）的陶瓷。这种陶瓷具有量子尺寸效应、小尺寸效应、表面效应和宏观隧道效应等常规材料所不具备的独特性能。纳米陶瓷主要包括纳米陶瓷粉体、纳米陶瓷纤维、纳米陶瓷薄膜和纳米陶瓷块体。

下面以电力工业最常见的支柱瓷绝缘子及瓷套为例进行讲解。

电力工业的绝缘子在架空输电线路中起着支撑导线和防止电流回地两个基本作用，安装在不同电位的导体或导体与接地构件之间，能够耐受电压和机械应力作用。按照使用绝缘材料的不同，绝缘子可分为瓷绝缘子、玻璃绝缘子和复合绝缘子（也称合成绝缘子）。按照使用电压等级不同，绝缘子可分为低压绝缘子和高压绝缘子等。图3-1为部分绝缘子的实物照片。

瓷绝缘子以及配合绝缘子安装的瓷套一般采用白瓷、金属和水泥等多种材料组合而成，瓷体主要由瓷土、长石、石英等铝硅酸盐粉末原料混合配制，加工成一定形状后，在高温下烧结而成，属于由许多微晶聚集的多晶体构成的无机绝缘材料，瓷表面还覆盖了一层玻璃质平滑薄层釉。

在制作过程中，如果配方不当或工艺流程中原料混合不均匀，均容易形成瓷体的内部缺陷，加上瓷体本身的特点就是韧性极低，在使用中长期承受运行中的机械负荷，以及风、雨、雪等气候冷热变化还会使附加应力增大，如果这些瓷体本身存在缺陷或者在使用中产生缺陷，就有可能在使用中突然断裂，导致电力系统的损坏。

支柱瓷绝缘子使用高强度陶瓷，这种陶瓷晶粒细小，均匀程度高，气孔和玻璃相含量较普通瓷低，具有良好的强度。支柱瓷绝缘子常见的缺陷有裂纹（中心孔隙裂纹、铸铁法兰和瓷绝缘子结合部裂纹）、黄芯（瓷绝缘子烧制时未完全烧透造成的中心区域局部缺陷，芯部为浅黄色，结构较疏松，含有较多的闭合气孔即氧化泡，黄芯部分的电性

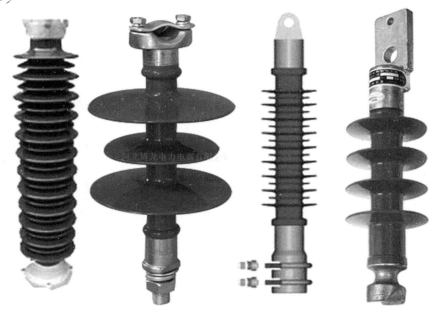

图 3 - 1　部分绝缘子实物照片

（图片源自 http://image. so. com）

能很差，机械强度很低，甚至产生断裂），也有可能存在点状、多个或丛状缺陷等。

　　最新的工业陶瓷中，还有应用粉末冶金技术制成的金属陶瓷材料，包括超细硬质合金（晶粒超细直至达到纳米级）、特殊硬质相硬质合金、梯度功能硬质合金（材料表面区域具有良好的耐磨性，内部具有良好的断裂韧性和抗热裂纹性）、涂层硬质合金（硬质合金制品表面涂覆耐磨涂层）、Ti（C、N）基金属陶瓷（具有优良的耐高温和耐磨性能以及良好的韧性和强度）等。

（三）高分子材料

　　高分子材料的优点是质量轻、比强度高、具有良好的韧性、摩擦系数小、耐磨性好、电绝缘性好、耐蚀性好以及导热系数小等。

　　高分子材料的缺点是易老化、易燃、耐热性差和刚度小等。

　　根据机械性能和使用状态，通常将工程高分子材料分为塑料、橡胶和合成纤维三大类。

1. 塑料

　　常用的塑料制品都是以合成树脂（聚合物）或化学改性的天然高分子为基本成分，再按一定比例加入填充料（又称填充剂）、增塑剂、着色剂和稳定剂等材料，经混炼、塑化，并在一定压力和温度下通过特定的加工方法（如注射、挤出、模压、热压、吹塑等）制成一定形状并且在常温下保持其形状不变的制成品。

　　树脂有合成树脂和天然树脂之分。树脂在塑料中主要起胶结作用，通过胶结作用把填充料等胶结成坚实整体。因此，塑料的性质主要取决于树脂的性质。

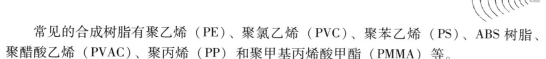

常见的合成树脂有聚乙烯（PE）、聚氯乙烯（PVC）、聚苯乙烯（PS）、ABS 树脂、聚醋酸乙烯（PVAC）、聚丙烯（PP）和聚甲基丙烯酸甲酯（PMMA）等。

填充料可提高塑料的强度和刚度，减少塑料在常温下的蠕变现象和提高热稳定性，对降低塑料制品的成本、增加产量有显著的作用，还能提高塑料制品的耐磨性、导热性、导电性及阻燃性，并可改善加工性能。填充料的种类很多，常用的填充料有有机材料和无机材料两大类。

增塑剂的作用是提高塑料加工时的可塑性及流动性，改善塑料制品的柔韧性。常用的增塑剂有酯类和酮类等。

着色剂的作用是给塑料赋予颜色，按其在着色介质中或者水中的溶解性分为染料和颜料两大类。染料可溶于被着色的树脂或水中，透明度好，着色力强，色调和色泽亮度好，但光泽的光稳定性和化学稳定性较差，主要用于透明的塑料制品。常见的染料品种有酞青蓝和酞青绿、联苯胺黄和甲苯胺红等。颜料不能溶于被着色介质或水。塑料制品中常用的是无机颜料。无机颜料不仅对塑料具有着色性，而且兼有填料和稳定剂的作用。例如炭黑既是颜料，又有光稳定作用。

稳定剂的作用是提高塑料色泽的光稳定性和化学稳定性。

工程中常用的塑料制品按合成树脂的特性可分为热塑性塑料和热固性塑料，按用途可分为通用塑料和工程塑料。

（1）热塑性塑料

热塑性塑料是加热后软化而形成高分子熔体的塑料。常见的热塑性塑料有聚乙烯、聚丙烯、聚苯乙烯、聚甲基丙烯酸甲酯、聚氯乙烯、尼龙、聚碳酸酯、聚氨酯、聚四氟乙烯、聚对苯二甲酸乙二醇酯等。

①聚乙烯（Polyethylene，PE）：由乙烯聚合制得，有低密度聚乙烯和高密度聚乙烯之分。

低密度聚乙烯（LDPE）具有质量轻、吸湿性极小、电绝缘性能良好、延伸性和透明性强以及耐寒性和化学稳定性较好等优点。但是其强度、耐热性和耐环境老化性能较差。低密度聚乙烯一般用作耐蚀材料、小载荷零件（齿轮、轴承）以及普通电缆包皮和农用薄膜等。

高密度聚乙烯（HDPE）具有耐热性和耐寒性良好，力学性能优于低密度聚乙烯，电绝缘性能良好（但略低于低密度聚乙烯），耐磨性及化学稳定性良好，能耐多种酸、碱、盐类腐蚀，吸水性和水蒸气渗透性很低，表面硬度高，尺寸稳定性好等优点。但是其耐环境老化性能较差。高密度聚乙烯主要用于制作单口瓶、运输箱、安全帽、汽车零件、贮罐、电缆护套、压力管道及编织袋等。

②聚丙烯（Polypropylene，PP，亦称丙纶）：由丙烯聚合而制得，具有质量轻，不吸水，电绝缘性能、化学稳定性和耐热性良好，力学性能优良等优点。但是其耐光性能差，易老化，低温韧性和染色性能不好。聚丙烯主要用于制作受热的电气绝缘零件、汽车零件、防腐包装材料以及耐腐蚀的（浓盐酸和浓硫酸除外）化工设备等。

③聚氯乙烯（Polyvinyl Chloride，PVC）：是氯乙烯单体（Vinyl Chloride Monomer，VCM）在过氧化物、偶氮化合物等引发剂，或在光、热作用下按自由基聚合反应机理聚

合而成的聚合物。聚氯乙烯有硬软之分。硬聚氯乙烯塑料常被用来制作化工、纺织等工业的废气排污排毒塔，以及普通气体、液体的输送管。软聚氯乙烯塑料常制成薄膜，用于工业包装等，但不能用来包装食品，因其成分中的增塑剂或稳定剂有毒，能溶于油脂中，会污染食品。

④聚四氟乙烯（Polytetrafluoroethylene，PTFE，F-4，俗称塑料王、特氟隆）：由四氟乙烯经聚合而成的高分子化合物，具有非常优良的耐高温、耐低温性能，能耐受几乎所有的化学药品，在浸蚀性极强的王水中煮沸也不会起变化，而且摩擦系数极低，不粘、不吸水，电性能优异，是目前介电常数和介电损耗最小的固体绝缘材料。缺点是强度低，在常温下的蠕变现象较强。

⑤聚苯乙烯（Polystyrene，PS）：由苯乙烯单体经自由基加聚反应合成的聚合物，具有较大的刚度，比重小，常温下较透明，几乎不吸水，具有优良的耐蚀性，电阻高，是很好的隔热、防震、防潮和高频绝缘材料。缺点是耐冲击性差，不耐沸水，耐油性有限，但可通过添加成分来改善性能。

⑥聚碳酸酯（Polycarbonate，PC）：分子链中含有碳酸酯基的高分子聚合物，具有优良的综合性能，冲击韧性和延性在热塑性塑料中是最好的，弹性模量较高，不受温度的影响，抗蠕变性能好，尺寸稳定性高，透明度高，可染成各种颜色，吸水性小，绝缘性能优良。缺点是自润滑性差，耐磨性低，不耐碱、氯化烃、酮和芳香烃腐蚀，长期浸在沸水中会发生水解或破裂，有应力开裂倾向，疲劳抗力较低。

⑦ABS 塑料（Acrylonitrile - Butadiene - Styrene Copolymer，ABS）：是丙烯腈、丁二烯和苯乙烯组成的三元共聚物，具有综合机械性能良好，尺寸稳定性高，还可以进行表面喷镀金属、电镀、焊接、热压和粘接等二次加工，耐热性和耐蚀性较好，耐化学药品性及电气性能优良，耐低温性好，在 -40℃ 的低温下仍有一定的机械强度等优点。ABS 塑料是广泛应用于机械、汽车、电子电器、仪器仪表、纺织和建筑等工业领域的用途极广的热塑性工程塑料。

⑧聚酰胺（Polyamide，PA，俗称尼龙，Nylon）：由二元胺与二元酸缩合而成，具有良好的综合性能，包括力学性能、耐热性、耐磨性、耐化学药品性和自润滑性，而且摩擦系数低，有一定的阻燃性，易于加工，适于用玻璃纤维和其他填料填充增强改性，提高性能和扩大应用范围，是机械工业中应用较广的工程塑料，已有许多不同功能特性的品种。

⑨聚甲基丙烯酸甲酯（Polymethylmethacrylate，PMMA，英文 Acrylic，俗称有机玻璃）：以丙烯酸及其酯类聚合所得到的聚合物，具有优良的光学特性（透明度优良）及突出的耐老化特性，其比重不到普通玻璃的一半，但抗碎裂能力却高出玻璃几倍，有良好的电绝缘性能和机械强度，对酸、碱、盐有较强的耐腐蚀性能，可以进行粘接、锯、刨、钻、刻、磨、丝网印刷、喷砂等手工和机械加工，加热后可弯曲压模成各种制品，是经常使用的玻璃替代材料。缺点是表面硬度不高、易擦伤、成型流动性能差、导热性差和热膨胀系数大、易溶于有机溶剂中。

（2）热固性塑料

热固性塑料是加热后固化而形成交联的不熔结构的塑料。常见的热固性塑料有环氧

树脂、酚醛塑料、聚酰亚胺、三聚氰胺甲醛树脂等。

①酚醛塑料（Phenolic Plastics，英文名称 Phenol – Formaldehyde，PF，俗称电木粉）：以酚醛树脂为基材，加入特定的纤维增强而构成的一种硬而脆的热固性塑料。

酚醛塑料具有机械强度高、坚韧耐磨、耐热、耐水、尺寸稳定、耐腐蚀、电绝缘性能优良、可在湿热条件下使用、可以加热模压等优点，广泛用作电绝缘材料（如仪表中的机械零件和电器零件及构件，用于绝缘的涂胶纸、涂胶布，各种线圈架、接线板、电动工具外壳、风扇叶子、耐酸泵叶轮、齿轮、凸轮等）、家具零件、日用品、工艺品等。根据添加成分的不同，酚醛塑料的推广品种还有酚醛玻璃纤维增强塑料、石棉酚醛塑料（耐酸）、酚醛泡沫塑料和蜂窝塑料（绝热、隔音）、布质及玻璃布酚醛层压塑料（用于制造齿轮、轴瓦、导向轮、无声齿轮、轴承及电工结构材料和电气绝缘衬料）、木质层压酚醛塑料（用于制造水润滑冷却下的轴承及齿轮）、石棉布层压酚醛塑料（用于制造高温下工作的零件）等。

②环氧树脂（Epoxy Resin，Epoxy Epoxide，Ethylene Propylene，EP，亦即乙丙橡胶）：泛指分子中含有两个或两个以上环氧基团的有机高分子化合物，其分子结构以分子链中含有活泼的环氧基团为特征，环氧基团可以位于分子链的末端、中间或成环状结构，因而可与多种类型的固化剂发生交联反应而形成不溶、不熔的具有三向网状结构的高聚物。

固化后的环氧树脂具有良好的物理和化学性能（强度较高，硬度高，韧性较好，电绝缘性能良好，对碱及大部分溶剂稳定等）、变形收缩率小、制品尺寸稳定性高和耐久性好等优点，特别是对金属和非金属材料的表面具有很高的粘接强度，而且工艺性能优良，能在常压下成型和在室温下固化，便于施工，也容易保证粘接质量。因此，环氧树脂被广泛用作浇注、浸渍、层压料、金属和非金属材料的黏接剂、防腐涂料等。

环氧树脂的缺点是抗冲击强度低，质地脆，有毒性。

用于黏接剂的环氧树脂种类很多，一般按照强度、耐热等级以及特性分类，包括通用胶、结构胶、耐高温胶、耐低温胶、水中及潮湿面用胶、导电胶、光学胶、点焊胶、环氧树脂胶膜、发泡胶、应变胶、软质材料粘接胶、密封胶、特种胶、潜伏性固化胶、土木建筑胶等。

③聚酰亚胺（Polyimide，PI）：主链上含有酰亚胺环（ – CO – NH – CO – ）的一类聚合物，其中以含有酞酰亚胺结构的聚合物最为重要。

聚酰亚胺具有耐高温（400℃以上，长期使用温度范围为 –200℃～300℃，无明显熔点）、可耐极低温（在 –269℃的液态氢中不会脆裂）、电绝缘性能高、抗张强度高（100Mpa 以上）、冲击强度高（可达 261kJ/m^2）、耐辐照性能好、无毒、不燃（自熄性聚合物）、化学性质稳定等优点，因此作为一种特种工程材料而广泛应用在航空、航天、微电子、纳米、液晶、分离膜、激光等领域。例如用于制造餐具和医用器具，用于电机槽绝缘及电缆绕包材料的薄膜，用于电磁线的绝缘漆，用作耐高温涂料、高温结构胶粘剂（如用于电子元件高绝缘灌封料）或耐高温隔热材料，用于航天、航空器及火箭部件的复合材料（例如以热塑性聚酰亚胺为基体树脂的碳纤维增强复合材料），用作高温介质及放射性物质的过滤材料和防弹、防火织物等。

聚酰亚胺有热固性和热塑性两种，热塑性聚酰亚胺可以模压成型也可以注射成型或传递模塑。主要用于自润滑、密封、绝缘及结构材料（例如压缩机旋片、活塞环及特种泵密封等机械部件）。

聚酰亚胺还可以作为渗透蒸发膜及超滤膜用于各种气体对（如氢/氮、氮/氧、二氧化碳/氮或甲烷等）的分离，从空气烃类原料气及醇类中脱除水分。

聚酰亚胺还可以用于制造光刻胶（分辨率可达亚微米级），与颜料或染料配合可用于彩色滤光膜，微电子器件中的层间绝缘，液晶显示用的取向排列剂，用作无源或有源波导材料光学开关材料，利用其吸湿线性膨胀的原理制作湿度传感器等。

④三聚氰胺甲醛树脂（Melamine – Formaldehyde Resin，MF，又称蜜胺甲醛树脂、蜜胺树脂、三聚氰胺树脂，习惯上也常与脲醛树脂一起统称为氨基树脂）：三聚氰胺与甲醛反应所得到的聚合物，加工成型时发生交联反应，制品为不溶、不熔的热固性树脂。

固化后的三聚氰胺甲醛树脂具有耐光，耐沸水（甚至可以在150℃时使用），耐污染，无毒，自熄性、抗电弧性、力学性能、硬度和耐磨性、对化学药物的抵抗能力以及电绝缘性能良好，在 - 20℃ ～ 100℃下性能稳定等优点。广泛用于制造家具、车辆建筑等方面的塑料贴面板、装饰板等，也广泛用于制作轻质餐具。

2. 橡胶

橡胶（Rubber）属于线型柔性高分子聚合物，分天然橡胶和合成橡胶两大类。橡胶具有高弹性（在很小的外力作用下可产生较大形变，除去外力后能迅速恢复原状）、良好的电绝缘性、不透水和空气、具有良好的物理力学性能和化学稳定性（良好的耐酸、碱性）等优点。橡胶是橡胶工业的基本原料，广泛用于制造轮胎、胶管、胶带、电缆及其他各种橡胶制品。

天然橡胶（Natural Rubber，代号NR）的主要成分为聚异戊二烯，从橡胶树、橡胶草等植物中提取胶乳（胶质）后经凝固、干燥加工制成。天然橡胶具有很好的耐磨性、很高的弹性、很高的扯断强度及伸长率、耐酸碱（不耐强酸），缺点是在空气中易老化、不耐热（遇热变粘）、不耐油（在矿物油或汽油中易膨胀和溶解，但可耐植物油）。天然橡胶是制作胶带、胶管、胶鞋的原料，并适用于制作减震零件，在汽车刹车油、乙醇等带氢氧根的液体中使用的制品。

合成橡胶是以石油、天然气为原料，用人工合成方法以二烯烃和烯烃为单体经聚合反应而成的高分子聚合物，采用不同单体聚合可以得到不同种类的橡胶。根据性能和用途可分为通用合成橡胶、半通用合成橡胶、专用合成橡胶和特种合成橡胶。

目前工业上合成橡胶的工艺方法很多，除了单体聚合工艺，还有很多新的合成工艺，能够得到各种不同性能特点的合成橡胶，以适应各种不同的应用需要，这里仅简单介绍几种。

①丁苯橡胶（Styrene Butadiene Copolymer，代号SBR）：由丁二烯和苯乙烯共聚制得，是产量最大的通用合成橡胶，具有良好的耐寒性、耐磨性、抗水性及耐老化性，其力学性能与天然橡胶相似。缺点是不耐油，不宜用于强酸、臭氧、油类、油脂和脂肪及大部分的碳氢化合物之中。丁苯橡胶广泛用于轮胎业、鞋业、布业及输送带行业等，其

品种包括乳聚丁苯橡胶、溶聚丁苯橡胶和热塑性橡胶。

②丁腈橡胶（Nitrile Rubber，代号 NBR）：由丁二烯和丙烯腈经乳液共聚而成，具有优异的耐油性（对石化油品碳氢燃料油的抵抗性），良好的弹性、耐磨性、耐老化性、气密性、抗水性和抗溶剂性（但不适合用于如酮类、臭氧、硝基烃、丁酮和氯仿等极性溶剂）。丙烯腈含量范围为 18%～50%，丙烯腈含量越高，耐油性、耐热性和耐磨性越好，但耐臭氧性、电绝缘性和耐寒性都比较差，一般使用温度范围为 −25℃～100℃。丁腈橡胶主要应用于耐油制品（例如燃油箱、润滑油箱以及在石油系液压油、汽油、水、硅油、二酯系润滑油等流体介质中使用的各种橡胶密封零件），还可作为 PVC 改性剂及与 PVC 并用做阻燃制品，与酚醛并用做结构胶粘剂，做抗静电性能好的橡胶制品等。

③氢化丁腈橡胶（Hydrogenate Nitrile，代号 HNBR）：由丁腈橡胶经由氢化后改性而成。具有与一般丁腈橡胶相近的耐油性，一般使用温度范围为 −25℃～150℃，优点是较丁腈橡胶具有更好的耐温性、耐气候性（在臭氧等大气状况下具良好的抵抗性）和抗磨性，以及具有优良的抗蚀、抗张、抗撕和压缩性等特性。广泛用于环保冷媒、制冷剂 R134a 系统中的密封件、汽车发动机系统中的密封件等。

④丁基橡胶（Butyl Rubber，代号 IIR）：由异丁烯与少量异戊二烯聚合而成。优点是对大部分的一般气体不具渗透性，对热、阳光及臭氧具有良好的抵抗性，电绝缘性优良，对极性溶剂抵抗力强，可暴露于动物油、植物油或是可气化的化学物中，一般使用温度范围为 −54℃～110℃。可用于制造汽车轮胎的内胎、皮包、橡胶膏纸、窗框橡胶、蒸汽软管、耐热输送带等。

⑤氯丁橡胶（Neoprene、Polychloroprene，代号 CR）：以氯丁二烯为主要原料，通过均聚或少量其他单体共聚而成。

氯丁橡胶的优点是弹性良好及具良好的压缩变形性能，抗张强度高，耐磨性好，耐热、耐光、耐老化性能优良，耐油性优于天然橡胶、丁苯橡胶、顺丁橡胶，具有抗动物油及植物油的特性，具有较强的耐燃性和优异的抗延燃性，耐水性良好，化学稳定性较高，不会因中性化学物、多种油品（脂肪、油脂）、溶剂而影响物性，配方内不含硫磺，因此非常容易制作等。缺点是电绝缘性能和耐寒性能较差。

氯丁橡胶的一般使用温度范围为 −50℃～150℃。适合用于制作各种直接接触大气、阳光、臭氧的零件，各种耐燃、耐化学腐蚀的橡胶制品，例如运输皮带和传动带，电线、电缆的包皮材料，耐油胶管、垫圈以及耐化学腐蚀的设备衬里等。

⑥顺丁橡胶（全名为顺式 −1，4 −聚丁二烯橡胶，Cis − Polybutadiene，代号 BR）：由丁二烯经溶液聚合制得。优点是弹性高、耐磨性好、耐寒性好、耐老化性能较好、在动负荷下发热少。缺点主要是抗湿滑性差、撕裂强度和拉伸强度低、蠕变性（亦称冷流性）大、加工性能较差。顺丁橡胶特别适用于制造汽车轮胎和耐寒制品，还可以制造缓冲材料及各种胶鞋、胶布、胶带和海绵胶等。

⑦硅橡胶（Silicone Rubber）：由硅、氧原子形成主链，侧链为含碳基团。优点是无味无嗅无毒，具有优异的高温稳定性和低温性能（使用温度一般在 100℃～300℃之间，最低可达 −50℃），耐气候性好（耐氧、臭氧及紫外线等），具有良好的电绝缘性以及

耐电晕性和耐电弧性，透气性好。缺点是强度低（约为天然橡胶或某些合成橡胶的一半）、耐油、耐溶剂性能中等，抗撕裂性能差，耐磨性能也差。

硅橡胶主要用于航空工业、电气工业、食品工业及医疗工业等方面。硅橡胶还具有生理惰性，与人体组织不粘连，具有抗凝血作用，对肌体组织的反应性非常小，因此特别适合作为医用材料。

⑧氟硅橡胶（Fluorosilicone Gum，代号 FVMQ，亦称 γ－三氟丙基甲基聚硅氧烷）：由硅橡胶引入含氟基团改性而成。优点是具有优异的耐热性、耐寒性、耐高电压性、耐气候老化性，优良的耐溶剂、耐化学药品、耐油、耐酸碱性能（如航空燃料油、液压油、机油、化学试剂及溶剂等），能在 $-55℃\sim200℃$ 下长期工作，并且防霉性、生理惰性、抗凝血性也良好。缺点是机械强度（特别是撕裂强度）比较低。

⑨异戊橡胶（Polyisoprene Rubber，又名聚异戊二烯橡胶、顺式－1，代号 IR）：由异戊二烯采用溶液聚合法合成。优点是具有良好的弹性和耐磨性、耐热性、耐寒性、耐水性、电绝缘性和较好的化学稳定性以及很高的拉伸强度。缺点是撕裂强度、耐疲劳性等稍低于天然橡胶。异戊橡胶是一种用于轮胎生产的高性能橡胶，被广泛用于轮胎制造（特别是载重轮胎和越野轮胎）以及其他各种橡胶制品。

⑩乙丙橡胶（Ethylene Propylene Rubber，代号 EPR）：以乙烯和丙烯为主要原料合成，有二元乙丙橡胶（乙烯和丙烯的共聚物，EPM）和三元乙丙橡胶（乙烯、丙烯和少量非共轭二烯烃的共聚物，EPDM）之分。优点是耐热、耐老化、耐臭氧、电绝缘性能和耐电晕性能突出，化学稳定性好（对各种极性化学品如醇、酸、碱、氧化剂、制冷剂、洗涤剂、动植物油、酮和脂等均有较好的抗耐性），以及具有良好的冲击弹性、低温性能、低密度和高填充性、耐磨性、耐油性、耐热水性和耐水蒸气性，对气体具有良好的不渗透性等。在 120℃ 下可长期使用，在 $150℃\sim200℃$ 下可短暂或间歇使用。

乙丙橡胶广泛应用于汽车零部件（如汽车密封件、轮胎胎侧、胶条和内胎、散热器软管、火花塞护套、空调软管、胶垫、胶管、汽车保险杠和汽车仪表板等）、建筑用防水材料（塑胶运动场、防水卷材、房屋门窗密封条、玻璃幕墙密封、卫生设备和管道密封件等）、电线电缆护套、高压和超高压绝缘材料、耐热胶管、胶带及其他制品（如胶鞋、卫生用品等）。

3. 合成纤维

纤维分为天然纤维和化学纤维。

天然纤维是从大自然中生长的植物或者动物中得来的，如棉花、麻、蚕丝、羊毛、驼毛等。

化学纤维又有人造纤维和合成纤维之分。

人造纤维是以天然纤维素纤维（树皮、纸浆、废棉纱）为原料经过熔融纺丝、纺纱制成的，非合成的，主要指粘胶纤维长丝和短纤维织物，以及部分富纤织物和介于长丝与短纤维之间的中长纤维织物。人造纤维的性能主要由粘胶纤维特性决定。例如人造丝、人造棉等。

合成纤维是以石油化工为原料，人工合成具有适宜分子量并具有可溶（或可熔）性的线型聚合物（具有成纤性能的聚合物），再经纺丝成形和后处理而制成的。例如涤纶（聚酯）、锦纶（聚酰胺）、丙纶（聚丙烯）、腈纶（聚丙烯腈，人造羊毛）、氯纶、氨纶、芳纶、尼龙等。

人造纤维以天然高分子为原料，合成纤维以合成高分子聚合物为原料，两者统称化学纤维，简称化纤。

化学纤维具有强度高、质量轻、易洗快干、弹性好、不怕霉蛀等优越性能。

不同品种的合成纤维还各具有某些独特性能，例如耐磨、耐蚀、不缩水等。合成纤维的缺点是吸湿性和透气性差，因此在服装行业通常将它与天然纤维混纺制成混纺织物以便兼有两类纤维的优点。

按照材料的应用功能分类，高分子材料可分为通用高分子材料（如塑料、橡胶、纤维、薄膜、黏合剂和涂料等，并且塑料、合成纤维和合成橡胶被称为现代高分子三大合成材料）、特种高分子材料（应用于工程材料的具有优良机械强度和耐热性能的高分子材料，如聚碳酸酯、聚酰亚胺等）和功能高分子材料（除具有聚合物的一般力学性能、绝缘性能和热性能外，还具有物质、能量和信息的转换、磁性、传递和储存等特殊功能，包括高分子信息转换材料、高分子透明材料、高分子模拟酶、生物降解高分子材料、高分子形状记忆材料和医用药用高分子材料、功能性分离膜、导电材料、液晶高分子材料等）三大类。

高分子材料因普遍具有许多金属和无机材料所无法取代的优点而获得迅速的发展，现代工程技术的发展，推动了高分子材料向高性能化、功能化和生物化方向发展，其品种已经非常多，应用领域也非常广。下面简单举例说明。

高分子黏合剂：以天然高分子材料或合成高分子化合物为主体制成的黏合剂材料。天然高分子黏合剂如淀粉、树胶等，合成黏合剂如环氧树脂、尼龙、聚乙烯、橡胶等。

高分子涂料：涂附在工业或日用产品表面起美观或保护作用，以聚合物为主要成膜物质，添加溶剂和各种添加剂制得，包括油脂涂料、天然树脂涂料和合成树脂涂料。常用的工业涂料有环氧树脂、聚氨酯等。

高分子基复合材料：以高分子化合物为基体，添加各种不同组成、不同形状、不同性质的物质作为增强材料黏结而成的多相复合材料，也称为高分子改性材料。它综合了原有各种材料的性能特点，并可根据应用目的选取高分子材料和其他具有特殊性质的材料制成满足需要的复合材料。例如达到高强度、质轻、耐温、耐腐蚀、绝热、绝缘等性能要求。

高分子基复合材料可分为高分子结构复合材料和高分子功能复合材料两大类。

高分子结构复合材料可达到比金属还高的比强度和比模量，采用的增强剂通常为具有高强度、高模量、耐温的纤维及织物，如玻璃纤维、氮化硅晶须、硼纤维及以上纤维的织物，而基体材料则主要是起黏合作用的黏合剂，如不饱和聚酯树脂、环氧树脂、酚醛树脂、聚酰亚胺等热固性树脂以及苯乙烯、聚丙烯等热塑性树脂。

高分子分离膜：用高分子材料制成具有选择性透过功能的半透性薄膜，以压力差、温度梯度、浓度梯度或电位差为动力，使气体混合物、液体混合物或有机物、无机物的溶液等分离（例如电解食盐、海水淡化、氧气回收、污水处理等），具有节约能源、高效和洁净等特点。膜分离过程主要有反渗透、超滤、微滤、电渗析、压渗析、气体分离、渗透汽化和液膜分离等。用来制备分离膜的高分子材料有许多种类，如目前应用较多的是聚砜、聚烯烃、纤维素脂类和有机硅等。膜的形式也有多种，一般用的是平膜和中空纤维。

高分子磁性材料：将磁粉混炼于塑料或橡胶中制成。具有比重轻、容易加工成尺寸精度高和复杂形状的制品，还能与其他元件一体成型等特点，最简单的如冰箱门上的磁性橡胶密封条。

光功能高分子材料：指能够对光进行透射、吸收、储存、转换的高分子材料。光功能高分子材料主要包括光导材料（非线性光学元件，如塑料光导纤维、塑料石英复合光导纤维等）、光记录材料（高性能有机玻璃和聚碳酸酯制成的信息储存元件）、光加工材料（如电子工业和印刷工业上广泛使用的感光树脂、光固化涂料及黏合剂等）、光学用塑料（线性光学材料，如普通的安全玻璃以及各种透镜、棱镜、眼镜等）、光转换系统材料、光显示用材料（如光致变色材料）、光导电材料、光合作用材料以及用于研究力结构材料内部应力分布的光弹材料等。

3.2　胶接结构

所谓胶接结构是指利用黏合剂在固体表面上所产生的黏合力，将金属—金属、金属—非金属或非金属—非金属材料黏接在一起组成用于特定用途的结构件，即称作胶接结构。

胶接结构的主要形式有板—板结构（板材与板材或者型材胶接的层压制品）和夹层结构（板材与板材之间有填充物胶接连成整体，如泡沫塑料、波纹板、薄片芯子制成的蜂窝夹层胶接结构，包括金属芯蜂窝、纸芯蜂窝等）。

图 3-2 为蜂窝夹层胶接结构示意图，其上下面板可以是铝合金薄板、碳纤维复合材料层压板等，蜂窝芯是用金属箔材、纸或玻璃纤维布等作为骨架材料和胶黏剂制成的蜂窝状材料，面板与蜂窝芯之间通过胶黏剂黏合。

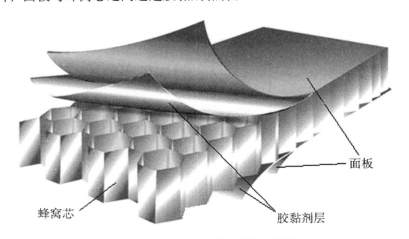

蜂窝芯　　　　　　　　　　　面板　　胶黏剂层

图 3-2　蜂窝夹层胶接结构示意图

胶接结构的质量评估主要包括胶接强度（bonding strength，包括拉伸强度和剪切强度）、黏附强度（把物体界面与胶层拉开所需的力，亦称附着强度）或内聚强度（胶接层内部被拉开所需的力）等。

胶接结构的胶接强度是指把两层基体材料拉开所需力的大小，根据拉力对胶接面作用的方向，可以分为拉伸强度和剪切强度。

用垂直于胶接平面的拉力把胶接物体拉开所需的力称作拉伸强度，用平行于胶接平面的剪切力把胶接物体拉开所需的力称作剪切强度，两种强度的单位均为 MPa。

对胶接结构而言，内聚强度由胶层本身的断裂强度所决定，而附着强度则由胶层对黏接物体间的分子吸附强度所决定。拉伸强度与剪切强度都同时存在内聚强度和附着强度。

胶接结构的质量与胶层质量、胶层厚度、胶层密度、固化树脂的弹性模量等都密切相关，常见的胶接结构缺陷主要包括空穴、脱粘（包括气孔和机械贴紧）、疏松（孔隙率）、贫胶或富胶，蜂窝结构或夹芯结构的芯短、夹芯压瘪、夹芯进水等。

3.3　复合材料

由两种或两种以上的物理和化学性质不同的物质组合构成的材料称为复合材料。复合材料属于多相固体材料。

复合材料具有许多超越普通材料的特性，例如具有高的比强度和比模量、耐疲劳性好、抗断裂能力强、减振性能好、高温性能好、抗蠕变能力强、耐腐蚀性好，以及具有较优良的减摩性、耐磨性、自润滑性和耐蚀性等。此外，复合材料构件制造工艺简单，具有良好的工艺性能，适合整体成型。

复合材料按用途可分为结构复合材料与功能复合材料两大类。

功能复合材料是指除机械性能以外还能提供其他物理性能的复合材料，例如导电、超导、半导体、磁性、压电、阻尼、吸波、透波、摩擦、屏蔽、阻燃、防热、吸声、隔热等功能。功能复合材料主要由功能体或增强体及基体组成。功能体可由一种或一种以上功能材料组成。多元功能体的复合材料可以具有多种功能，同时还可能由于复合效应产生新的功能。多功能复合材料是功能复合材料的发展方向。

结构复合材料是一种通过基体—增强物（亦称增强体）之间的物理结合和铺层设计来达到预期性能的集材料工艺于一体的新型材料结构。

复合材料的基体是连续相，在复合材料中起到把增强体均匀黏接（固结）成为整体、保护增强体免受环境侵蚀、均衡载荷并以受剪切形式传递应力到增强体的作用。对基体要求具有耐热性、耐溶解性、耐水性、耐老化性以及符合需要的电性能。通常采用热固性树脂（亦称热固性塑料，如环氧树脂、酚醛树脂及非饱和聚酯树脂）和热塑性树脂（如聚丙烯及聚酰胺等）作为基体材料。

增强体是分散相，在复合材料中起到承受载荷的作用。增强体类型可以是颗粒型、纤维型（碳纤维、玻璃纤维、有机纤维、复合纤维和混杂纤维等）或板型（片状，如云母、玻璃、铝片和银片等）。

　　碳纤维是由有机纤维（如聚丙烯腈纤维、粘胶纤维或沥青纤维）在保护气氛中经固相反应转变（碳化）而成的纤维状聚合物碳。碳纤维的生产过程基本上是拉丝—张力牵伸—热处理稳定并碳化而成为含碳量 90% 以上的碳纤维。其主要特点是外形有显著的各向异性、柔软、可加工成各种织物、沿纤维轴方向表现出很高的强度、比重在 1.5～2.0 之间、比强度高、耐高温（热膨系数具有各向异性）、耐摩擦、导电、导热（导热率有方向性并且随温度升高而降低）及耐腐蚀（对一般酸碱呈惰性，但是能被氧化剂氧化）等。常见的有高拉伸强度型和高模量型。

　　玻璃纤维通常以玻璃球为原料经高温（1200℃）熔化、拉丝成为纤维，并可进一步制成带、织物等。玻璃纤维的特点是拉伸强度高、防水、防霉、防蛀、绝热、不燃烧、耐高温和绝缘性能良好，除氢氟酸、浓碱、浓磷酸外对所有化学品和有机溶剂都有良好的化学稳定性。缺点是具有脆性、对人的皮肤有刺激性。玻璃纤维的种类包括有碱玻璃纤维，类似于窗玻璃及玻璃瓶钠钙玻璃，含碱量高，强度低，对潮气侵蚀极为敏感；无碱玻璃纤维，以钙铝硼硅酸盐组成的玻璃纤维，强度较高，耐热性和电性能优良（也称作电气玻璃），能抗大气侵蚀，化学稳定性也好，但不耐碱；镁铝硅酸玻璃纤维，具有高的比强度。常见的有 E 型玻璃纤维（有电磁使用要求，如用于雷达罩）、C 型玻璃纤维（化学性能好，用于有耐腐蚀要求的部位）和 S 型玻璃纤维（强度高，用于有强度要求的结构件）。

　　硼纤维是将硼元素通过高温化学气相沉积在钨丝表面制成的高性能增强纤维，具有很高的比强度和比模量，密度小，弯曲强度比拉伸强度高，化学稳定性好，但缺点是表面具有活性。

　　凯芙拉纤维（芳纶纤维）具有较高的拉伸强度和良好的抗冲击性能，弹性模量高，密度小，热稳定性好，耐火而不熔；缺点是切削加工性能较差，会受酸碱侵蚀，耐水性不好（容易吸潮）和易老化。凯芙拉纤维可在一定程度上取代玻璃纤维。

　　通常说的复合材料是由非金属—非金属所组成，即以强度较高、脆性较大，但是弹性模量较大的材料作为增强成分，例如碳纤维、硼纤维、石墨纤维、玻璃纤维等，把它们按一定方式均匀铺设排列分布在强度较低、韧性较好、弹性模量较小的材料（树脂）基体中，从而获得较好的综合性能。

　　复合材料内部各结构元素（纤维、树脂、铺层等）之间主要通过物理界面结合，特点是存在明显的各向异性，最容易产生缺陷的部位是这些物理结合界面（界面缺陷），还有内部材料本身的微结构缺陷。复合材料的缺陷主要有气孔含量、疏松（通过孔隙率含量评估）、纤维断裂（断丝）或越层裂纹、微观破裂，增强纤维与基体或者多层铺设黏接之间的界面分离（未黏合或脱黏的分层型缺陷），夹杂物以及纤维含量、纤维分布和树脂含量不正确或不均匀等，以及用复合材料制作胶接结构时的胶接缺陷等。

　　复合材料结构通常是多层结构，把预浸料（预先浸渍了树脂的纤维或织物的片状材料）按一定的铺层层数、各铺层的角度和铺层顺序置放于预定形状的模具中，施以一定压力（静压力、真空负压等）达到层与层之间的黏合，再送入加热固化设备中达到固化，从模具中取出，即成为预定尺寸形状的复合材料结构件，例如层压板、泡沫芯夹层结构、层压板面的蜂窝夹芯结构等。

非金属—非金属的复合材料种类很多，例如：

以有机聚合物基为基体，连续纤维为增强材料组合而成的聚合物基复合材料。包括：

碳纤维增强树脂基复合材料（Carbon Fibre – Reinforced Polymer，简称碳纤维复合材料或CFRP）：以碳纤维或碳纤维织物为增强体，以树脂、陶瓷、金属、水泥、碳质或橡胶等为基体所形成的复合材料。碳纤维增强树脂基复合材料的比强度、比模量综合指标在现有结构材料中是最高的（比钢和铝合金大数倍），在密度、刚度、重量、疲劳特性等有严格要求的领域，以及要求耐高温、化学稳定性高的场合，碳纤维增强树脂基复合材料都具有很大优势，尤其在航空航天工业中获得越来越多的应用（例如飞机壳体、机翼、尾翼、起落架、直升机旋翼等）。又如碳纤维增强酚醛树脂、聚四氟乙烯的复合材料常用作宇宙飞行器的外层材料。

碳—碳复合材料（也称为碳纤维增强碳复合材料）：由碳纤维或各种碳织物增强碳或石墨化的树脂碳以及化学气相沉积（CVD）碳所制成。

碳硼纤维增强树脂基复合材料：由碳纤维和硼纤维为增强体制成。

玻璃纤维增强树脂基复合材料（玻璃纤维增强热固性塑料，GFRP，俗称玻璃钢）：以玻璃纤维为增强材料，热固性塑料（如聚酚胺纤维）为基体的纤维增强塑料。主要特点是比重小，比强度高，具有良好的耐腐蚀性，在酸、碱、有机溶剂、海水等介质中均很稳定，是良好的电绝缘材料，不受电磁作用的影响，保温、隔热、隔音、减振，但是最大的缺点是刚性差。玻璃钢已经广泛用于汽车、摩托车车体、游艇船体等。

陶瓷基复合材料：以陶瓷为基体，以氧化铝为主要纤维组分的陶瓷纤维、晶须（人工控制条件下以高纯度单晶形式生长成的一种短纤维）或颗粒为增强体，可增加韧性。陶瓷基复合材料的基本制造工艺过程是：配料→成型→烧结→精加工。

碳纤维增强碳化硅陶瓷复合材料（C/ – SiC，简称碳陶复合材料）：以碳化硅为主要基体成分。由于碳化硅的硬度仅次于金刚石，因此它决定着复合材料的硬度，增强相为碳纤维，其强度是钢的5倍以上，作用是提高材料的机械强度和断裂韧度。

碳陶复合材料具有密度低、高温抗氧化性能好（能在1650℃高温下使用）、耐腐蚀等优点，最典型的应用是飞机和汽车的刹车材料，即碳陶刹车片。

碳陶复合材料的制备工艺主要有化学气相沉积法和液体浸渍法。

化学气相沉积法：先将碳纤维编织成产品所设计的形状（即制备碳盘），然后在一定的温度条件下以含氢氯硅烷熏蒸，反复多次，直至达到致密化。

液体浸渍法：将碳纤维编织成产品所设计的形状（即制备碳盘）后，还要制备聚硅烷或聚碳硅烷，然后在真空、氮气或氩气保护的条件下，将聚硅烷或聚碳硅烷渗入碳盘中，再进行热处理，需要反复多次，直至达到致密化。

在工业上，也常常把金属：金属复合板材归入复合材料类别，例如钢—钢复合板、钛—钢复合板、钛—不锈钢复合板、铝—钢复合板、铝—钛复合板等。

金属—金属复合板材通常是通过热碾压、爆炸成型等工艺方法使两种金属的表面间因原子扩散而结合成整体，两种金属之间的界面结合质量主要是考虑界面分层缺陷。

工业上归入复合材料类别的还有金属—非金属管材，最典型的是铝塑复合管（aluminum – plastic composite tube），其中间层为铝管，内外层为塑料（如聚乙烯或交联聚乙烯、改性聚丙烯、聚丁烯、氯化聚氯乙烯等），层间为热熔胶黏合而成的多层管（基本构成为五层，即由内而外依次为塑料、热熔胶、铝合金、热熔胶、塑料），也有采用在金属管两面涂塑工艺制成的。铝塑复合管具有较好的保温性能、内外壁不易腐蚀和具有足够的强度等优点，并且内壁光滑，对流体阻力很小，适合用作供水管道（聚乙烯—铝管适用于冷水管道，交联聚乙烯—铝管可用于热水管道），又因为可随意弯曲，所以安装施工方便。

铝塑复合管生产的工艺和设备比较复杂，其主要缺点是不宜承受较大的横向应力（容易影响强度），铝层与塑料层的黏结力较弱，容易导致分脱。

铝塑复合管的连接通常使用专用的金属连接管件（例如高强度黄铜镀镍连接管件），将铝塑复合管套入管件后径向加压锁住，一旦连接失败（例如破损漏水）则只能切除重新连接。

此外还有以金属为基体，以高强度的第二相为增强体而制得的金属基复合材料，例如可用于结构材料的石墨纤维增强铝基复合材料、硼纤维增强铝合金（性能高于普通铝合金，甚至优于钛合金，耐疲劳性能非常优越，比强度也高，而且有良好的抗蚀性）、塑料—钢复合材料（由聚氯乙烯塑料膜与低碳钢板复合而成，化学稳定性好，耐酸、碱、油及醇类的浸蚀，耐水性好）等；以水泥为基体与其他材料组合而得到的水泥基复合材料，等等。

目前电力工业领域应用的绝缘子也有复合材料绝缘子，包括瓷复合绝缘子（在瓷盘表面以及相关界面采用特殊工艺加工的严密包覆热硫化一次成型的硅橡胶复合外套）、聚合物类的复合绝缘子、由玻璃纤维树脂芯棒组成的复合材料绝缘子（composite insulator）等。如果制造工艺质量不佳将会导致绝缘强度不足，以致在成品进行耐电压测试时发生电击穿，如图 3 - 3 和图 3 - 4 所示。

 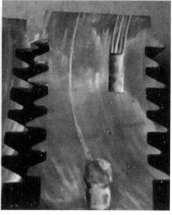

图 3 - 3　复合材料绝缘子耐电压测试时发生电击穿的解剖图片
（黄国杰提供）

图 3 - 3 所示为复合材料绝缘子做耐电压测试时发生电击穿的解剖图片，右为正常情况，左为发生电击穿的情况。

图 3 - 4　聚合物类复合绝缘子做耐电压测试时发生电击穿

（黄国杰提供）

图 3 - 4 为聚合物类复合绝缘子做耐电压测试时发生电击穿的图片。

以复合材料制成的胶接结构具有比强度（specific strength，材料的抗拉强度与材料表观密度之比）高、比模量（specific modulus，材料的杨氏弹性模量与密度之比）高、抗疲劳性能好、减震性好、耐温耐蚀性好、破损安全性高以及成型工艺好等诸多优点，因而在航空、航天以及化工和其他一些特殊工业领域中获得越来越多的应用与重视。但是由于目前生产技术水平的限制，其制成品的质量离散性较大，涉及的缺陷种类也很多，有的与作为原材料的纤维和树脂相关，有的是制造过程中的工艺因素造成的，还有在役使用中产生的缺陷（例如冲击损伤）。就它们本身而言，它们具有的各向异性、低的导热性和导电性、声衰减较大等特点也与金属及合金存在明显的差别。

主要参考文献

[1] [苏联] A. Π. 古里亚耶夫. 金属学 [M]. 石霖, 译. 3 版. 邯郸：中国工业出版社, 1961.

[2] 陈毓龙. 金属工艺学 [M]. 2 版. 北京：高等教育出版社, 1965.

[3] [苏联] N. B. 菲尔格尔. 合金热处理手册 [M]. 刘先曙, 译. 北京：中国铁道出版社, 1985.

[4] 国外航空工艺资料编译部. 钛和钛合金的热处理与锻造 [M]. 北京：国防工业出版社, 1970.

[5] 张文钺, 杜则裕, 秦伯雄. 焊接工艺与失效分析 [M]. 北京：机械工业出版社, 1989.

[6] 大冶钢厂. 电炉钢生产 [M]. 北京：冶金工业出版社, 1978.

[7] 陈永, 徐丽娟, 孙玉福, 等. 金属材料常识普及读本 [M]. 北京：机械工业出版社, 2011.

[8] 中国机械工程学会焊接学会压力容器、锅炉与管道委员会. 钢制压力容器焊接工艺 [M]. 北京：机械工业出版社, 1986.

[9] 竺海量. 金属材料基础 [M]. 2 版. 长沙：湖南科学技术出版社, 1985.

[10] 薛迪甘. 焊接概论 [M]. 2 版. 北京：机械工业出版社, 1987.

[11] 陈德和. 钢的缺陷 [M]. 2 版. 北京：机械工业出版社 1977.

[12] 四川五局《金属材料机械性能试验》编写组. 金属材料机械性能试验 [M]. 北京：国防工业出版社, 1983.

[13] 《锻件质量分析》编写组. 锻件质量分析 [M]. 北京：机械工业出版社, 1983.

[14] 刘天佑. 钢材质量检验 [M]. 2 版. 北京：冶金工业出版社, 2007.

[15] 乌日根. 焊接质量检测 [M]. 北京：化学工业出版社, 2009.

[16] 汪守朴. 金相分析基础 [M]. 北京：机械工业出版社, 1986.

[17] [德] 岗特·裴卓. 金相浸蚀手册 [M]. 李新立, 译. 北京：科学普及出版社, 1982.

[18] 韩德伟. 金相试样制备与显示技术 [M]. 长沙：中南大学出版社, 2005.

[19] [美] T. 阿尔坦. 现代锻造设备、材料和工艺 [M]. 陆索, 译. 北京：国防工业出版社, 1982.

[20] 屠海令. 金属材料理化测试全书 [M]. 北京：化学工业出版社, 2007.

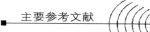

［21］朱学仪. 钢的检验［M］. 北京：冶金工业出版社，1992.

［22］［美］M. M. 舍瓦尔兹. 金属焊接手册［M］. 袁文钊，译. 北京：国防工业出版社，1988.

［23］祝燮权. 实用金属材料手册［M］. 2 版. 上海：上海科学技术出版社，2006.

［24］蒋云编. 支柱瓷绝缘子及瓷套超声波检测［M］. 北京：中国电力出版社，2010.